Die große Abzocke

Neil Glass ist Unternehmensberater und Management-Autor. Nach fast 20 Jahren im großen internationalen Management-Consulting-Geschäft arbeitet er heute für eine kleine europäische Unternehmensberatung.

Neil Glass

Die große Abzocke

Skandalöse Praktiken der Unternehmensberater

Ein Insiderbericht

Aus dem Englischen von Petra Pyka

Mit einem Vorwort von Rainer Steppan

Campus Verlag
Frankfurt/New York

Bibliografische Information der Deutschen Bibliothek.
Die Deutsche Bibliothek verzeichnet diese Publikation in der Deutschen Nationalbibliografie. Detaillierte bibliografische Daten sind im Internet überhttp://dnb.ddb.de abrufbar.
ISBN-13: 978-3-593-38116-9
ISBN-10: 3-593-38116-8

Umschlaggestaltung: Büro Hamburg
Umschlagmotiv: © M. Deutsch / zefa / Corbis
Druck und Bindung: Freiburger Graphische Betriebe
Gedruckt auf säurefreiem und chlorfrei gebleichtem Papier.
Printed in Germany
Besuchen Sie uns im Internet: www.campus.de

Inhalt

Vorwort 9
Einführung: Wie Bankraub, aber ganz legal 14

1. Die Geldmaschine 17
Fakten und Zahlen 17
Wie man 20 000 Euro in der Woche verdient 19
Ein Hoch aufs Honorar 21
Die sieben unfehlbaren Maschen 22
Am Finanzamt vorbei 33
Fazit 34

2. Die unfeine Kunst der Kostensenkung 36
Warum es grundsätzlich 30 Prozent Steigerungspotenzial gibt 36
Wer einmal lügt, dem glaubt man wieder 42
Die Umsetzung von Verbesserungen im Management – nach Holzfällermanier 51
Mangelnde Professionalität 54

3. Die Pforte zum Beraterparadies 60
Wie alles begann 60
Wie es weiterging 65
Eine große glückliche Familie 67
Was die Familie zu bieten hatte 71

Der Mensch im Mittelpunkt 73
Das Beraterparadies 79

4. Mehrwert und Kundennutzen –
Der große Bluff 81
Managementberatung 81
IT-Systeme 89
Wirklich etwas bewirken 96
Dem Kunden die Stirn bieten 96

5. Wie man mühelos Millionen-Euro-
Projekte verkauft 100
Wissen, wie man verhandeln muss 102
Wie man den Fuß in die Tür bekommt 107
Wie man den Kunden von sich abhängig
und zum Jasager macht 109

6. Insidertricks 133
Wie eine Präsentation zur Arbeitssitzung wird ... 135
Wie man Kundenteams für eigene Zwecke einspannt ... 137
Die Freuden des konspirativen Verkaufens 139
Wie man Schwächen als Stärken verkauft 140
Das Entscheidungsnetz managen 143

7. Schrumpfende Märkte und erste
Zerfallserscheinungen 147
Die Angst vorm Verpassen der E-Commerce-Welle 148
Das Leben nach dem Platzen der Dotcom-Blase 156
Warum es so selten ein Happy End gibt 157
Das Heer der orientierungslosen Berater 161

8. Der tiefe Fall 165
Der Weg in den Abgrund 165

9. Der große Schwindel mit Systemen 180
Massive Systems: Wie man ungestraft kassiert 180
Wenn der Karren im Dreck steckt 182
Der Hintergrund 185
Blinder Eifer schadet nur 189
Der Weg durchs Minenfeld 191
Fazit 197

10. Der Kollaps 199
Der Bräutigam: Auf Siegeszug rund um die Welt 201
Die Braut: Wirtschaftsprüfer am Tropf der Beraterbranche 202
In unheiliger Ehe vereint 205
Sich selbst der Nächste 209
Wie aus Integration Auflösung wurde 211
Das bittere Ende 215

11. Wozu man Berater braucht 218
Für die Reichen gelten eigene Gesetze 222
Den Lohn nehmen, die Verantwortung abwälzen 227
Management als Modetrend 229
Es ist ja nicht unser Geld 231
Fähige Manager können auch ohne Berater 232

Die Quintessenz:
Wie man Berater findet, die Wert schaffen 235
Erfolgskriterien 236
Was bleibt 240

Vorwort

In keiner Branche ist der Blick zurück so sehr angebracht wie bei den Unternehmensberatern. Spätestens seit dem Zusammenbruch der New Economy wissen wir, dass der Rat der Berater nicht nur teuer, sondern verdammt teuer sein kann. Nach vorsichtigen Schätzungen haben in den Jahren der Internet-Euphorie allein die einhundert größten deutschen Konzerne mindestens 41 Milliarden Euro pro Jahr durch Investitionen ins E-Business verbrannt. Bei den meisten dieser Projekte, zum Beispiel bei den Internet-Töchtern zahlreicher Banken, haben Consultants die Businesspläne geschrieben und kräftig mitgeholfen, das Geld der Aktionäre zu verschleudern – statt den Managern angesichts des absehbaren Zusammenbruchs der Internetwirtschaft zur Vorsicht zu raten.[1]

Hinzu kommen zahlreiche Pleiten und Skandale, bei denen Berater oder ehemalige Berater involviert waren. So rückte beispielsweise McKinsey & Company beim Konkurs des US-Handelskonzerns Kmart ins Zwielicht, ebenso beim Zusammenbruch der schweizerischen SAir Group, der Muttergesellschaft der Swissair, und bei der Mega-Pleite des seinerzeit siebtgrößten Unternehmens der USA, des Energieriesen Enron. Zurzeit steht der ehemalige McKinsey-Mann und Enron-Chef Jeffrey K. Skilling in Houston, Texas, vor Gericht, weil er beim Konkurs des Unternehmens Tausende von gutgläubigen Anlegern und Mitarbeitern geschädigt haben soll. Dabei ist die Frage noch völlig offen, ob man diesem Manager eine Pflichtverletzung nachweisen können wird. Gewiss ist nur, dass Enron lange Jahre zu den größten Klienten von McKinsey zählte.[2] Mehr noch: McKinsey hatte Skilling lange Zeit wie einen Helden gefeiert, und zwar nicht nur auf der eigenen Website, sondern auch in Artikeln der Vierteljahreszeitschrift *Quarterly* und in einem Fachbuch, das auch in deutscher Übersetzung erschienen ist.[3]

Auch muss an die Scharen zumeist junger Berater erinnert werden, die sich Ende der 1990er Jahre in unternehmerische Abenteuer stürzten wie die Lemminge ins Meer. Allein in Deutschland gründeten Hunderte von ehemaligen McKinsey-Consultants Internetfirmen oder übernahmen Führungsposten bei diesen Unternehmen.[4] Wenig später mussten viele dieser von unkritischen Journalisten und Consultants gleichermaßen umjubelten Jungunternehmer den Gang zum Konkursrichter antreten. »Das einst so glänzende Image der Berater hat Kratzer bekommen«, so die nüchterne Bilanz einer Untersuchung von Wissenschaftlern der Universität St. Gallen.[5] Das über lange Jahre sorgsam gepflegte Bild vom seriösen Management Consultant, der die Unternehmen in einer turbulenten Wirtschaftswelt so sicher steuert wie ein erfahrener Lotse – dieses Bild passt beim besten Willen nicht mehr. Den Mittelständlern waren die smarten Überflieger aus den Eliteschulen ja schon immer suspekt. Nun aber ist auch das Vertrauen lädiert, das dieser Berufsstand beim Topmanagement internationaler Konzerne genoss. Nicht zuletzt deswegen gingen die Umsätze der Berater zwischen 2001 und 2004 deutlich zurück. Und die vom Erfolg verwöhnten Consultants lernten zum ersten Mal am eigenen Leib die Folgen von Massenentlassungen und Pleiten kennen.

Seit kurzem aber hat sich das Blatt gewendet. Es geht wieder bergauf. Das belegt eine Umfrage, die der Bundesverband Deutscher Unternehmensberater im Februar 2006 veröffentlicht hat.[6] Demnach stiegen die Umsätze der Consultingfirmen im Jahr 2005 um durchschnittlich 7,3 Prozent. Für die nähere Zukunft erwarten fast alle der vom Bonner Verband befragten Firmenchefs ein weiteres Anziehen der Branchenkonjunktur.[7]

Auffällig ist dabei, dass die weltweit operierenden Marktführer der Branche im Vergleich zu früheren Jahren nur moderate Zuwächse verzeichnen. Dagegen haben kleinere Häuser wie Management Engineers in Düsseldorf oder Simon – Kucher & Partners in Bonn in den Jahren der Krise kaum gelitten und profitieren auch jetzt stärker von der Konjunkturbelebung als ihre großen Konkurrenten. Offensichtlich haben die Manager in den Unternehmen der Privatwirtschaft – nach wie vor sind das die wichtigsten Auftraggeber der Branche – Lehren aus den bitteren Erfahrungen der vergangenen Jahre gezogen. Sie lassen sich nicht mehr durch bekannte Namen blenden. Sie kennen den Beratermarkt gut genug, um zu wissen, dass es Beratungshäuser gibt, die sich durch erfahrene Spezialisten auszeichnen und die überzeugende Arbeit zu angemessenen Preisen leisten.

Unter denen aber, die fleißig Aufträge vergeben, befinden sich nicht nur Manager, sondern immer öfter auch Beamte. Nicht nur in Deutschland, auch in Österreich und der Schweiz gewinnt der öffentliche Sektor für die Consultants erheblich an Bedeutung. Um Missverständnissen vorzubeugen: Berater können bei den Reformvorhaben von großem Nutzen sein. Doch zeigt die Praxis, dass immer wieder dieselben Firmen bei der Auftragsvergabe profitieren. So waren es bei der Bundesagentur für Arbeit Roland Berger und McKinsey, die den Löwenanteil der Honorare einstrichen.[8] Gleiches Bild in Österreich: Das Management der dortigen Bundesbahnen vergab allein im Jahr 2003 Aufträge in Höhe von 21,81 Millionen Euro an Berater. »Am meisten abkassieren durfte McKinsey«, schreiben die Zeitungen unter Berufung auf einen Bericht des österreichischen Rechnungshofs.[9]

Inzwischen haben alle großen Beratungsfirmen spezielle Abteilungen eingerichtet und bemühen sich um Aufträge aus dem öffentlichen Sektor. Den Beratungsprofis stehen Beamte und Politiker gegenüber, die in vielen Fällen über keine oder nur wenig Erfahrung mit dem Einkauf und der Steuerung von Consultingprojekten verfügen. Der katastrophale Verlauf bei manchen dieser Vorhaben muss jedem Steuerzahler den Schlaf rauben. Denken wir nur an den in die Milliarden gehenden Schaden bei der Einführung der LKW-Maut auf deutschen Autobahnen. Denken wir an den sündhaft teuren und dennoch mit Fehlern behafteten »Virtuellen Arbeitsmarkt« und die zahlreichen Softwarepannen bei der Nürnberger Agentur für Arbeit. Auch bei der Einführung eines neuen Preissystems bei der Deutschen Bahn AG standen Berater in der Kritik. Die Liste ließe sich fortsetzen, und dennoch sind dies nur die offenkundigen Fälle dieser Art.

Vor diesem Hintergrund sollte jeder Bürger dieses Buch besonders aufmerksam lesen. Und wer nach der Lektüre immer noch glaubt, klingende Namen seien mit Qualität und Seriosität gleichzusetzen, dem sei ein Rechtsstreit in Erinnerung gerufen, den die laut Eigenwerbung »älteste Beratungsfirma der Welt«, Arthur D. Little, mit dem amerikanischen Staat ausfechten musste. Grund: Die Consultants hatten bei der Abrechnung von Aufträgen für die öffentliche Hand kräftig geschummelt. Die Vorwürfe, die der Rechtsvertreter der Regierung, Michael J. Sullivan, per Mitteilung an die Medien öffentlich gemacht hat, erinnern stark an die Schilderungen von Neil Glass auf den folgenden Seiten. Wie in der Branche üblich, einigten sich Berater und Klient auf einen Vergleich. Die Insolvenzverwalter der inzwischen bankrotten Consultingfirma verpflichteten sich, 6,5 Millionen US-Dollar an den amerikanischen Staat zu zahlen.[10] Kein Einzelfall: Im Jahr 2004 gerieten die Wirtschaftsprüfungsfirma KPMG und deren ehemalige Consultingtochter Bearing Point wegen überhöhter Reisekosten-Abrechnungen ins Visier der staatlichen Fahnder. Man verglich sich auf eine Zahlung in Höhe von insgesamt 34 Millionen Dollar.[11]

Frankfurt, im März 2006 *Rainer Steppan*

Anmerkungen

1 So jedenfalls lässt sich das das Ergebnis einer im September 2002 publizierten Umfrage des Düsseldorfer Beratungshauses Droege & Comp. unter den führenden deutschen Unternehmen interpretieren. Weitere Studien, zum Beispiel der Wirtschaftsprüfungsfirma KPMG im April 2001, unterstreichen diesen erschreckenden Befund: Rainer Steppan, *Versager im Dreiteiler*, Frankfurt 2003, S. 136 f.

2 »The firm that built the house of Enron«, *The Guardian*, 24. 3. 2002

3 Richard Foster, Sarah Kaplan, *Schöpfen und Zerstören*, Frankfurt 2002, S. 44 ff.

4 »60 Prozent der McKinsey-Berater gehen in Internet-Start-Ups«, Interview mit McKinseys Deutschlandchef Jürgen Kluge, *Frankfurter Allgemeine Zeitung*, 26.6.2000

5 Christoph Lechner, Nicola Gesing, Markus Kreutzer, Günter Müller Stewens, »Berater unter Druck«, *Harvard Business Manager*, 8.2005, S.7

6 Facts & Figures zum Beratermarkt 2005/2006

7 »Geschäft der deutschen Unternehmensberater gewinnt wieder an Fahrt«, Pressemitteilung des Bundesverband Deutscher Unternehmensberater, 15.2.2006.

8 »BA-Innenrevision rügt zwei gravierende Verstöße«, Meldung der Nachrichtenagentur Reuters, 25.1.2004

9 »Enorm teure ÖBB-Berater«, *Oberösterreichische Nachrichten*, 1.3.2006, und: »ÖBB: Goldgrube für externe Berater«, *Die Presse*, 1.3.2006

10 »Arthur D. Little Agrees to $ 6,5 Million Settlement with United States for Fraudulent Billings on Government Contracts«, so die Überschrift der Medienmitteilung, die Sullivan am 24. März 2005 über den US-Nachrichtenticker PR-Newswire verbreiten ließ. NB: Die Firma Arthur D. Little, die lange Zeit zur ersten Garde im Consulting Business zählte, musste im Frühjahr 2002 Gläubigerschutz nach amerikanischem Recht beantragen. Das Unternehmen existiert heute im Grunde nur noch als Markenname, hinter dem andere Beratungshäuser stecken, etwa das französische Unternehmen Altran, das die entsprechenden Rechte in Europa gekauft hat.

11 »KPMG, Bearing Point settle Travel Billing Suit«, Meldung der Nachrichtenagentur Associated Press, 6.4.2004

Einführung
Wie Bankraub, aber ganz legal

Um Willie Sutton, den berühmten amerikanischen Gentleman-Gangster des 19. Jahrhunderts, rankt sich eine Anekdote. Als er nach langer, erfolgreicher Bankräuberkarriere endlich geschnappt wurde, interessierte man sich für seine Lebensgeschichte. Ein Journalist wollte wissen, warum er Banken ausgeraubt habe. Seine viel zitierte Antwort: »Weil dort das Geld ist.« Auf die Frage, warum er stets eine Waffe benutzt habe, entgegnete er: »Weil man die Banken nicht mit Charme und Witz dazu bringt, ihr Geld herzugeben.«

Heutzutage wäre Willie Sutton vermutlich kein Krimineller. Er wäre Anwalt, Börsenmakler oder Unternehmensberater. Wieso? Nun, weil dort das Geld zu holen ist. Eine Waffe bräuchte er allerdings nicht mehr, denn mittlerweile kann man die Leute mit Charme und Witz um ihr Geld bringen.

Ich habe fast 20 Jahre lang als Angestellter von und in Konkurrenz zu einigen der besten und der schlechtesten Managementberatungen der Welt gearbeitet. In dieser Zeit habe ich erlebt, wie Berater Großartiges bewirkten und tatsächlich enormen Wert schufen. Ich habe gesehen, wie Berater Organisationen zusammenschweißten, indem sie Begeisterung, Spannung und Teamgeist vermittelten, wo vorher Passivität, Zynismus und Trägheit geherrscht hatten. Ich habe miterlebt, wie Beraterteams das scheinbar Unmögliche vollbrachten – den Turnaround von Unternehmen, die blind auf den Abgrund zusteuerten. Aber mir sind auch mäßige Leistungen untergekommen – und viel zu viele Lügen, Unregelmäßigkeiten und Betrügereien bis hin zum absolut skandalösen und unmoralischen Missbrauch des Vertrauens unserer Kunden.

In all den Jahren war ich immer wieder überrascht und häufig empört darüber, dass man als favorisierter Unternehmensberater eines Kunden dessen Konten um viele Millionen Euro, Pfund oder Dollar erleichtern konnte – nur durch den Einsatz von etwas Charme und Witz, verpackt in das Vokabular des gerade angesagten Trends in der Managementpsychologie.

Die Berater propagieren natürlich eifrig, wie wertvoll ihre Dienstleistungen seien. Da heißt es etwa: »Berater erhöhen den Wert einer Organisation durch den leistungssteigernden Einsatz von Wissen, Methoden und Vermögenswerten«[1] oder »Wir unterstützen unsere Klienten dabei, dauerhaft Wettbewerbsvorteile zu erzielen, um Wachstum, Rendite und Unternehmenswert zu steigern«[2].

Kritiker bezweifeln jedoch, ob die Arbeit der Berater tatsächlich so wertvoll ist. »Berater berechnen horrende Honorare dafür, dass sie gesunden Menschenverstand in groteske Worte fassen.«[3] Die Kritiker stellen aber auch die Kompetenz der Managementteams infrage, die immer wieder auf Berater zurückgreifen.

Ein führender Wirtschaftslenker hat einmal gesagt, man könne die Qualität der Unternehmensleitung stets daran erkennen, wie viele Berater von ihr im Unternehmen eingesetzt würden. Seine erste Amtshandlung nach einer Firmenübernahme bestehe grundsätzlich darin, alle Berater zu feuern – und die Manager, die sie angeheuert hatten, gleich mit.

Nach all den einprägsamen, schockierenden und verblüffenden Erfahrungen finde ich es an der Zeit, zu erzählen, was wirklich passieren kann, wenn Managementberater in ein Unternehmen kommen. Natürlich gibt es Fälle, in denen die Beauftragung einer Managementberatung für ein Unternehmen die beste Investition überhaupt darstellt. Viel häufiger holt man sich jedoch mit den Beratern ein Rudel hungriger Wölfe ins Haus, das man teuer dafür bezahlt, dass es den Hühnerstall bewacht. Für die Wölfe ist das toll. Für die Hühner weniger.

Dieses Buch ist als Warnung für jeden gedacht, der je mit dem Gedanken gespielt hat, einen Berater zu beauftragen, aber auch für jeden, der mit Beratern arbeiten muss. Es gibt sie durchaus, die kompetente und wirklich hilfreiche Beratungstätigkeit. Doch mit Beratung ist so unglaublich leicht so viel Geld zu verdienen, dass diese Branche sehr clevere Zeitgenossen anlockt, bei denen das Interesse der Kunden womöglich nicht immer an erster Stelle steht.

Und von ihnen berichtet dieses Buch. Viel Spaß beim Lesen!

Anmerkungen

1 Website der Management Consultants Association 2006
2 Website eines führenden deutschen Beratungsunternehmens
3 *The Times*, 23.11.1996

Kapitel 1

Die Geldmaschine

Fakten und Zahlen

Mit Managementberatung werden nach Schätzungen weltweit rund 100 Milliarden Euro im Jahr verdient.[1] In Deutschland und Österreich geben Unternehmen und Staat rund 14 Milliarden Euro im Jahr – also fast 300 Millionen Euro pro Woche beziehungsweise 60 Millionen Euro an jedem Arbeitstag – für Managementberater aus. Noch viele Milliarden mehr fließen an IT-Systemberater.

Weltweit arbeitet über eine halbe Million Menschen in der Management- und Systemberatungsbranche. In Deutschland gibt es etwa 67 000 Berater und weitere rund 10 000 in Österreich. In Großbritannien sind es nur circa 52 000 und in Frankreich mit rund 32 000 noch weniger. Diese vielen Tausend Berater verdienen erheblich mehr als die meisten anderen Mitglieder unserer Gesellschaft. So verdient zum Beispiel ein Einsteiger in der Managementberaterbranche mit wenig oder vollständig fehlender Berufserfahrung normalerweise mindestens 45 000 Euro im Jahr. Ein Projektmanager wie ich bekommt rund 250 000 Euro, während die leitenden Mitarbeiter der Beratungsfirmen Multimillionäre sind. Die Berater berechnen für ihre Zeit Honorare von 10 000 Euro die Woche im unteren Bereich bis zu über 40 000 Euro die Woche für einen erfahrenen Spezialisten oder eine Führungskraft. Pro Person und Jahr sind das zwischen einer halben und zwei Millionen Euro.

Die Großzügigkeit mancher Unternehmen gegenüber ihren Beratern ist legendär. Sie sind ihnen offensichtlich Jahr für Jahr viele Millionen wert. So soll AT&T in den USA in nur fünf Jahren 500 Millionen US-Dollar an Berater ausgezahlt haben, von denen angeblich einer allein

127 Millionen kassierte.[2] In Großbritannien zahlte das staatliche Gesundheitssystem National Health Service in einem Jahr beachtliche 300 Millionen Euro für Beratungsleistungen. Damit hätte man sicher mehrere Tausend Ärzte und Krankenschwestern zusätzlich einstellen können.[3] In Deutschland zählt beispielsweise die Deutsche Post zu den größten Auftraggebern der Berater. McKinsey allein kassierte von diesem Unternehmen nach vorsichtigen Schätzungen zwischen Anfang 1999 und Ende 2001 mindestens 104 Millionen Euro an Honorar.[4]

Und dann Enron: Das Unternehmen, das mit dem teuersten Konkurs der Welt traurige Berühmtheit erlangte, soll Andersen im Jahr 2000 52 Millionen US-Dollar an Prüf- und Beratungshonoraren bezahlt haben.[5] Hinzu kommen zig Millionen Dollar, die an den globalen Marktführer McKinsey für über 20 Einzelprojekte im Laufe von 18 Jahren flossen.[6] Außerdem war Enron-Chef Jeffrey Skilling ehemaliger McKinsey-Partner. Doch trotz all der teuren Steuer- und Unternehmensberater ging Enron den Bach hinunter – und mit ihm verpufften die Dollarmilliarden von Anlegern und Mitarbeitern. So spendabel wie Großbritanniens New-Labour-Regierung unter Premierminister Tony Blair war aber wohl noch niemand in der Geschichte der Beratungsprofession. Sie wird vermutlich insgesamt rund 90 Milliarden Euro an Steuergeldern für Management- und IT-Berater aufwenden. Umgelegt auf die Bevölkerung sind das 1 500 Euro pro Nase. Dabei hat sich bereits herausgestellt, dass die Ergebnisse der Managementberater praktisch wertlos sind, während die IT-Berater ihr Budget zumeist ebenso hoffnungslos überzogen, wie sie dem Zeitplan hinterherhinkten.

Ob die Konjunktur anzieht, abflaut oder stagniert, die Branchen der Management- und IT-Systemberater sind zur Freude und zum finanziellen Vorteil der dort Beschäftigten in der Regel um 20 Prozent im Jahr gewachsen. Wie der CEO einer der größten europäischen Management- und IT-Systemberatungsgesellschaften begeistert verkündete, als sich 2001 und 2002 die Rezession bemerkbar machte und über eine Million Menschen ihre Arbeit verlor, »geht es unserem Unternehmen gut in einer Zeit, in der Kostensenkung für unsere Kunden so wichtig ist. Gute Unternehmen nutzen harte Zeiten, um sich wieder intensiver für die eigene Effizienz zu engagieren.«[7]

Wie man 20 000 Euro in der Woche verdient

In der Managementberatung hat mich immer wieder erstaunt, welche Unsummen unsere Kunden uns bezahlten. Wir konnten Leute von der Straße holen, ihnen in ein paar Stunden ein paar einfache Tricks beibringen und sie für über 10 000 Euro pro Woche zu unseren Kunden schicken, während wir ihnen gerade mal 1 000 Euro in der Woche zahlten. Ein Neuling mit einer vernünftigen Ausbildung, aber ohne Branchen- oder sonstige Berufserfahrung, brachte mindestens 12 000 Euro die Woche. Hatte jemand vor seinem Einstieg in die Beraterbranche einen »richtigen Job« gehabt, wie wir es nannten, lag der übliche Satz zwischen 15 000 und 40 000 Euro pro Woche. Das hieß, wir konnten für die Dienste eines unerfahrenen, kenntnislosen Mitarbeiters im Jahr an die 500 000 Euro in Rechnung stellen. Gab der Lebenslauf dagegen auch nur ansatzweise etwas Brauchbares her, konnte der betreffende Mitarbeiter deutlich teurer verkauft werden. Das Erstaunliche dabei ist, dass nur sehr wenige Kunden nachrechnen und nachfragen, wieso sie an die 500 000 Euro im Jahr für einen unerfahrenen Nachwuchsberater zahlen sollten, der vermutlich nur ein Zehntel dieser Summe verdient. Während die Bruttospannen im verarbeitenden Gewerbe bei rund 80 Prozent liegen und im Einzelhandel bei 100 Prozent, sind in der Beraterbranche 500 bis 800 Prozent üblich. Das ist ein Vielfaches dessen, was unsere Kunden je realisieren könnten – selbst unter der Voraussetzung, dass es uns Beratern gelänge, »ihre Organisationen umzubauen« und »erhebliche Leistungssteigerungen zu erzielen«.

Bei staatlichen Großprojekten verlangen manche Beratungsunternehmen etwas niedrigere Honorare, als sie einer Bank oder Ölgesellschaft in Rechnung stellen würden. Die Gewinnspannen sind aber immer noch unfassbar hoch.

Warum aber zahlen die Klienten bereitwillig jede Woche astronomische Beträge für Management- oder IT-Beratung? Über welch außergewöhnliche Qualitäten oder Talente verfügen Berater, dass ihre Unterstützung ihren Klienten eine halbe Million Euro oder gar mehr im Jahr wert ist? Worin liegt ihre Kompetenz beziehungsweise ihre Genialität? Wie kommt es, dass offensichtlich viele der großen multinationalen Konzerne wie Xerox, Shell, die Deutsche Bank, General Motors, VW,

Unilever, British Telecom, ABN Amro, France Telecom oder die Deutsche Post und ebenso große Krankenhäuser oder wichtige Behörden in allen möglichen Ländern die von ihnen benötigten Kompetenzen nicht bei ihren vielen Hunderttausend Mitarbeitern finden? Dabei sind diese häufig besser qualifiziert als die eingesetzten Berater und verdienen im Jahr lange nicht so viel, wie die Berater für wenige Wochen berechnen.

Sind denn alle Berater von Haus aus mit besonderer Intelligenz gesegnet? Leider nicht. Verfügen sie über außergewöhnliche kommunikative Kompetenz? Schön wär's. Können sie ausnahmslos stapelweise Qualifikationen der besten Bildungsstätten der Welt vorweisen? Keinesfalls. Natürlich gibt es unter den Beratern hoch qualifizierte und ausgesprochen fähige Leute, viele jedoch lassen diese Qualitäten vermissen. Ich zum Beispiel habe Literatur studiert, und zwar an einer eher rückständigen Universität, an der alles, was später als im 19. Jahrhundert entstanden war, als heillos avantgardistisch galt. Mein Schwerpunkt lag auf Romanen und postromantischer Lyrik. Meine einzige Arbeitserfahrung bestand in der Tätigkeit als Hilfsarbeiter auf dem Bau während der Semesterferien. Ich weiß eigentlich nicht viel. Ich bin eher unpraktisch veranlagt, kann weder Motoröl wechseln noch tapezieren und schon gar keine brillanten strategischen Erkenntnisse für meine gebeutelten, aber großzügigen Klienten aus dem Ärmel ziehen. Doch trotz all meiner Unzulänglichkeiten bringe ich meinem Arbeitgeber als Managementberater eine Million Euro im Jahr ein. Und wenn mich ein Kunde durch seine Tür lässt, egal aus welcher Branche oder welchem Land er auch stammt, dann kann ich ihm millionenschwere Beratungs- oder IT-System-Projekte verkaufen.

Wie das geht? Wie es meine Chefs anstellen, durch meinen wenig fachmännischen Beitrag zum Wohlergehen ihrer Kunden enorm reich zu werden? Nun, diese Frage soll Ihnen dieses Buch beantworten. Es erklärt die geheimnisvolle Alchemie, mit deren Hilfe unsere Arbeitgeber das recht unspektakuläre Material, aus dem ich und viele meiner Kollegen geformt sind, in einen steten Strom von Gold zu verwandeln verstehen.

Bevor wir uns aber verschiedenen wahren Begebenheiten zuwenden – was für die Organisationen und ihre Chefs, über die berichtet werden wird, vermutlich ein Anlass sein könnte, ihre Anwälte zu konsultieren – lohnt vielleicht ein näherer Blick auf die wirtschaftlichen Aspekte der Geldmaschine Managementberatung.

Wir werden sehen, wie die Topmanager der Unternehmensberatungen durch die hohen Honorare, die die Berater in Rechnung stellen, unermessliche Reichtümer anhäufen – von denen ihre Klienten nicht einmal träumen können. Und wir werden manche der Tricks und Maschen betrachten, die sie einsetzen, um ihren Kunden noch mehr Geld aus den Taschen zu ziehen und noch reicher zu werden.

Ein Hoch aufs Honorar

In einer typischen Unternehmensberatung mit der typischen Organisationsstruktur entfallen nach den neuesten Zahlen der Management Consultants Association[8] im Durchschnitt auf jeden Partner, Director, Vice President oder wie immer er genannt wird 14 Berater. Davon sind vermutlich zwei oder drei Projektmanager, die übrigen zehn oder zwölf Berater.

Unterstellen wir einmal, dass es zwei Projektmanager gibt. Damit unsere Ergebnisse im Zweifel eher zu niedrig ausfallen, wollen wir zurückhaltend sein und jeden Manager nur mit 33 Wochen pro Jahr ansetzen, die er seinen Kunden mit 20 000 Euro pro Woche in Rechnung stellt. Damit würde also jeder der beiden etwas mehr als 660 000 Euro im Jahr einbringen. Insgesamt würden für beide 1 320 000 Euro im Jahr berechnet. Des Weiteren wollen wir annehmen, dass den Kunden für jeden der zwölf Berater ebenfalls nur für 33 Wochen im Jahr 10 000 Euro pro Woche in Rechnung gestellt werden, also insgesamt immerhin 330 000 Euro pro Jahr und Nase. Daraus ergeben sich jährliche Gesamteinnahmen für die zwölf Berater von 3 960 000 Euro. Jeder Partner kontrolliert also einen Bereich, der im Jahr aller Wahrscheinlichkeit nach sogar über fünf Millionen Euro an Honorareinnahmen einbringt. Die Zeit, die die Partner selbst eventuell in Rechnung stellen, ist darin noch nicht berücksichtigt.

Natürlich handelt es sich dabei nicht um Reingewinn. Es entstehen ja auch Kosten, die abgezogen werden müssen. Da sind zunächst die Gehälter der Mitarbeiter. Der Einfachheit halber wollen wir annehmen, dass jeder Berater im Jahr 60 000 Euro verdient und jeder Manager 250 000 Euro. Sie werden zunächst feststellen, dass die Gehaltszahlungen von rund 1 220 000 Euro kein großes Loch in die Kasse der Unternehmensberatung reißen. Noch immer wirft jeder der von einem Partner kontrollierten Bereiche knapp vier Millionen Euro im Jahr ab.

Es fallen aber noch andere Kosten an – für Büroraum, einige Sekretärinnen, einen Haufen Computer, Honorare für ein paar Anwälte, um vergrätzte ehemalige Klienten abzuschrecken, und natürlich die Gruppe von Erbsenzählern, die das ganze hereinfließende Geld zusammenrechnen. Nach dem Bericht der Management Consultants Association entfallen auf jeden Direktor einer Unternehmensberatung drei unterstützende Kräfte,[9] deren Gehälter sich pro Jahr wohl auf insgesamt nicht einmal 150 000 Euro belaufen. Die Kosten für Büroraum und Ausstattung sowie die indirekten Personalkosten liegen damit wahrscheinlich im Höchstfall noch deutlich unter einer Million Euro. Nach Abzug aller Gehälter und Kosten von den Honoraren nimmt also jeder Partner oder Vice President mehr als drei Millionen Euro im Jahr für die Firma ein. Und weil die Partner oder Vice Presidents häufig die Firma sind, verdienen sie folglich rund drei Millionen Euro im Jahr für sich selbst.

Fünf bis zehn Jahre als Partner in einer Managementberatung mit solchen Einnahmen ist sicher nicht die schlechteste Art, ein Arbeitsleben zu verbringen. Die Chefs von Beratungsunternehmen sind extrem wohlhabende Menschen. Vielleicht ist das ja einer der Gründe dafür, dass wir nach Auftragsabschluss häufig diskrete Anfragen von Kundenmitarbeitern erhalten, die ihre Aussichten auf eine Anstellung bei uns ausloten wollen. Sie haben wohl gesehen, wie viel Geld wir Berater von ihren Arbeitgebern abziehen, und erkannt, dass sie bisher aufs falsche Pferd gesetzt haben.

Die sieben unfehlbaren Maschen

Leider sind die Chefs von Beratungsfirmen nicht nur superreich, sondern ganz offensichtlich auch unersättlich. Sie suchen ständig nach neuen, genialen Möglichkeiten, ihren unbedarften Klienten noch mehr Geld abzunehmen, um es in die bodenlosen eigenen Taschen zu stecken.

Im Folgenden sind nur sieben der beliebtesten Tricks beschrieben, die mir untergekommen sind. Seit dem Erscheinen der ersten Ausgabe dieses Buches haben mir Berater per E-Mail von vielen weiteren berichtet, die mir jedoch noch nicht begegnet sind.

Masche 1: Reiserabatte in die eigene Tasche stecken

Diese Masche habe ich 20 Jahre lang beobachtet. Öffentlich bekannt wurde sie aber erst Ende 2003. Im Dezember jenes Jahres erklärte sich mit PwC eine große internationale Steuer- und Unternehmensberatung bereit, einem ehemaligen Mandanten 54,5 Millionen US-Dollar Entschädigung zu zahlen, als sie zusammen mit zwei Konkurrenten wegen »unrechtmäßiger Bereicherung zum finanziellen Nachteil ihrer Kunden« verklagt wurde. Gegenstand der Klage war, dass die drei Firmen über Jahrzehnte mit externen Zulieferern wie Fluggesellschaften und Reisebüros zusammengearbeitet und sich Preisnachlässe für Flugtickets und andere Aufwendungen in Höhe von bis zu 40 Prozent verschafft hatten, ohne diese an die Kunden weiterzugeben.[10]

Etwa zur gleichen Zeit berichtete das *Wall Street Journal*, dass das US-Justizministerium einer Reihe von Steuer- und Managementberatungsunternehmen vorwarf, »in Verbindung mit Reisen anfallende Spesen, die den Kunden in Rechnung gestellt wurden, in betrügerischer Absicht um mehrere Hundert Millionen Dollar aufgebläht zu haben«. Das Justizministerium hatte eine Ermittlung eingeleitet, die sich »auf die Frage konzentriert, ob sie falsche Ansprüche an die Regierung geltend gemacht [hätten], weil sie die in Form von Preisnachlässen von Reiseanbietern erhaltenen Beträge nicht den Regierungsverträgen gutgeschrieben [hätten]«[11].

In der Folge erklärte sich PwC bereit, der US-Regierung 41,9 Millionen US-Dollar zu erstatten, um die Verteidigungs-, Bildungs- und Justizministerium sowie die Umweltschutzbehörde angeblich betrogen worden seien.[12] Diese Masche ist ebenso einfach wie effektiv und dabei höchst profitabel.

Schritt 1: Das Beratungsunternehmen handelt mit einem Reisebüro, verschiedenen Hotelketten und den großen Fluggesellschaften Preisnachlässe aus, die zum Jahresende erstattet werden sollen. Ihre Höhe hängt von den während des Jahres für Reisen und Unterkunft aufgewendeten Beträgen ab. Alle Berater werden angewiesen, nach Möglichkeit stets das betreffende Reisebüro, die »Partner«-Hotelketten und die gewählten Fluggesellschaften in Anspruch zu nehmen.

Schritt 2: Das Beratungsunternehmen versichert jedem Kunden, dass alle Berater während ihrer Tätigkeit im Auftrag des Kunden stets die billigste Transportmöglichkeit verwenden.

Schritt 3: Die Unternehmensberatung genehmigt ihren Mitarbeitern bei Zugfahrten Tickets erster Klasse, bei Flügen meist Business Class und bei Übernachtungen Hotels, die die meisten Sterblichen nie von innen zu sehen bekommen. Es wird also eine Menge Geld des Kunden für Reisekosten ausgegeben.

Schritt 4: Die Unternehmensberatung stellt dem Kunden die vollen Kosten für Reise und Unterkunft in Rechnung, die der Kunde laut Vertrag zu bezahlen hat. Eventuell schlägt das Beratungsunternehmen sogar noch eine Verwaltungsgebühr auf.

Schritt 5: Am Ende des Jahres erhält die Unternehmensberatung eine hohe Rückzahlung von Reisebüro und Fluggesellschaften. Von diesem Geld fließt nie etwas zurück an die Kunden, die ja ursprünglich für alle Reisen und Übernachtungen aufgekommen sind.

Schritt 6: Die Chefs der Unternehmensberatungen verwenden diesen warmen Regen zur Aufstockung ihrer ohnehin großzügigen Jahresendprämien.

Peinlich war für manche der Beklagten, dass dem Gericht bereits Dokumente vorlagen, die belegten, dass »einige Partner diese Praxis als unethisch beanstandet hatten«[13]. In einer E-Mail hatte der Leiter der Ethikabteilung »die Praktiken des Unternehmens als ›ein bisschen gierig‹ bezeichnet«[14].

Unter Verwendung einer sehr eigenartigen Logik gaben die Beklagten zu, dass die Aussagen stimmten, behaupteten jedoch, nichts falsch gemacht zu haben, als sie ihre Kunden betrogen: »Die Beklagten räumen den Erhalt von Preisnachlässen auf verschiedene Reisekosten ein, für die sie den Kunden die Beträge vor Abzug der Nachlässe in Rechnung gestellt hatten. Dass ihr Verhalten betrügerisch sei, bestritten sie jedoch und sagten aus, dass mit den Erlösen andere Beträge ausgeglichen worden seien, die den Kunden ansonsten in Rechnung gestellt worden wären. Sie gaben an, dass man diese Praxis abgestellt habe.«[15]

Ich war jedoch für eines der betroffenen Unternehmen tätig, eine europäische Firma mit Tätigkeitsschwerpunkt in Deutschland. Dort hatte man »diese Praxis« keinesfalls »abgestellt«. Mir liegt ein Memo neueren Datums vor, dass uns anwies, bestimmte Fluggesellschaften und Reisebüros in Anspruch zu nehmen – wegen der »beträchtlichen« Preisnachlässe, die wir am Jahresende erstattet bekämen. Ein Kollege aus der Firma schrieb darüber hinaus in einer E-Mail: »Wir machen das immer folgendermaßen: In unserem Vertrag steht, dass wir ›tatsächliche‹ Aufwendungen in Rechnung stellen. Wir rechnen die Kosten für Ihre Flugtickets ab. Dafür kriegen wir dann nachträglich Prozente. Diese geben wir dem Kunden aber nicht zurück.«[16]

Ein Berater, der mich kontaktierte, schätzte, dass sein Arbeitgeber mit dieser Rückzahlung auf Reisekosten zum Jahresende einen Kunden alleine um über 30 Millionen Euro erleichtert habe. »Die Firma bekam ordentliche Rabatte von Hotels und Fluggesellschaften, die etwa 66 Prozent der Listenpreise ausmachten. Dem Kunden wurde jedoch der Listenpreis zuzüglich Verwaltungsaufwand berechnet (wohlgemerkt handelte es sich um *Hunderte* von Mitarbeitern, die über zwei Jahre in Hotels in 24 Ländern untergebracht wurden).« Im Falle einer anderen international tätigen Beratungsfirma stellte ein amerikanisches Gericht fest, dass der Betrug bei den Reisekosten mehr abwarf als der größte Kunde des Unternehmens.

Masche 2: Personal versetzen

Viele Managementberatungen sind international aufgestellt. Das bietet den Vorteil, dass man seine Leute dorthin beordern kann, wo es Arbeit gibt. Wenn es etwa in den USA zu einer vorübergehenden Flaute kommt, während in Europa und im Fernen Osten die Wirtschaft boomt, können solche Beratungsunternehmen erfahrene Mitarbeiter aus den USA abziehen und in die Länder versetzen, in denen mehr zu tun ist. Schwächelt dagegen die Konjunktur in Europa, dann können diese Firmen scharenweise motivierte Leute auf Projekte in den Vereinigten Staaten ansetzen. Die meisten Berater verbringen lieber ein paar Monate bei guter Bezahlung auf einem anderen Kontinent, als womöglich in jedem

Abwärtszyklus auf der Straße zu stehen. Folglich gibt es gewöhnlich genügend Freiwillige, die sich gern eine Zeit lang versetzen lassen.

Nun könnte man annehmen, dass die Beratungsfirmen die Kosten für den Umzug ihrer Mitarbeiter tragen. Immerhin liegt es doch im Interesse der Firmen, dass ihre Leute dort sind, wo gerade Projekte laufen. Auch den Kunden wäre am besten gedient, wenn die Beratungsfirmen genügend versierte Mitarbeiter vor Ort hätten. Wieso sollte ein Kunde denn die Kosten für Interkontinental- und internationale Flüge, Umzug, Schulgeld, Unterbringung und Weiteres für Berater und ihre Familien übernehmen, nur weil die Beratungsfirma nicht in der Lage war, vor Ort jemanden zu finden und zu schulen, der die Arbeit erledigen kann?

Wie ich von jemandem gehört habe, der mit dem riesigen Projekt Connecting for Health des staatlichen britischen Gesundheitssystems NHS zu tun hat, wurden dafür jede Menge Berater aus Deutschland und anderen europäischen Ländern eingeflogen – möglicherweise, weil es dort zu wenig Arbeit für sie gab. Sicherlich werden mehr Operationen gestrichen und weniger Patienten behandelt, wenn die Mittel, die zur Bezahlung der Reise- und Übernachtungskosten dieser Berater aufgewendet wurden, nicht mehr zur Betreuung der Patienten zur Verfügung stehen. Das sollte jedoch niemanden überraschen. Immerhin ist der britische NHS seit jeher einer der fruchtbarsten Weidegründe für so manchen hungrigen Management- und IT-System-Berater.

Masche 3: Sich die Expansion ins Ausland finanzieren lassen

Der Trick, Personal zu versetzen, ist äußerst nützlich. Er gewährleistet, dass die Berater unabhängig von dem veränderlichen Arbeitsanfall in verschiedenen Ländern voll beschäftigt bleiben und die Kunden für das ausgesprochen kostspielige Vergnügen, forsche Jungberater in alle Welt zu verschicken, bezahlen.

Es gibt jedoch noch eine ausgeklügeltere Version dieser Masche, die nach meinen Beobachtungen ein paar Beratungsfirmen erfolgreich angewandt haben. Diese lassen sich die eigentlich ausgesprochen kostenintensive und risikobehaftete Auslandsexpansion auf Heller und Pfennig von ihren Kunden bezahlen. Das habe ich am häufigsten bei amerikanischen Unternehmensberatungen beobachtet, die sich ein Standbein in Europa oder Asien schaffen wollten.

Das Ganze funktioniert folgendermaßen: Eine Managementberatungsfirma beschließt, ins Ausland zu expandieren und eine Niederlassung in einem Land zu eröffnen, in dem sie bislang noch nicht vertreten ist. Dafür gibt es zwei Möglichkeiten. Jedes herkömmliche Unternehmen würde die mit einer Auslandsgründung verbundenen Risiken und Kosten auf sich nehmen müssen – Büros mieten, Mitarbeiter, Berater und Vertriebsrepräsentanten einstellen und dann versuchen, den Markt zu erobern. Doch dieser Weg ist kostspielig und nicht ungefährlich. Was passiert zum Beispiel, wenn man auf dem neuen Markt erst mal keinen Umsatz macht? Dann sitzt man auf immensen Kosten und hat keine Einnahmen. Und die Bosse von Beratungsfirmen mögen es gar nicht, wenn Geld in andere als ihre eigenen Taschen fließt.

Zum Glück gibt es aber einen weitaus billigeren und völlig risikolosen Weg, das Beratungsgeschäft auf andere Länder auszuweiten: Man lässt einfach die Kunden dafür bezahlen. Dazu wendet sich das Beratungsunternehmen in einem Markt, in dem es bereits vertreten ist, an einen Kunden, für den es bereits gearbeitet hat und der im anvisierten Zielmarkt präsent ist. Diesen überredet es zu einem Auftrag für ein Projekt in dem Land, in das es expandieren möchte. Es gibt vor, dem Kunden nur Berater zur Seite stellen zu wollen, die in der jeweiligen Branche und mit dem betreffenden Unternehmen bereits Erfahrung haben, und besetzt das Projekt komplett mit Beratern, die es aus einer bestehenden Niederlassung abzieht. Die Präsenz im neuen Markt nutzt das Unternehmen, um vor Ort Mitarbeiter anzuwerben und eine Niederlassung zu gründen. Allmählich gliedert es dann die neuen einheimischen Berater ins erfahrene importierte Beraterteam ein und bildet sie aus. Die nicht unerheblichen Kosten dafür trägt der betreffende Kunde. Nach Abschluss des ersten Projektes verfügt die Firma dann vor Ort über geschulte Mitarbeiter, ein Büro und – wenn das Projekt gut gelaufen ist – eine positive Kundenreferenz im entsprechenden Land. So zahlt am Ende der Kunde für die risikofreie Ansiedlung im jeweiligen Land, für die Ausbildung der Mitarbeiter und für die entscheidende erste Referenz, die benötigt wird, um Beratungsleistungen an weitere Kunden zu verkaufen. Es gibt kaum eine, ja vielleicht überhaupt keine andere Branche, in der die normalerweise schwierige und teure Expansion ins Ausland so reibungs- und gefahrlos vollzogen werden kann.

Die besonders erfolgreiche Durchführung eines solchen Manövers konnte ich bei einem amerikanischen Beratungsunternehmen beobachten, das sich Zugang zum niederländischen Markt verschaffen wollte. Seinerzeit gehörten die Niederlande zu Europas lukrativsten Märkten für Beratungsfirmen, und die Chefs des betreffenden Unternehmens wollten unbedingt ihr Stück vom Kuchen abhaben. Sie betreuten bereits ein Projekt für eine Tochtergesellschaft einer führenden niederländischen Bank in Großbritannien und nutzten den Erfolg dieses Projekts, um die Bank dazu zu bewegen, die Beratungsfirma mit einem Großprojekt für den holländischen Unternehmensteil zu betrauen. Unter dem Vorwand, Berater einsetzen zu wollen, die bereits mit der Bank vertraut seien, wurde das Projekt in Holland fast komplett mit Mitarbeitern des britischen Büros besetzt. Dem Kunden blieb allerdings verborgen, dass wir damals gar keine holländischen Berater hatten, die wir hätten einsetzen können. Manche der Teammitglieder hatten Erfahrung im Finanzdienstleistungsbereich, viele andere nicht. Wir waren über ein Jahr lang für den Kunden in den Niederlanden tätig und hatten dadurch genügend Zeit, vor Ort Mitarbeiter anzuwerben, auf Kosten der Bank neue Berater auszubilden, die britischen Berater wieder zurückzuschicken und den Boden für die Gewinnung weiterer lokaler Kunden in den Niederlanden zu bereiten. Innerhalb von drei Jahren warf die niederländische Niederlassung den meisten Gewinn für das Unternehmen ab. Dabei war sie im Grunde zum Nulltarif und ohne jedes unternehmerische Risiko gegründet worden – dank der Großzügigkeit einer der führenden niederländischen Banken.

Masche 4: Die Rechnungen der Partner

In den meisten Unternehmensberatungen gilt die Regel, dass die Partner ihre Zeit ganz oder teilweise den Kunden in Rechnung stellen müssen. Manche der Partner, die ich kennen gelernt habe, stellten für jedes ihrer Projekte einen Tag pro Woche in Rechnung. Dabei arbeiteten sie in Wirklichkeit oft nur alle zwei oder drei Monate einen Tag lang daran – wenn überhaupt. Auf diese Weise bezahlen die Kunden am Ende teures Geld für die Zeit der Firmenchefs. Diese wird jedoch häufig für die Anwerbung potenzieller Kunden verwendet oder auf den angesagtesten Golfplätzen der Welt zugebracht. Auf das Tagesgeschäft ihrer lukrativen Projekte entfällt nur ein sehr geringer Teil. Ich erinnere mich, wie mir der Vice President einer der größten Beratungsfirmen von einem Treffen mit einem der bedeutendsten Unternehmer Frankreichs erzählte. Am Ende unterhielten sie sich über den CEO unseres Unternehmens, den wir zu diesem Zweck Tom nennen wollen. Der Wirtschaftsmagnat lachte, als er hörte, dass Tom tatsächlich CEO unserer Firma sei, und meinte: »Das geht doch gar nicht. Der spielt doch jeden Montag Golf.« Ein anderer unserer Topmanager, der dem Vorstand eines Unternehmens mit zigtausend Mitarbeitern angehörte, brüstete sich bekanntermaßen vor seinen Untergebenen immer wieder damit, wie viel Zeit er für die speziellen Dienstleistungen der exklusivsten Bordelle der Welt übrig habe. Als Erklärung dafür, wieso er so häufig teure Etablissements aufsuche, pflegte er zu sagen: »Guter Sex bedeutet, jemandem Schmerzen zuzufügen. Und das möchte man doch niemandem zumuten, den man liebt.«

Es zeigt sich also, dass die Partner oder Direktoren von Unternehmensberatungen ihre Zeit auf ihre verschiedenen Klienten aufteilen und jedem Kunden eine bestimmte Anzahl von Tagen pro Monat in Rechnung stellen – selbst wenn sie in dieser Zeit gar nicht für den Kunden tätig sind und sogar dann, wenn sie sie stattdessen mit Neukunden verbringen, auf dem Golfplatz oder im Edelpuff. Da jeder Partner für seine Zeit wahrscheinlich bis zu 40 000 Euro pro Woche in Rechnung stellt, werden pro Partner knapp zwei Millionen Euro im Jahr verdient – zusätzlich zu den reichlich zwei Millionen Euro Reingewinn, welche die für die Partner tätigen Berater und Manager erwirtschaften.

Außerdem werden einfache Berater häufig angewiesen, Zeit, die sie für interne Aufgaben der Beraterfirma aufwenden, dem Kunden in Rechnung zu stellen. Hier das Zitat eines Beraters einer Firma mit über 100 000 Mitarbeitern: »Ich war auf einem internen Meeting mit über 100 anderen Beratern. Der Partner wies uns an, den Tag auf das Projekt zu buchen, damit wir ihn dem Kunden in Rechnung stellen konnten. Das Quartal war fast zu Ende, und wir mussten unsere Vorgaben erreichen.« Diese eine scheinbar harmlose Entscheidung allein wird den Kunden vermutlich gut 150 000 Euro gekostet haben.

Masche 5: Anrechnung und Abwälzung von Gemeinkosten

Die nächste Masche wirkt vielleicht vergleichsweise unscheinbar, kann jedoch äußerst einträglich sein. Normalerweise erwarten die Kunden, dass die hohen Honorare der Unternehmensberatungen die Kosten für die Büros und Mitarbeiter der Beratungsfirmen decken. Es gibt jedoch den Fall eines großen Beratungsunternehmens, das automatisch einen Aufschlag von 10 Prozent auf die Beratungshonorare zur Abdeckung der Gemeinkosten berechnete. Wenn also ein einfacher Berater sagen wir mit 500 000 Euro pro Jahr zu Buche schlug, wurden den Kunden noch einmal 50 000 Euro für Verwaltungsgemeinkosten in Rechnung gestellt. Theoretisch reicht das, um jedem Berater mindestens eine Vollzeitverwaltungskraft zur Seite zu stellen. Nach den Daten der Management Consultants Association teilen sich aber im Durchschnitt jeweils vier bis fünf Berater eine Verwaltungskraft.[17]

Hier ein Beispiel aus meiner persönlichen Erfahrung: Das europäische Büro einer großen internationalen Beratungsfirma mit rund 300 Beratern beschäftigte etwa 40 bis 50 Verwaltungskräfte – Sekretärinnen, Empfangspersonal, Mitarbeiter der Personalabteilung, Buchhalter, Marketing-Fachleute, Ressourcenmanager, Trainer, Research-Mitarbeiter im Informationszentrum und Dokumentationskräfte. Durch den zehnprozentigen Aufschlag zahlten unsere Kunden für 300 Verwaltungskräfte. An die 250 davon mussten aber nicht entlohnt werden, da sie ja gar nicht existierten. Folglich konnte das Geld der ehrenvollen Sache zugeführt werden, den Reichtum der Firmenchefs zu mehren.

Um ihre unbedarften Klienten, die ja bereits mit Zuschlägen für Gemeinkosten belastet werden, aber noch weiter auszupressen, halten manche Beratungsfirmen ihre Bürokräfte dazu an, Arbeitszeitnachweise zu erbringen, in denen sie so viel ihrer Zeit wie möglich bestimmten Projekten zuordnen. Diese wird den Kunden dann als Mehrkosten in Rechnung gestellt – zusätzlich zu den 50 000 Euro pro Jahr, die bereits für den zehnprozentigen Aufschlag auf die Beratungshonorare anfallen. Eine der weltweit größten Beratungsfirmen wies ihre Mitarbeiter sogar an, über alle vom Büro aus geführten Telefonate Buch zu führen, damit diese den Kunden berechnet werden konnten. Der Kunde zahlte am Ende für Verwaltungskosten, die Fotokopien, Faxe, Bürobedarf, Arbeitszeit der Sekretärinnen und alle möglichen kleinen und doch spürbaren Posten einschließen. So werden die Kunden ärmer und die Chefs der Beratungsfirmen um ein kleines, aber wohliges Stück reicher.

Diese Praxis – nämlich ein- und dieselbe Leistung zweimal abzurechnen – bezeichnen wir im Beraterjargon als »Double Dipping«. Auf diese Weise tanzt man quasi gleichzeitig auf zwei Hochzeiten. Aber vielleicht handelt es sich sogar eher um »Triple Dipping«. Schließlich sind die Spannen der Beratungshonorare an sich bereits hoch genug, um die Gemeinkosten zu decken. Dann werden für dieselben Gemeinkosten noch einmal 10 Prozent Aufschlag auf die Honorare berechnet. Und schließlich besitzen die Berater die Unverfrorenheit, so viele Gemeinkosten wie möglich zusätzlich auszuweisen. Insgesamt also ein äußerst lukratives Verfahren.

Masche 6: Kostenpauschalen

Das ist ein weiterer kleiner, doch nicht zu unterschätzender Kniff. Bei der Vergabe eines Projekts vereinbart eine Beratungsfirma häufig mit dem Kunden eine Kostenpauschale in Höhe von beispielsweise 10 Prozent des Honorars. Für jede 10 000 Euro, die pro Woche für jeden Berater gezahlt werden, berechnet die Firma dem Kunden also Aufwendungen in Höhe von weiteren 1 000 Euro. Es wird vertraglich festgelegt, dass nach Abschluss des Projektes ein Abgleich der vom Kunden bezahlten 10 Prozent mit den tatsächlich angefallenen Aufwendungen erfolgt. Übersteigen diese die geleisteten 10 Prozent, muss der Kunde nachzahlen. Liegen die tatsächlichen Kosten unter den geschätzten, wird die Differenz erstattet.

Der Satz von 10 Prozent (oder wie hoch er auch immer angesetzt wird) ist gewöhnlich weit überzogen, denn trotz der bereits erwähnten Horrorgeschichten schaffen es die wenigsten Berater, 1 000 Euro pro Woche für Reisekosten, Kost, Logis, Getränke und Unterhaltung auszugeben. Die Beratungsfirma hat also zwei Möglichkeiten: Entweder rechnet sie bei Abschluss des Projekts sauber ab und erstattet dem Kunden das Geld, das in Rechnung gestellt und bezahlt, aber nicht ausgegeben wurde. Dann hat sie immerhin die Zinsen verdient, die in den inzwischen vergangenen Monaten angefallen sind. Oder aber sie legt ein wenig mehr Kreativität an den Tag. Sie kann einen Teil der Kosten anderer Projekte hernehmen, die in Schwierigkeiten geraten sind, weil die betreffenden Kunden bei der Erstattung von Aufwendungen weniger großzügig sind oder unerwartet viele Arbeitswochen oder Aufwendungen anfielen. Diese können dann auf ein Projekt umgebucht werden, bei dem sich die Beratungsfirma mit dem Kunden auf eine generösere Kostenerstattungspraxis geeinigt hat oder der Kunde die von der Unternehmensberatung in Rechnung gestellten Aufwendungen nicht so gewissenhaft prüft.

So trägt ein ahnungsloser Kunde womöglich die Verluste, die die Beratungsfirma mit anderen Projekten für andere Kunden eingefahren hat. Wirklich großzügig von ihm, andere Kunden zu subventionieren.

Ich kann mich noch gut an ein Projekt erinnern, das im Auftrag eines führenden europäischen Herstellers von Militärflugzeugen, Raketensystemen und Satelliten ausgeführt wurde. Die veranschlagten Aufwendungen beliefen sich dabei nach meiner Erinnerung auf 12 Prozent. Der Kunde zahlte uns folglich jeden Monat das volle Honorar zuzüglich weiterer 12 Prozent zur Deckung der Auslagen in der erwarteten Höhe. Obwohl sich das Team nach Kräften bemühte, so viel Geld des Kunden wie möglich zu verbrauchen, summierten sich unsere Ausgaben wohl nur auf rund 7 Prozent. Statt dem Kunden größere Summen zurückzuerstatten, ließ der für diesen Kunden zuständige Vice President in der Firma verlauten, dass er Spielraum habe, um im Rahmen anderer Projekte oder in der Firmenzentrale angefallene Kosten unterzubringen. Obwohl ich nur als einfacher Berater für ein anderes Projekt im Einsatz war, aßen wir auf Kosten des betreffenden Kunden mehrmals in noblen Restaurants und gönnten uns ein paar weniger exzentrische Zerstreuungen.

Sehr selten wurden unsere Aufwendungen von den Kunden nachgeprüft. Wenn sie dabei erschreckende Entdeckungen machten, behaupteten wir einfach, der Verwaltung sei ein Fehler unterlaufen, und erstatteten gerade so viel, wie nötig war, um den Kunden zufrieden zu stellen.

Masche 7: Überhöhte Rechnungen

Diese Masche ist besonders beliebt. Ohne sie wäre die Liste der Tricks der Unternehmensberater unvollständig. Weil der eine oder andere Berater im Laufe eines Projektes befördert werden könnte, setzen die Beratungsfirmen für die Dienste ihrer Mitarbeiter über die gesamte Laufzeit des Projekts gleich die nächsthöhere Honorarstufe an. In Gesprächen zur Preisermittlung für Projekte habe ich Vice Presidents und Partner über einfache Berater häufig sagen hören: »Er/sie wird ja im Grunde in Leitungsfunktion eingesetzt werden, also sollten wir ihn/sie entsprechend abrechnen.« Während sie den Kunden bei jeder Gelegenheit höhere Beraterhonorare abverlangen, vergessen sie dabei allzu oft, die hart arbeitenden Berater auf dem Niveau zu entlohnen, zu dem sie ihre Leistungen abrechnen. Die Beförderung, für die der Kunde schon sechs oder zwölf Monate lang zahlt, erfolgt erst, wenn der Auftrag schon weitgehend oder sogar ganz erfüllt ist. Eine Abwandlung dieser Masche war in einer der bei mir eingegangenen E-Mails beschrieben: »Personalleistungen für viele Tätigkeiten wurden ›versehentlich‹ zu höheren Honorarstufen berechnet, und Mitarbeiter aus Regionalbüros (deren Sätze etwa 30 Prozent niedriger waren als in London) wurden ›vorübergehend‹ nach London ›versetzt‹ und den Kunden dann zu Höchstsätzen berechnet.«[18]

Am Finanzamt vorbei

Darüber hinaus haben viele Beratungsfirmen eine ausgesprochen kreative Beziehung zu den zuständigen Steuerbehörden. Während die meisten Unternehmen wenigstens versuchen, den Eindruck zu erwecken, sie kämen ihren staatsbürgerlichen Pflichten nach, wird man solche Skrupel bei Managementberatungen eher selten feststellen. Ihnen fließt so leicht so viel Geld in die Taschen, dass ihre Eigentümer nur sehr ungern wieder etwas davon herausgeben. So soll das vielleicht größte und profitabelste Beratungsunternehmen der Welt einem Zeitungsbericht zufolge von 1997 bis 2000 nur etwa 7 Prozent seines Gewinns in Form von Steuern abgeführt haben. Die größten Unternehmen in den USA zahlten zum Vergleich im Schnitt 36,9 Prozent. Derselbe Journalist gibt an, dass der Beratungsgigant – mit über 2500 Anteilsinhabern und über 100000 Mitarbeitern in 75 Ländern weltweit – seinen Hauptsitz auf den Bermudas hat, wo er gerade mal drei Mitarbeiter beschäftigt![19] Die Quelle beschreibt die Bermudas als »Offshore-Hoheitsgebiet, das vom Gesetzgeber zu einem Ort erklärt wurde, an dem sich Unternehmen niederlassen, um Steuern zu vermeiden«. Angesichts dessen ist es wohl verzeihlich, wenn man versucht ist zu vermuten, dass die Ansiedlung auf den Bermudas mehr mit der Minimierung von Steuern zu tun hat als mit der großen Bedeutung des Standortes als Beratungsmarkt für Accenture. Im Übrigen verriet mir ein Mitarbeiter einer anderen großen Beratungsfirma per E-Mail: »Die Firma legt zwar Abschlüsse vor, doch die sind ein Witz. Sie geben den wahren Wert der Steuervorteile, Anlageerträge, Erträge aus firmeneigenen Versicherungen, von Partnerunternehmen weitergeleiteten Einnahmen, Beteiligungen der Partner an verbundenen Unternehmen in Jersey, der Isle of Man, der Schweiz, den britischen Virgin Islands, den Bahamas oder den Bermudas in keiner Weise wieder.«[20] Diese Praxis der offensichtlichen Steuervermeidung bei Managementberatern hat mittlerweile solche Formen angenommen, dass der US-Kongress versucht hat, in Steuerhinterziehung verwickelte Beratungsfirmen per Gesetz von der Vergabe von Regierungsaufträgen auszuschließen. Accenture hätte angeblich Umsatzeinbußen von über 600 Millionen US-Dollar durch entgangene Aufträge der US-Regierung erlitten, wenn dieses Gesetz verabschiedet worden wäre.

Fazit

Die beschriebenen Maschen sind nur ein paar der kleinen Tricks, die ich während meiner Beraterkarriere beobachtet habe. Sicher sind jedem Leser, der schon für einen Management- oder IT-Systemberater gearbeitet oder mit der Branche zu tun hatte, viele weitere bekannt. Niemand ist so erfinderisch wie der Chef einer Beratungsfirma, wenn es darum geht, neue Wege zu finden, um noch mehr Geld zu verdienen.

Damit haben Sie eine erste Vorstellung davon erhalten, wie das Geld in die Kassen der Unternehmensberatungen strömt. Vielleicht wären die horrenden Honorare und sonstigen Methoden, den Kunden Geld aus der Tasche zu ziehen, hinnehmbar, wenn die Berater für ihre Kunden grundsätzlich von großem Wert wären. Manchmal trifft das zu, keine Frage. Aber allzu oft sind die Berater unzureichend qualifiziert und ihre Arbeit ist von fragwürdiger Qualität. Hinzu kommt, dass der Druck zum Erreichen von Umsatz- und Abrechnungsvorgaben sie dazu verleitet, ihren Kunden Millionenbeträge für Leistungen abzuverlangen, die von geringem Wert oder sogar unnötig sind.

Anmerkungen

1 Management Consultants Association Report 2004
2 *The Times*, 6.8.2002
3 *Masters of the Universe*, ITV 1999
4 Rainer Steppan, *Versager im Dreiteiler*, Frankfurt 2003, S. 44
5 *Business Week Online*, 28.1.2002
6 *Business Week Online*, 8.7.2002
7 Notiz an alle Mitarbeiter, 30.5.2001
8 Management Consultants Association, Jahresbericht 2003/2004
9 Ebd.
10 *Washington Post*, 27.9.2003
11 *Wall Street Journal*, 26.9.2003
12 www.govexec.com, Tagesdaten, 25.7.2005
13 TSCPA and Accounting Web, 8.3.2004
14 Fraud Updates, 30.9.2003, www.trinity.edu
15 *Washington Post*, 27.9.2003
16 E-Mail, 19.9.2003
17 Management Consultants Association, Jahresbericht 2003/2004
18 Community auf www.thevault.com (nähere Informationen beim Autor erhältlich)
19 *The Times*, 7.8.2002
20 Community auf www.thevault.com (nähere Informationen beim Autor erhältlich)

Kapitel 2

Die unfeine Kunst der Kostensenkung

Warum es grundsätzlich 30 Prozent Steigerungspotenzial gibt

»7 Prozent! Gottverdammte 7 Prozent«, wütete der Amerikaner. Er drückte eine Zigarette aus und zündete sich die nächste an. Die Kippen quollen bereits aus dem übervollen Aschenbecher. Asche verschmutzte den Schreibtisch. »Mann«, sagte er und deutete dabei bedrohlich auf mich, der ich zitternd vor ihm stand, »Sie sind wohl vollkommen bescheuert? Oder was ist los mit Ihnen? Ich hatte gesagt, 30 Prozent, verflucht noch mal! Hatte ich das nicht gesagt? Haben Sie das kapiert, Sie gottverdammter Idiot!«

Zum wiederholten Male wurde er von einem bösen Hustenanfall geschüttelt. Wahrscheinlich war er nicht älter als 47 oder 48, aber er sah aus wie 60. Mindestens. Mühevoll gewann er die Beherrschung über seinen Körper zurück. Ich schaute weg, als er eine nicht unbeträchtliche Menge Körperflüssigkeit in sein Taschentuch spuckte, das von undefinierbarer graubrauner Farbe war. Er legte das Taschentuch vor sich auf den Tisch – griffbereit für die nächste Portion Schleim, die sein emphysemgeplagter Körper loswerden wollte. »Hören Sie, Mann«, sagte er mit ruhigerer, aber umso furchterregenderer Stimme, »30 gottverfluchte Prozent Zeitverlust, hatte ich gesagt! Oder etwa nicht?«

Ich nickte demütig. Ich war müde, hatte Angst und nichts entgegenzusetzen. Müde war ich, weil es schon halb vier Uhr früh war und ich seit acht Uhr morgens ohne Pause gearbeitet hatte. Angst hatte ich, weil ich nicht gefeuert werden wollte wie so viele andere, die mit mir in das Beratungsunternehmen eingetreten waren. Nichts entgegenzusetzen hatte ich, weil mir klar war, was ich tun würde: Ich würde in mein Hotelzimmer gehen und die Studienergebnisse des Vortages so verfälschen, dass wir unserem neuen Kunden das Projekt zur Produktivitätssteigerung besser schmackhaft machen konnten. Obwohl ich mich immer für einen halbwegs ehrlichen Charakter gehalten hatte, saß ich da und verzerrte Daten, um meine Haut zu retten. Bedauerlicherweise würde das ernsthafte Konsequenzen haben für die Menschen, mit denen ich den Vortag zugebracht hatte, vorgeblich um ihnen zu helfen, »cleverer zu arbeiten statt härter«.

»Und jetzt sehen Sie bloß zu, dass Sie Land gewinnen«, brüllte mein Projektmanager. »Bringen Sie das in Ordnung, treiben Sie diese verdammten 30 Prozent auf oder ich reiße Ihnen verflucht noch mal den A... auf!« Es folgte ein weiterer Anfall Gehuste, Gekeuche und Gerassel. Resigniert drehte ich mich um und lief den Hotelkorridor hinunter in mein Zimmer. »Ich hab schon ein Arschloch«, schrie mir mein Chef noch nach, »ein zweites brauch' ich nicht.«

Ich gebe beschämt zu, dass ich die folgenden zwei Stunden damit verbrachte, den Bericht umzuschreiben. Am Ende wies meine Studie schlüssig nach, dass die von mir analysierte Abteilung um etwa 32 Prozent überbesetzt war. Mein amerikanischer Projektmanager würde diese Ergebnisse nehmen und sie mit ähnlichen Resultaten des übrigen Teams in zwei Tagen dem lokalen Management des Kunden vorlegen. Seine Präsentation würde hart und unbarmherzig werden. Er würde behaupten, dass in allen Bereichen der Fabrik, die wir untersucht hatten, im Schnitt 30 Prozent »Zeitverlust« auftrete. Demnach könne man die Anlage ganz bequem mit einem Drittel weniger Personal betreiben. Das europäische Managementteam hatte dann zwei Möglichkeiten. Sie konnten uns entweder damit beauftragen, im Rahmen eines Projektes zu ermitteln, wer entlassen werden sollte, und anschließend für eine erhöhte Produktivität der verbleibenden, normalerweise völlig eingeschüchterten Mitarbeiter zu sorgen, die das Gemetzel überleben würden. Oder sie konnten sich dafür entscheiden, auf unsere Hilfe bei den Personaleinsparungen zu verzichten. In diesem Fall würde der Amerikaner damit drohen, dass er keine Wahl habe, als die Feststellungen seines Teams der Konzernleitung vorzulegen. Diese könne dann entscheiden, ob sie mit der Untätigkeit des lokalen Managements einverstanden sei. Für gewöhnlich betraute uns daraufhin das lokale Management mit dem Projekt.

Am darauf folgenden Montag schickten wir ein so genanntes »Results Delivery Team«, und ein weiteres »POPs«-Projekt (für »People Off the Payroll«, also Reduzierung der Personalkosten durch Entlassungen) kam ins Rollen.

Ich habe im Auftrag verschiedener Unternehmensberatungen für fast 100 Kunden aus aller Welt gearbeitet, und wir und unsere Konkurrenten haben viele neue Möglichkeiten ausgeklügelt, das, was wir taten, in trendige und intelligent klingende Worthülsen zu kleiden – Produktivitätssteigerung, Rentabilitätssteigerung, Activity-Based Management, Lean Production, Business Process Reengineering, Steigerung des Shareholder-Value, strategische Neuausrichtung, Rightsizing, Benchmarking, Logistikkettenoptimierung, Speed to Value, Unternehmenswandel, Gemeinkostenwertanalyse, Value Engineering, Post-Merger-Integration, Erzielung von Synergieeffekten, Transformational Outsourcing und so weiter. Doch nur allzu oft setzt mit dem Einzug der Managementberater in eine Organisation der Abfluss von Millionen von Pfund, Dollar und Euro an Honoraren ein, die ohne Umwege in die Taschen der Berater fließen. Gleichzeitig wird ein erheblicher Prozentsatz der Mitarbeiter feststellen, dass ihre Dienste nicht länger gebraucht werden, und sich unter die »POPs« einreihen.

Wie sehr das Wohlergehen der Berater mit der Vernichtung von Arbeitsplätzen verknüpft ist, offenbarte sich auf pikante Weise, als ein leitender Mitarbeiter der weltweit führenden Managementberatung McKinsey in einem Interview erklärte, wie bei McKinsey gearbeitet werde: »Wenn eine Beratungsfirma wie McKinsey in ein Unternehmen kommen soll, dann offiziell zur Durchführung einer Studie. Die Mitarbeiter des Unternehmens reagieren alarmiert und mit erheblicher Besorgnis, denn sie rechnen damit, dass am Ende Leute entlassen werden, weil das oft eine erforderliche Maßnahme ist.«[1] Eine andere renommierte Beratungsfirma enthüllte auf ihre Weise die Verbindung zwischen dem Existenzverlust der Mitarbeiter und dem finanziellen Erfolg des Beratungsunternehmens. Sie veröffentlichte in einer Fachzeitschrift für Unternehmensberater einen Artikel unter dem Titel: »Bring on the Recession« (zu deutsch etwa: »Immer her mit der Rezession«).[2]

Auf die Frage, wie er sich in dem Bewusstsein fühle, dass seine Arbeit andere den Job koste, entgegnete ein McKinsey-Berater in einem

Fernsehinterview, dass »man nicht so sehr an den einzelnen Menschen denkt«. Währenddessen schwärmte ein anderer McKinsey-Berater in einem Werbevideo, dass »Verschlankung befreit«.[3] Ein Manager, der im Zuge des Business Process Reengineering einer Organisation einen Personalabbau von 36000 Mitarbeitern auf nur noch 16000 in die Wege geleitet hatte, erklärte im selben Video forsch, dass »wir nur den Ballast entsorgt haben«.[4]

Die erste Beratungsfirma, für die ich tätig war, ein amerikanisches Unternehmen, genießt in der Branche einen legendären Ruf und war Vorbild für viele der heutigen Beratungen. Manche Kunden bezeichneten uns als »Die Cowboys« – wegen unseres amerikanischen Stils und unserer geringen Professionalität. Andere nannten uns »Die Holzfäller«, weil das am besten beschrieb, wie kultiviert unser Ansatz war und wie das Ergebnis unserer Tätigkeit aussah. Jahre später, als ich für andere Beratungsfirmen arbeitete, stellte ich fest, dass es wirklich schwierig war, in Organisationen Fuß zu fassen, in denen die Holzfäller in den letzten fünf bis zehn Jahren zugange gewesen waren. Die schockierende Erfahrung mit den Holzfällern hatte die Leute so verstört, dass es Jahre dauerte, bis eine andere Beratungsfirma wieder ihr Vertrauen gewinnen konnte. Wie die Holzfäller über Unternehmen herfielen, erinnert ein wenig an eine Pestepidemie, die Zerstörung und Elend hinterlässt und natürlich die Zahl der Menschen, die sie vorfindet, drastisch dezimiert.

Die Holzfäller hatten seinerzeit offensichtlich ein sehr einfaches Geschäftsmodell. Sie spezialisierten sich auf Kostensenkung – und diese Kosten bestanden gewöhnlich in Menschen. Die Holzfäller ließen sich von bekannten Personen des öffentlichen Lebens bei potenziellen Kunden einführen. Als ich vor vielen Jahren für die Firma arbeitete, hieß es, dass in den USA ein Ex-Präsident und der amerikanische Botschafter bei den Vereinten Nationen auf der Gehaltsliste der Holzfäller stünden. Auch in Europa, Südamerika und allen anderen Regionen, in denen sie tätig waren, zahlten die Holzfäller für die Begründung von Kontakten, die zu Projektaufträgen führten, großzügige Honorare an bekannte Persönlichkeiten.

Wie viele Managementberatungen unterteilten auch die Holzfäller ihr Werk in zwei Hauptphasen. In der ersten Phase analysierten sie den Betrieb des Kunden, um sich einen Eindruck davon zu verschaffen, welche Leistungssteigerungen sie herbeiführen konnten. Sie nutzten ihre Anwesenheit im Unternehmen des Kunden während dieser ersten Phase, um das Management zu überzeugen, sie auch mit der zweiten Phase zu beauftragen – einem weitaus umfangreicheren Projekt zur Umsetzung der möglichen Leistungssteigerungen, die man vorgeblich in der ersten Phase ermittelt hatte. Die meisten Managementberater berechnen für die erste Phase – die Studie – einen reduzierten Preis, um sich Zutritt zu einem potenziellen Kunden zu verschaffen. Erst einmal wollen sie ins Unternehmen des Kunden hinein und dort Fuß fassen. Dann, so hoffen sie, werden sie schon genügend Probleme entdecken, die es rechtfertigen, dass der Kunde viele Millionen locker macht, damit sie bleiben und die Misere beseitigen, die sie angeblich vorgefunden haben. Sie versuchen, ein zweites Projekt an Land zu ziehen, das gewöhnlich zehnmal so umfangreich ist wie die ursprüngliche Studie und in der Regel mit dem doppelten Wochensatz abgerechnet wird, der für die verbilligte Studie – den »Türöffner« – angesetzt wurde. Als meine Beraterkarriere schon fortgeschritten war, verlangten wir für die erste Phase meist 100 000 bis 200 000 Euro oder Pfund oder Dollar. Dabei verfolgten wir das Ziel, als Anschlussauftrag Implementierungsprojekte für eine bis fünf Millionen durchzuführen. Manchmal gelang es uns sogar, ein Projekt für zehn oder 20 Millionen Pfund, Euro oder Dollar an den Mann zu bringen.

Die Holzfäller hatten jedoch einen noch aggressiveren Geschäftsansatz. Sie waren sich so sicher, dass es ihnen gelingen würde, ein größeres Beratungsprojekt zu verkaufen, dass sie die vorgeschaltete Studienphase, die sie »Analyse« nannten, gratis anboten! Für die »Analyse« schickten sie ein Team von sechs bis zehn Beratern zum Kunden, die dessen Unternehmen prüfen und Möglichkeiten zur Leistungssteigerung ermitteln sollten. Da die Holzfäller für die Studie selbst aufkommen mussten, wollten sie sie so kurz wie möglich halten – zwei Wochen. Andere Beratungsfirmen, die für die erste Arbeitsphase Geld verlangen, brauchen gewöhnlich länger. Ein bis zwei Monate sind durchaus üblich. Man könnte also sagen, dass die Mitarbeiter der Holzfäller in zwei Wochen die gleiche Arbeit und Vertriebsaktivität leisten mussten, für die andere Unternehmensberatungen rund acht Wochen beanspruchten. Wenn die Holzfäller eine Analyse durchführten, waren

15-Stunden-Tage die Regel, nicht die Ausnahme. Manchmal wurde auch die Nacht durchgearbeitet.

Bei ihrer Analyse richteten sich die Holzfäller nach einem bewährten und gut dokumentierten Verfahren. Für Einfallsreichtum oder Individualität war da kein Spielraum. Die Holzfäller brauchten schnelle Ergebnisse. Und ihre Berater hielten sich an ihre Anweisungen – oder sie flogen.

Die Berater der Holzfäller besuchten alle Abteilungen des Kundenunternehmens und verschafften sich einen Überblick über die dort stattfindenden Aktivitäten, maßen dann, wie viele Sekunden, Minuten oder Stunden benötigt wurden, um jede Aktivität zu vollenden und schätzten, wie viel dieser Zeit durch Ineffizienz verschwendet wurde – was sie »Zeitverlust« nannten. Als nächstes stellten sie fest, wie oft jede Aktivität pro Tag durchgeführt wurde, multiplizierten die Häufigkeit jeder Aktivität mit der Zeit, die für ihre effiziente Erledigung benötigt wurde – also ohne Berücksichtigung des »Zeitverlustes«, und berechneten auf dieser Grundlage, wie viele Arbeitsstunden in jeder Abteilung tatsächlich erforderlich waren. Schließlich stellten sie die Anzahl der für den Betrieb der Abteilung ohne »Zeitverlust« erforderlichen Mitarbeiter der Zahl der tatsächlich beschäftigten Mitarbeiter gegenüber, gaben Empfehlungen dazu, um wie viel Prozent die Belegschaft verkleinert werden sollte und boten dem Kunden dann ein kostspieliges Projekt zur Umsetzung der neuen Steuerungs- und Überwachungsmechanismen des Managements an, die effizientere Unternehmensabläufe – also solche mit deutlich weniger Arbeitskräften – ermöglichen würden.

Aus den Gründen, die zu Beginn dieses Kapitels veranschaulicht wurden, lag die prozentuale Produktivitätssteigerung, die die terrorisierten Jungberater im Zuge der »Analyse« ermittelten, gewöhnlich zwischen 25 und 35 Prozent. Das hieß, die Holzfäller würden behaupten, dass sie dem Kunden dabei helfen könnten, jeden vierten bis dritten Mitarbeiter zu entlassen. Dann überzeugten die Holzfäller den Kunden, sie mit einem Projekt zu beauftragen, das die Steuerung und Überwachung durch das Management stärken, Zeitverluste reduzieren, die Effizienz steigern und es dem Kunden ermöglichen würde, Personalkosten einzusparen.

Keine besonders ausgeklügelte Art, Unternehmen zu beraten. In manchen Fällen kann diese Methode allerdings angebracht sein, denn es gibt durchaus Unternehmen, die solche Dienste benötigen. Verhielten die Holzfäller sich moralisch einwandfrei, so könnte man sagen, sie hätten ein wertvolles Produkt anzubieten. Meiner Erfahrung nach handelten die Holzfäller jedoch alles andere als moralisch. Sie waren, so schien es mir, nur eine erbarmungslose, doch effektive Geldmaschine für ein paar unermesslich reiche Individuen in Amerika, die das Unternehmen kontrollierten.

Wer einmal lügt, dem glaubt man wieder

Nach meinen Erfahrungen mit den Holzfällern hatten diese vier Hauptmethoden, mit denen sie die eigene Arbeit pervertierten. So wollten sie sicherstellen, dass sie mit Projekten beauftragt wurden und ihre Bosse fantastischen Reichtum anhäuften – auf Kosten der Kunden, für die sie arbeiteten, und der Tausenden von Mitarbeitern dieser Kunden, deren Existenzen sie vernichteten. Die vier Methoden waren: getürkte Analysen, Management durch Angst und Gier, Frontladerprojekte und das Anbieten einer einzigen Lösung.

Getürkte Analysen

Wenn wir für die Holzfäller eine Analyse durchführten, hatten wir die Vorgabe, in jedem Bereich etwa 30 Prozent Zeitverlust aufzuspüren. Ausnahmen gab es nicht! Tagsüber führten wir unsere Studien durch und abends schrieben wir die Ergebnisse zusammen, um sie dem Management des Kunden zu präsentieren. Ergaben die Studien keinen 30-prozentigen Zeitverlust, wies sie der leitende Analyst zurück. Wenn sie vom leitenden Analysten zurückgewiesen wurden, konnte man sich die Nacht um die Ohren schlagen. Alle Studienberichte mussten vollständig sein, bevor man am nächsten Tag weitermachen konnte. Bei jeder Überprüfung der erarbeiteten Ergebnisse durch den leitenden Analysten musste man eine Flut von Beschimpfungen, Schmähungen und Demütigungen über sich ergehen lassen, wenn man die »magischen« 30 Prozent verfehlt hatte. Um drei oder vier Uhr früh frisierten gewöhnlich erschöpfte Berater ihre Ergebnisse, um wenigstens ein paar Stunden Schlaf zu bekommen, bevor es am nächsten Tag weiterging. Die zu Anfang dieses Kapitels beschriebene Szene war meinem Eindruck nach bei den Holzfällern die Norm, nicht die Ausnahme. Ich arbeitete für die Holzfäller hauptsächlich im Rahmen von Analysen in ganz Europa und habe immer wieder erlebt, wie Berater angewiesen wurden, falsche Ergebnisse zu präsentieren, damit der leitende Analyst das große Folgeprojekt an Land ziehen konnte. Fabriken, Verwaltungsapparate, Supermarktketten, Banken, um was es auch ging – der Ansatz der Holzfäller war stets der gleiche: Studien durchführen, rund 30 Prozent Zeitverlust ermitteln (auch wenn es ihn in Wirklichkeit nicht gab) und anschließend den Kunden dazu bringen, ein Projekt in Auftrag zu geben, um den Zeitverlust – und gewöhnlich eine große Zahl von Mitarbeitern – zu eliminieren.

Ich weiß noch, wie ein neuer Berater Skrupel hatte, seine Daten zu fälschen und den leitenden Analysten fragte, was passieren würde, wenn die Leute aus der Abteilung, die er analysiert hatte, seine Ergebnisse zu Gesicht bekämen und herausfänden, dass er gelogen habe. Die Entgegnung des Analysten ließ an Klarheit nichts zu wünschen übrig: »Scheiß drauf. Die Arschlöcher kriegen das doch nie zu sehen. Für wie blöd halten Sie uns? Das ist nur fürs Management bestimmt.« Der Projektmanager schloss mit einer Redensart, die sich in der Führungsriege der Holzfäller großer Beliebtheit erfreute: »Und jetzt sollen diese Management-Arschlöcher endlich zu Potte kommen oder sich verpissen.«

Es war vermutlich der letzte Fehler, den der betreffende Berater während seiner Tätigkeit für die Holzfäller beging. Der erste war, dass er in einem braunen Anzug zur Arbeit kam. Bei den Holzfällern trug man nur dunkelgrau oder dunkelblau und dazu stets ein weißes Hemd – nicht grau, blau oder gestreift – ausschließlich weiß! Als unser Projektmanager sah, wie der neue Berater zum ersten Arbeitstag erschien, rief er: »Gottverdammt, wer braun trägt, sieht einfach beschissen aus. Und wer holt sich schon so jemanden ins Haus?« Bei den Holzfällern passte man sich an, oder man flog. Dieser unglückselige Zeitgenosse entwickelte nie das richtige Gespür für die einzigartige Unternehmenskultur der Holzfäller. Er verließ uns nach wenigen Wochen wieder – augenscheinlich in der Absicht, sein Heil in einer anderen Branche zu suchen.

Über die Jahre versuchten die Holzfäller, zu expandieren. Sie kauften verschiedene Unternehmensberatungen auf, um ihr Serviceangebot zu erweitern. In den USA übernahmen sie mit XXX-Associates einen Total-Quality-Spezialisten. Der Kauf war insofern ein Erfolg, als sich die Holzfäller damit in den Mantel der Respektabilität hüllen konnten – mit dem Namen Total Quality. In Europa verfolgten sie einen ähnlichen Ansatz und kauften eine bekannte und renommierte Personalberatung, XY. Wenn ich mich recht entsinne, kehrten die meisten Mitarbeiter der Firma angesichts der Geschäftsphilosophie der Holzfäller innerhalb eines Jahres angewidert den Rücken und sie musste Konkurs anmelden. Die Wegelagererkultur der Holzfäller war so tief verwurzelt, dass sie nur schwer zu verändern war.

Die Holzfäller standen mehrmals kurz davor, vom Markt zu verschwinden, doch dann stagnierte die Wirtschaft, Kostensenkung kam wieder in Mode, und schon waren die Holzfäller erneut obenauf. In einem Jahr Mitte der 1990er etwa kam das Wirtschaftswachstum im Westen ins Stocken, die Aktienkurse brachen auf breiter Front ein, doch die Aktie der Holzfäller entwickelte sich gegen den Trend und verdoppelte sich, scheinbar der wirtschaftlichen Schwerkraft zum Trotz. Leute zu entlassen war offensichtlich wieder im Trend. 2002, als andere Beratungsunternehmen Tausende von Mitarbeitern auf die Straße setzten, wiesen die Holzfäller-Eigentümer ein Umsatzplus von 53 Prozent aus und prognostizierten weitere Zuwächse. Der Chairman wurde mit den Worten zitiert: »Die operative Beratung, die die Holzfäller ihren Kunden bieten, ist weiterhin sehr gefragt.«[5] Außerdem hatte ich im Jahr 2004 ein Gespräch mit einem leitenden Mitarbeiter der Holzfäller. Wir unterhielten uns über die »guten alten Zeiten«, und er erklärte, dass die Firma zwar möglicherweise versucht habe, professioneller zu werden, sich tatsächlich aber nur wenig geändert habe, seit ich vor knapp 20 Jahren dort gearbeitet hatte.

Management durch Angst und Gier

Angesichts der Tatsache, wie furchtbar die Holzfäller sich damals verhielten, fragt man sich vielleicht, wieso überhaupt jemand für sie arbeitete. Doch die Holzfäller waren sehr clever und verstanden es meisterhaft, einen bestimmten Persönlichkeitstyp ins Unternehmen zu holen, den sie durch einen ausgewogenen Mix aus Angst und Gier beherrschen konnten. Viele Unternehmensberatungen rekrutieren ihre Mitarbeiter an den renommiertesten Business Schools und Spitzenuniversitäten, um die fähigsten Köpfe anzuwerben. Manche zahlen Neueinsteigern sogar Prämien von 10000 bis 20000 US-Dollar, um die Cleversten und Besten ins Boot zu holen. So bot Accenture in den USA einmal Studienabsolventen eines Jahrgangs Einstiegsprämien von 15000 US-Dollar.[6] Ganz anders die Holzfäller. Sie heuerten Leute an, die sofort verfügbar waren und einen Job brauchten. Begabung, Bildung, Kompetenzen und Erfahrungen waren natürlich auch bei den Holzfällern nicht unbedingt von Nachteil, doch Voraussetzung für eine Einstellung waren sie nicht. Die Holzfäller brauchten Kanonenfutter, was bei uns »Rechnungsfutter« hieß. Um die Qualitäten oder Fähigkeiten ihres Fußvolkes machten sie sich allem Anschein nach dabei wenig Gedanken.

Wenn sie neue Leute brauchten, inserierten die Holzfäller in Tageszeitungen des mittleren Marktsegments und boten dort aufregende Karrieren in der schnelllebigen und herausfordernden Welt der »Internationalen Managementberatung« an. In den Anzeigen gaben sie nur eine Telefonnummer an. Der Firmenname wurde grundsätzlich nicht erwähnt. Wenn jemand anrief, fragten sie nicht nach Person, Qualifikationen oder Berufspraxis oder dergleichen. Sie notierten Namen und Telefonnummer und bestellten den Anrufer ein paar Tage später zu einem Bewerbungsgespräch in ein Hotel in der Nähe des Flughafens, an dem der Personalreferent ankommen würde.

In den meisten Unternehmen oder Beratungsfirmen musste man normalerweise zwei oder drei Gesprächsrunden durchlaufen, die jeweils mindestens eine Stunde dauerten, und sogar eine Reihe schriftlicher Assessment-Tests machen, bevor einem ein Vertrag angeboten wurde. Bewarb man sich bei den Holzfällern, hatte man nur ein Vorstellungsgespräch, das in der Regel zehn Minuten dauerte, manchmal auch 15, aber niemals länger. Der Personalreferent der Holzfäller hatte einen vollen Terminplan. Er stellte dem Bewerber ein paar Fragen zu seinem Hintergrund und erzählte ihm dann, wie toll eine Karriere in der »internationalen Managementberatung« sei. 90 Prozent der Bewerber wurden nach dem Vorstellungsgespräch ein Job angeboten. Nach einem Jahr waren sieben von zehn der Neuzugänge angewidert ausgeschieden oder gefeuert worden. Die Holzfäller interessierte das nicht – sie rekrutierten einfach neues Rechnungsfutter.

Während der jährliche Personalumschlag in den meisten Unternehmen bei 5 bis 10 Prozent liegt, erreichte er bei den Holzfällern in manchen Jahren bis zu 70 Prozent. Doch da sie ja nur Leute brauchten, die herumliefen und aufzeichneten, wie viele Minuten die Mitarbeiter des Kunden für jede ihrer beruflichen Aufgaben benötigten, interessierten sich die Holzfäller nicht sonderlich für die Qualitäten oder Fähigkeiten ihrer neuen Mitarbeiter. Wie die Führungsmannschaft der Holzfäller scherzhaft zu sagen pflegte, brauchte man im Grunde nur »Minderleister«. Eine weiterer beliebter Spruch der Holzfäller lautete: »Wir nehmen jeden, der gleichzeitig laufen und Kaugummi kauen kann.«

Die Anfangsgehälter, die bei den Holzfällern gezahlt wurden, waren jämmerlich. Doch man wurde von Anfang an darauf hingewiesen, dass jeder, der eine bestimmte organisatorische Stufe erreicht hatte, Anrecht auf die Zahlung von Prämien hatte, der so genannten »Melonen«. Diese Bezeichnung sollte wohl andeuten, um welch saftige Beträge es sich dabei handelte. Niemand äußerte sich je näher zur tatsächlichen Größe der Melonen, doch es wurde der Eindruck erzeugt, dass es sich dabei um ganz beträchtliche Geldsummen handelte.

In Wirklichkeit erfüllten auch die leistungsstärksten Berater erst nach rund zwei Jahren die Kriterien für den Erhalt einer solchen Melone. Angesichts der Tatsache, dass sieben von zehn Holzfäller-Mitarbeitern schon im ersten Jahr wieder ausschieden, hingen die Melonen für die meisten viel zu hoch – und alle anderen Früchte ebenfalls. Ich vermute, dass es auf Projektmanagerebene und für die Leute, die wir leitende Analysten nannten – diejenigen, die die Projekte der Holzfäller an den Mann brachten –, Melonen gegeben haben muss, weil sie ständig davon sprachen, wie viel Geld sie verdient und wie viele Immobilien sie gekauft hatten und dass es nicht mehr lange dauern würde, bis sie alles hinschmeißen und dem Holzfällerladen den Rücken kehren könnten. Man konnte nur von wenigen Mitarbeitern der Holzfäller sagen, dass ihnen ihre Arbeit Spaß machte. Die paar Direktoren, die mir begegnet sind, waren ganz offensichtlich ausgesprochen wohlhabend. Ich vermute allerdings, dass die Maschinerie der Holzfällerfirma das meiste Geld auf der obersten Hierarchiestufe absaugte, während 90 Prozent der Mitarbeiter unterbezahlt schufteten, motiviert durch die Hoffnung auf bessere Zeiten, die in Wirklichkeit niemals eintrafen. In Bezug auf meinen ersten Projektmanager S. D. nehme ich an, dass der Stress, die vielen Zigaretten und der Raubbau, den er an seiner Gesundheit trieb, seinem Leben in irgendeinem einsamen Hotelzimmer verfrüht ein Ende setzte – lange bevor er Gelegenheit dazu hatte, eventuelle Melonen zu genießen, so er jemals welche geerntet hatte.

Frontladerprojekte

Wenn die Holzfäller ein Projekt starteten, wussten sie, dass das geschätzte Sparpotenzial oft auf den Analysen vollkommen unerfahrener Berater beruhte. Nach meiner Erfahrung und den Aussagen anderer Berater, mit denen ich gesprochen habe, gründete es häufig auf etwas, von dem man sagen könnte, es erinnere mehr als nur vage an vorsätzliche Lügen. Sich bei der Berechnung ihrer Honorare auf den Projekterfolg zu verlassen, wäre für die Holzfäller die denkbar schlechteste Strategie gewesen. Manche Projekte lieferten die versprochenen Einsparungen, andere sogar mehr, doch viele eben auch nicht. Häufig lösten die Holzfäller so heftige Störungen und Empörung aus, dass man sie noch vor Abschluss ihrer Projekte vor die Tür setzte. Das kam den Holzfällern oft durchaus entgegen – sie wussten vermutlich, dass die versprochenen Einsparungen nicht realisierbar waren. Wurde das Projekt vorzeitig beendet und nicht genügend Leute entlassen, konnten die Holzfäller dem Management des Kunden Inkompetenz oder Feigheit vorwerfen oder – wie es gewöhnlich geschah – beides. In jedem Fall sorgten die Holzfäller aber dafür, dass ihnen der Löwenanteil ihres Honorars, wenn nicht sogar die komplette Summe ausbezahlt wurde.

Kamen Projekte zum Abschluss, bekamen die Holzfäller ihr Geld, ob die Ergebnisse stimmten oder nicht. Schließlich gründeten sich ihre Rechnungen an die Kunden nicht auf die erzielten Ergebnisse, sondern auf die geleisteten Arbeitsstunden der Berater. Doch auch bei vorzeitigem Abbruch von Projekten sicherten sich die Holzfäller mit einem

Trick, den wir als »Frontladung« des Projekts bezeichneten, fast das gesamte potenzielle Honorar. Das bedeutete, dass die Holzfäller in der ersten Projekthälfte ein umfangreiches Team für das Projekt abstellten und das Gros der veranschlagten Arbeitstage ableisteten. War ein Projekt zu zwei Dritteln beendet, konnte man bis zu 90 Prozent der anfallenden Arbeitstage bereits in Rechnung gestellt haben. Auch wenn ein Projekt vor der Zeit abgeblasen wurde, hatten die Holzfäller somit fast den gesamten Umsatz erzielt, der für diesen Kunden angesetzt war.

Diese »Frontlader-Praxis« führte häufig zu grotesken Situationen. Zum Projektstart fanden sich große Beraterteams ein. Später blieb dann nur ein kümmerlicher Bruchteil des ursprünglichen Teams vor Ort, mit der nahezu unmöglichen Aufgabe betraut, das Projekt zum Abschluss zu bringen, während die meisten Mitarbeiter der Holzfäller sich bereits anderen Aufgaben zugewandt hatten. In einer Stahlfabrik etwa waren in der ersten Hälfte des Projektes über zehn Berater am Werk, in der zweiten Hälfte nur noch zwei. Doch das Schwierigste an jedem Holzfäller-Projekt war stets die zweite Hälfte. Man musste nicht nur dafür sorgen, dass das Management die Courage aufbrachte, bis zu einem Drittel der Mitarbeiter zu entlassen, sondern auch dafür, dass das Unternehmen auch mit deutlich reduzierter Belegschaft mehr oder minder reibungslos weiterlief.

Die einzige Lösung

Es heißt, wenn man nur einen Hammer zur Verfügung habe, dann werde jedes Problem zum Nagel. Bei den Projekten, die ich miterlebt habe, entsprach das ziemlich exakt dem Ansatz der Holzfäller in Bezug auf die unternehmerischen Probleme ihrer Kunden. Die Holzfäller hatten ein einziges Produkt im Angebot – Kostensenkung – und zwar fast immer bezogen auf die Personalkosten. Wie die jeweilige Situation auch geartet sein mochte, die Holzfäller versuchten in jedem Fall, den Kunden davon zu überzeugen, dass er bessere Steuerungs- und Überwachungssysteme fürs Management einführen müsse, um die Personalkosten zu senken – denn das war alles, was die Holzfäller konnten.

Ein Beispiel dafür, dass dies bisweilen der vollkommen falsche Weg war, bot ein Projekt, das wir für eine Kette von 500 Herrenkonfektionsgeschäften durchführten. Ein paar Wochen lang beobachteten wir, wie viele Kunden täglich die Läden aufsuchten. Dann erstellten wir Kundenflussdiagramme für jede Filiale und schlossen auf der Grundlage von Arbeitsstudien darauf, wie viele Kunden jeder Verkäufer in der Stunde betreuen konnte. So konnten wir schließlich ausrechnen, wie viel Personal in jedem Geschäft für jede Stunde an jedem Tag benötigt wurde.

Die Ergebnisse zeigten, dass es im Moment in jedem Geschäft rund 30 Prozent zu viel Personal gab und dass es weit vorteilhafter war, die meisten Vollzeitmitarbeiter durch Teilzeitkräfte zu ersetzen, um die Läden mit minimalen Personalkosten zu betreiben, denn Teilzeitkräfte waren im Vergleich eindeutig flexibler in der Gestaltung ihrer Arbeitszeit und konnten so gerade dann eingesetzt werden, wenn das Kundenaufkommen hoch war.

Nachdem der Projektmanager der Holzfäller genügend Druck ausgeübt hatte, befolgte das Management des Kunden unsere Empfehlungen. Es wurden reihenweise Vollzeitmitarbeiter entlassen und durch Teilzeitkräfte ersetzt. Nicht berücksichtigt hatten wir jedoch, dass es sich bei den Vollzeitkräften meist um solche Leute handelte, die in dem Unternehmen Karriere machen wollten. Infolgedessen waren sie motiviert, möglichst hohe Umsätze zu erzielen. Viele der Teilzeitmitarbeiter wollten dagegen nur etwas dazu verdienen und waren weniger motiviert. Am nachteiligsten war aber, dass das Unternehmen die zuletzt eingestellten Mitarbeiter als erste entließ. Viele der freigesetzten Mitarbeiter waren somit junge Leute in der Ausbildung zum Filialleiter – die am stärksten motivierte Gruppe im Unternehmen. Nach dem »erfolgreichen« Abschluss unseres Projektes, im Zuge dessen wir viele der nützlichsten Mitarbeiter entfernt hatten, brachen die Umsätze ein. Nach ein paar Jahren war das Unternehmen mit seinen 500 Filialen von der Bildfläche verschwunden.

Das wirklich Tragische an der ganzen Sache war, dass die schließliche Vernichtung des Unternehmens, zu der die Holzfäller so begeistert und gewinnbringend beigetragen hatten, vermutlich leicht zu vermeiden gewesen wäre. Als die Holzfäller ihre Unterstützung des Managements bei der Aufgabe, rund 30 Prozent der Mitarbeiter im Verkauf, im Lager und in der Dekoration zu entlassen, beendet hatten, überredeten sie das Management des Kunden, sie mit einem weiteren Projekt zu betrauen. Dieses neue Projekt war auf die Schulung der verbleibenden Mitarbeiter in den Geschäften abgestellt. Sie sollten effektiver verkaufen. Mehr Leute, die in die Läden kamen, sollten etwas kaufen, und die Zahl der verkauften Artikel pro Kunde sollte ebenfalls gesteigert werden. Dieses Projekt zielte also tatsächlich auf ein konstruktives Ergebnis ab. Doch leider befand sich – nachdem der extrem motivierte Filialleiternachwuchs gegangen worden war – die Moral im gesamten Unternehmen auf dem Tiefpunkt. Wir schulten am Ende kleine Gruppen von Teilzeitkräften, die nur ein paar Stunden pro Woche arbeiteten, nicht lange bei der Stange blieben und denen das Unternehmen und seine Zukunft, offen gesagt, vollkommen gleichgültig waren. Und diese Einstellung war durchaus nachvollziehbar. Sie bekamen niedrige Löhne, wenig Urlaub und kaum andere Sozialleistungen, und wenn das Unternehmen dicht machte, konnten sie jederzeit einen anderen Teilzeitjob in einem anderen Laden annehmen.

Wäre anstelle der Holzfäller eine vernünftige Unternehmensberatung eingesetzt worden und wären die Manager des Unternehmens ihre hochtrabenden Titel und dicken Gehälter wirklich wert gewesen, dann hätte unser erstes Projekt logischerweise das zur Umsatzsteigerung sein müssen. Hätten wir nämlich das Umsatzergebnis der Vollzeitkräfte erhöht, die sich für das Unternehmen einsetzten, loyal waren und etwas zu verlieren hatten, wenn ihr Arbeitgeber bankrott machte, dann wären die Aderlässe und der nachfolgende Konkurs womöglich vermeidbar gewesen. Doch indem das Management des betreffenden Unternehmens die Holzfäller beauftragte, statt sich einer professionelleren Firma zu bedienen, verspielte es die Chance, das Unternehmen zu retten.

Dieses war mein erstes Projekt als Managementberater. Später merkte ich, dass es für ein Holzfäller-Projekt gar nicht untypisch war, und obwohl ich mich weiterentwickelte und später für und in Konkurrenz zu einigen der führenden und anspruchsvollsten Managementberatern arbeitete, konnte ich überall Praktiken entdecken, die mich zumindest vage an den Ansatz und die Ethik der Holzfäller erinnerten.

Die Umsetzung von Verbesserungen im Management – nach Holzfällermanier

So ziemlich alle so genannten »Projekte zur Performancesteigerung«, mit denen meine Kollegen und ich bei den Holzfällern zu tun hatten, schienen ähnlich abzulaufen. Die Holzfäller behaupteten, die versprochenen Kostensenkungen durch »Verbesserung der Managementprozesse« und »Steigerung der Supervisionskapazität« herbeiführen zu können. Ihre Standardfloskeln waren »Wir helfen Ihren Leuten, cleverer statt härter zu arbeiten« und »Wir helfen Ihnen, alle Hindernisse hinwegzufegen, die Ihre Leute daran hindern, ihr Potenzial auszuschöpfen«. Die Holzfäller räumten ein, dass die gesteigerte Produktivität beim Kunden bedauerlicherweise mit einem geringeren Personalbedarf einhergehen könne. Doch sie betonten dabei, dass es ihre Aufgabe als Berater sei, die Jobs der meisten Mitarbeiter zu sichern, indem sie das Finanzergebnis des gesamten Unternehmens verbesserten.

Dieses Angebot konnte in den Ohren der Managementteams von Kunden, die oft wenig Einblick in und wenig Kontrolle über die eigenen Aktivitäten hatten, recht verführerisch klingen. Immerhin gaben die Holzfäller vor, sich wirklich dafür einzusetzen, das Arbeitsleben der meisten Mitarbeiter befriedigender und sicherer zu gestalten. Und durch Einsatz von Peitsche (»Wir haben einen Personalüberhang von 30 Prozent ermittelt«) und Zuckerbrot (»Wir machen Ihre Belegschaft produktiver, sicherer und zufriedener«) hatten die Holzfäller in über 90 Prozent der Fälle Erfolg und konnten über die kostenfreie Analyse umfangreiche Anschlussprojekte einfahren.

Die Realität einer erhöhten Zufriedenheit und Produktivität durch erklärtermaßen »clevereres, nicht härteres Arbeiten« entsprach jedoch nach meiner Erfahrung nicht ganz den überzeugend klingenden Verkaufsargumenten. Im Grunde setzten die Holzfäller in jeder Organisation das um, was sie »SIS« nannten. Dieses »Short Interval Scheduling« bestand letztlich darin, dass die Vorarbeiter die Arbeitsleistung jedes Mitarbeiters lückenlos Tag für Tag alle zwei Stunden mit den vorgegebenen Zielwerten abglichen. In Wirklichkeit wurde damit eine Spielart des Taylorismus wieder belebt und neu verpackt, die von jedem normalen Unternehmen schon vor Jahrzehnten abgelegt worden war.

Frederick Winslow Taylor (1856–1917) gilt weithin als Vater der wissenschaftlichen Betriebsführung, die Henry Ford der Ältere bei der Massenproduktion des Model T so wirkungsvoll einsetzte. Die Prinzipien der wissenschaftlichen Betriebsführung besagen, dass jede Aktivität – zum Beispiel der Bau eines Autos – in eine Reihe einfacher, wiederkehrender Aufgaben zerlegt werden kann, die einzeln an Arbeiter vergeben werden können, sodass jeder Arbeiter während des ganzen Arbeitstages wieder und wieder nur eine einfache Tätigkeit erledigt. Für jede Tätigkeit kann dann eine Zeit ermittelt und es können Arbeitsstandards für jeden Arbeiter festgelegt werden. Wer die Standards nicht erreicht, kann geschult werden, um seine Produktivität zu steigern, oder entlassen werden – je nach Aufklärungsstand des Managements und Verfügbarkeit williger Arbeitskräfte. Die wissenschaftliche Betriebsführung markierte den Übergang von der Handwerkskunst, bei der ein Arbeiter für seine Aufgaben über echte Fertigkeiten verfügen musste, zur Massenproduktion, bei der für die meisten Aufgaben keine besonderen Kenntnisse erforderlich waren, lediglich bedingungsloser Gehorsam.

Im Rahmen der kostenlosen Analyse überprüften die Berater der Holzfäller schnell, welche Aktivitäten in jeder Abteilung anfielen, maßen die Zeit, die sie jeweils in Anspruch nahmen, ermittelten, wie oft jede Aktivität pro Tag, Woche und Monat ausgeführt wurde, und errechneten dann (nötigenfalls mit frisierten Zahlen), dass jede Abteilung auf rund 30 Prozent ihrer Mitarbeiter verzichten könnte, wenn der Zeitverlust reduziert und die Produktivität der Belegschaft erhöht würde. Die ganze Studie wurde in der Regel mit ungeheurer Geschwindigkeit und unter Verwendung unseriöser Methoden erstellt. Diese Ergebnisse wurden zwar dem Topmanagement präsentiert, um dieses dazu zu bringen, ein Projekt in Auftrag zu geben, doch sie wurden kaum je den operativen Managern und Vorarbeitern vorgelegt, die über ausreichendes Wissen verfügten, um die Arbeit der Berater infrage zu stellen.

Im Rahmen des Umsetzungsprojektes arbeiteten die Holzfäller jedoch nach einem fundierteren Ansatz und schafften es, die operativen Manager und Vorarbeiter höchst effektiv in die Zange zu nehmen. Wir schickten ein oder zwei Berater in jede Abteilung. Diese erstellten eine so genannte »Area Sequence« – einen langen Fragebogen, der mithilfe des zuständigen Managers ausgefüllt wurde und den jeweiligen Bereich detailliert beschrieb: Organisationsstruktur, Zahl der Beschäftigten, Kenntnisse, Erfahrung und Gehälter der Mitarbeiter, die ausgeführten Tätigkeiten und ihr täglicher, wöchentlicher und monatlicher Umfang, Qualitätsstandards, physische Gestaltung und anderes mehr.

Dann zwang der Berater den Manager oder Vorarbeiter, sich mit ihm hinzustellen und genau zu messen, wie viele Sekunden oder Minuten erforderlich waren, um jede Tätigkeit effizient zu erledigen. Sobald die Zeitmessung für jede Tätigkeit vorlag, ließ sich der Berater vom Vorarbeiter oder Manager mit dessen Unterschrift bestätigen, dass die ermittelten Zeiten korrekt und angemessen waren. Dann konnte der Berater einfach durch Multiplikation des Gesamtvolumens der Tätigkeit mit der erforderlichen Zeit (die mit dem zuständigen Manager des Kunden abgestimmt war) eine »Arbeitsmenge« ermitteln. Im Grunde rechnete er aus, wie viele Mitarbeiter tatsächlich in der betreffenden Abteilung benötigt wurden.

Sobald der Bereichsleiter diese Arbeitsmenge abgesegnet hatte, war es an der Zeit für das, was wir als »Implementierung« bezeichneten. Rund 30 Prozent der Mitarbeiter in dem betreffenden Bereich wurden abgezogen, und der Vorarbeiter musste ein »Tagesplan-Kontrollblatt« ausfüllen. Dieses bestand gewöhnlich in einem Blatt A4-Papier, auf dem der Manager seinen Produktions- oder Umsatzplan für den Tag darlegte und diesen im Anschluss aufsplittete in die Leistung, die jeder Mitarbeiter alle zwei Stunden erbringen musste. Dann machte er alle zwei Stunden einen Rundgang von Mitarbeiter zu Mitarbeiter oder von Arbeitsplatz zu Arbeitsplatz und prüfte, ob die Arbeiten nach Plan liefen. Wenn ja, vermerkte er das einfach auf dem Tagesplan-Kontrollblatt. Gab es ein Problem, musste der Bereichsleiter einen »Varianz-Bericht« ausfüllen. In diesem hielt er fest, wo es Probleme gab, wie viel Produktion oder Umsatz verloren ging und welche korrigierenden Maßnahmen ergriffen worden waren. Zu Beginn jedes Arbeitstages kam der Vorarbeiter mit seinem Linienmanager zu einem Gespräch zusammen, in dem beide die Vortagesergebnisse durchgingen und gemeinsam planten, wie man die Produktivität kontinuierlich steigern konnte. Der Manager führte in wöchentlichen Abständen ein ähnliches Gespräch mit seinem Vorgesetzten und so fort bis an die Unternehmensspitze. Angesichts dieser minutiösen Kontrollmechanismen, die die Holzfäller einrichteten, überrascht es kaum, dass die Produktivität der übrig gebliebenen Mitarbeiter häufig sprunghaft stieg. Ob sie wirklich zufriedener waren oder sich tatsächlich sicherer fühlten, darüber konnte man streiten.

Das Vorgehen der Holzfäller war nach meinem Eindruck immer identisch, egal ob es um Banken, Läden, Fabriken, Zechen, Stahlwerke oder sonst etwas ging. Und auch das Ergebnis war gewöhnlich immer dasselbe – Einsparung von Personalkosten, gesteigerte Produktivität der schockierten verbleibenden Mitarbeiter und ein so genanntes Management-Lenkungs- und Steuerungssystem, das sich einigermaßen für Maschinen eignete, aber keinesfalls für denkende Menschen. Seinerzeit gab es viele Beratungsfirmen, die ähnliche Dienstleistungen wie die Holzfäller anboten, und viele Managementteams waren bereit, für diese Dienste teuer zu bezahlen.

Mangelnde Professionalität

An sich hätten die Holzfäller eine äußerst effiziente Verkaufsmaschinerie darstellen müssen. Doch die Habgier der Topmanager und die lachhafte Inkompetenz der Berater auf unterer Ebene führten im Zusammenspiel häufig zu unerwarteten, aber unterhaltsamen Resultaten.

Mein nächster Kunde war eine landesweit tätige Kette von Geschäften, in denen man Fernseher, Video- und Elektrogeräte mieten konnte. Weil ich gerade das Projekt für die Herrenausstatterfilialen abgeschlossen hatte, galt ich jetzt als »Einzelhandelsexperte« und wurde für meinen zweiten Auftrag von den Holzfällern zum Teamleiter ernannt. Ich glaube, die Holzfäller hatten zuvor bereits ein Projekt für diesen Kunden durchgeführt, bei dem es um die Reduzierung des Reparatur- und Servicepersonals gegangen war – der »Männer in den Lieferwagen«. Jetzt sollte Ähnliches für die rund 450 Ladengeschäfte des Unternehmens in Toplage in Angriff genommen werden. Dafür bot sich vermutlich der Standardansatz der Holzfäller an, Personal einzusparen, indem man auch hier die meist erfahrenen und kompetenten Vollzeitbeschäftigten durch eine Armada ungeschulter und unmotivierter Teilzeitkräfte ersetzte. Doch nach all den Störungen und Misstönen, die das erste Holzfäller-Projekt im Reparatur- und Servicebereich ausgelöst hatte, war der Kunde nicht sehr erpicht darauf, Ähnliches auch in seinen Geschäften zu erleben. Dennoch gelang es einem Account-Manager der Holzfäller mit viel Vertriebsehrgeiz, einen der Direktoren zu überreden, uns eine kostenlose Vorabstudie in vier oder fünf der Geschäfte durchführen zu lassen, um das Personaleinsparungspotenzial zu schätzen. Mit ein paar weiteren Beratern wurde ich losgeschickt, um diese Arbeit zu erledigen. Wie Sie sich vorstellen können, machte mir der Account-Manager unmissverständlich klar, welches Ergebnis er erwartete. In seinem Briefing spielten die magischen Worte »30 Prozent Zeitverlust« eine große Rolle und gingen mit verschiedenen sehr konkreten Drohungen einher, was meine berufliche Zukunft bei den Holzfällern betraf, sofern die 30 Prozent nicht nachgewiesen werden würden.

Pflichtbewusst traf ich beim Kunden ein, schickte mein kleines Team los, um die notwendigen Studien durchzuführen, und setzte mich in ein Büro. Dort überlegte ich, was ich tun würde, wenn meine beiden unerfahrenen Berater die verlangten 30 Prozent – die den Kunden dazu veranlassen würden, uns mit einem ausgewachsenen Projekt zu beauftragen – nicht auftrieben. Während mein Team seine Studien betrieb, war es meine Aufgabe, in der Firmenzentrale präsent zu sein und mich mit sämtlichen Direktoren zu treffen, um ihre Einstellungen zur Vergabe eines weiteren Großprojekts an uns zu sondieren. An meinem dritten Tag wurde ich zu einem der Direktoren zitiert – einem anderen als dem, der uns grünes Licht für die Vorarbeiten gegeben hatte. Der Mann war wütend, richtig außer sich. Noch bevor ich mich vorstellen und ein paar Höflichkeiten austauschen konnte, überfiel er mich mit einer emotionalen Tirade, in der er die Holzfäller und ihr gesamtes Geschäftsgebaren angriff. Der Ausbruch zog sich, wie es mir bei meinem gerade mal zweiten Beratungsprojekt vorkam, furchtbar lange hin. Als er fertig war, warf er mich aus seinem Büro, ohne mir Gelegenheit zu geben, etwas zur Verteidigung der Holzfäller vorzubringen. Er sagte mir auf den Kopf zu, er werde alles in seiner Macht Stehende tun, um zu verhindern, dass die Holzfäller noch einmal für das Unternehmen tätig würden.

Kein sehr vielversprechender Start für meine erste Bewährungsprobe als Teamleiter. Während ich darauf wartete, dass mein Chef eintraf und mich niedermachte, weil ich seine Chancen auf einen Projektauftrag »versaut« hatte, stellte ich ein paar Nachforschungen an, um herauszufinden, was den Manager so gegen uns aufgebracht hatte. Bald erfuhr ich, dass irgendein kleiner Berater am Ende des vorangegangenen Projektes vergessen hatte, vertrauliche Projektakten an unsere europäische Zentrale in Brüssel zurückzugeben. Die Mitarbeiter des Kunden hatten ein paar Kisten mit Projektmaterial gefunden, durchgesehen und dabei unsere detaillierten, sehr persönlichen Einschätzungen zu den wichtigsten Führungskräften des Kunden entdeckt. Wenn ich mich recht entsinne, wurde darin einer als »Feigling« bezeichnet, der alles tat, was der CEO wolle, und ein anderer als »Politiker«, der nur seine eigenen Interessen verfolgte. Dann war da noch ein »Abgetakelter, der nicht mehr viel zu sagen hat«, aber trotzdem »stets seine Meinung äußert« und so weiter. Alles in allem nicht sehr schmeichelhaft. Der Herr, der mich so rabiat abgefertigt hatte, war übrigens genau derjenige, den das Vorgängerteam als »Feigling« bezeichnet hatte. Das erklärte seine höchst emotionale Reaktion, als er hörte, dass die Holzfäller erneut versuchten, sich in sein Leben einzumischen.

Nach einer Woche wusste ich, dass der zornige Mann seinen Worten auch Taten folgen ließ. Er hatte mit seinen Kollegen gesprochen, ihnen das belastende Material vorgelegt, und wir mussten die Studie beenden und unser Team abziehen. Es lag auf der Hand, dass der Kunde uns nicht mit einem weiteren Projekt beauftragen würde, wie groß das potenzielle Sparpotenzial auch war, das wir tatsächlich oder vorgeblich ermitteln würden.

Mein nächster Einsatz im Auftrag der Holzfäller war ein noch größeres Fiasko. Wieder wurde ich als Teamleiter mit einer Analyse betraut. Bei dem Unternehmen handelte es sich um eine Produktionsanlage eines amerikanischen Technologieriesen, in der Aggregate für Züge gefertigt wurden. Die Fabrik stand am Rande des Chaos. Die Zeitverluste, die wir unerfahrenen Berater nicht immer aufspüren konnten, waren in diesem Fall vermutlich wirklich vorhanden. Produktionsplanung und -steuerung waren chaotisch und die Qualität ein Witz. In der Produktion stapelten sich Hunderte von Aufträgen, die schon Wochen oder sogar Monate überfällig waren. Bei fast allen Aufträgen fehlten entweder Teile oder sie gingen einfach zwischen den einzelnen Maschinenarbeitsgängen verschütt. Um das Durcheinander in den Griff zu bekommen, wurden über 40 Mitarbeiter als so genannte »Progress Chaser« eingesetzt. Sie rannten den ganzen Tag in der Fabrik herum, um abgängige Aufträge zu suchen, und wenn sie welche fanden, beknieten sie die Produktionsleiter, diese vorzuziehen, da sie unweigerlich hoffnungslos im Verzug waren. Das führte zu einer Art Anarchie, bei der so ziemlich alles in Rückstand geriet. Nicht die Produktionsplanung, die ihren Namen zu Unrecht führte, sondern die Vorarbeiter innerhalb der Abteilungen entschieden, was produziert und was bis ans Ende aller Zeiten unfertig bleiben würde. Das Ganze war zu einer solchen Farce ausgeartet, dass die Vorarbeiter in der Produktion Wetten darüber abschlossen, wie viele »Progress Chaser« ihnen mit dringenden Bitten zur Erledigung ihrer Aufgaben die Bürotüren einrennen würden, bis die Dame mit dem Teewagen ihre allmorgendliche Runde machte.

Insgesamt betrachtet herrschten Zustände, wie sie in einer europäischen Fabrik damals durchaus üblich waren. Wie schon bei dem Herrenausstatter wäre das für eine seriöse und halbwegs professionelle Unternehmensberatung eine wunderbare Gelegenheit gewesen, Ordnung zu schaffen und nach Jahrzehnten der Vernachlässigung durch ein inkompetentes Management für effektive Abläufe zu sorgen – zum Vorteil aller Beteiligten. Doch die Holzfäller hatten keine Leute, die sich mit Produktionsplanung, Arbeitsplanung, Instandhaltungsmanagement, schlanker Produktion und all den anderen Dingen auskannten, die dieser Kunde und viele andere Klienten der Holzfäller so dringend benötigten. Die Holzfäller verfügten ausschließlich über schlecht bezahlte Berater, die nur in einer Sache geschult waren – zu messen, wie viel Sekunden oder Minuten jede Tätigkeit in Anspruch nahm –, und unter immensem Druck stehende Projektmanager, die ihr fehlendes Wissen über Unternehmensführung dadurch kompensierten, dass sie ihre Untergebenen mit der Angstkeule traktierten.

Durch die üblichen Einschüchterungen des Fabrikleiters zogen die Holzfäller einen Vertrag über ein fünf- bis sechsmonatiges Implementierungsprojekt zur Verbesserung der Arbeitsabläufe und zur Einsparung jedes vierten Mitarbeiters an Land. Zum Glück schritt das Schicksal ein und rettete die Fabrik vor dem Eingreifen der Holzfäller. An dem Montag, an dem wir eintrafen, um unser Projekt anzustoßen, kehrte der für die Fabrik zuständige Bereichsleiter aus einem dreiwöchigen Urlaub zurück. Es überraschte und missfiel ihm, das der lokale Fabrikleiter beschlossen hatte, einen beträchtlichen Haufen Geld aus seinem Bereich einer Horde Managementberater in den Rachen zu werfen. Er rief den Fabrikleiter an und instruierte ihn, das Projekt zu beenden. Der Manager, den wir zu dem Projekt überredet hatten, informierte uns pflichtschuldigst darüber, dass unsere geschätzten Dienstleistungen nicht länger erforderlich seien. Das schlug hohe Wellen bei den Holzfällern. Wenn unser leitendes Management schon bündelweise Scheine in seinen Taschen wähnte und dann feststellen musste, dass das Geld woandershin fließen würde, herrschte stets helle Aufregung. Obwohl ich am liebsten so schnell wie möglich abgezogen wäre, wurde mein Projektmanager angewiesen, sich den Anordnungen des Kunden zu widersetzen, unser Team aus der Fabrik abzuziehen. Ein Mitglied der obersten Führungsriege der Holzfäller setzte sich ins Flugzeug, um die Sache zu regeln.

Direktor X., gemeinhin bekannt als »der Gorilla«, war ein kräftig gebauter, grobschlächtiger Mann, der nur aus einem gedrungenen Körper und einem Kopf zu bestehen schien. Ein Hals war nicht erkennbar. Sein Wortschatz bestand zu über 50 Prozent aus Schimpfwörtern. Ich wollte wissen, was vor sich ging. Gareth, mein Projektleiter, erklärte, dass der Gorilla mit dem Fabrikleiter sprechen und das Projekt retten werde. Gareth war sich recht sicher, dass der Gorilla seine Wirkung nicht verfehlen würde. »Warten Sie ab, bis der Gorilla den Fabrikleiter in die Mangel nimmt«, meinte Gareth. »Wir kriegen unser Projekt. Der Gorilla kennt sich mit solchen Situationen aus.« Dann fügte er voller Ehrfurcht vor den Fähigkeiten des Topmanagements der Holzfäller hinzu: »Und dabei sehen Sie nur den Gorilla, und nicht den Mann, der den Gorilla ausgebildet hat.«

Ich habe keine Ahnung, wie das Gespräch zwischen dem Fabrikleiter und unserem Gorilla verlief. Ich stelle mir vor, dass es wenig salonfähig war, und vermutlich konnte der Fabrikmanager sein Vokabular um ein paar farbenfrohe neue Ausdrücke erweitern. Doch was auch gesprochen wurde, es stellte sich heraus, dass der Einsatz des Gorillas nicht den erwünschten Effekt hatte. Gareth hatte sich geirrt. Der Fabrikleiter trotzte den vielen Drohungen des Gorillas, darunter auch, juristische Schritte wegen Vertragsbruchs einzuleiten. Dabei war in Wirklichkeit kein Vertrag unterschrieben worden. Wir mussten den Schwanz einziehen und unverzüglich abziehen. Und wir sollten nie wieder kommen. Kurz danach hörte ich, dass Gareth aus der Firma ausgeschieden war. Gleichzeitig wurde mir klar, dass ich keine Lust hatte, mein Leben damit zuzubringen, Kunden zu belügen und unschuldige Mitarbeiter auf die Straße zu setzen, damit der Gorilla und sein Lehrmeister sich immer größere Prunkvillen in Palm Beach und Luxusjachten kaufen konnten. Ich beschloss, auszusteigen.

Anmerkungen

1 *Masters of the Universe*, ITV 1999
2 www.top-consultant.com (Datum bitte beim Autor erfragen)
3 *Masters of the Universe*, ITV 1999
4 Ebd.
5 www.top-consultant.com (Datum bitte beim Autor erfragen)
6 *Financial Times*, 21.8.2000

Kapitel 3

Die Pforte zum Beraterparadies

Wie alles begann

Stark vereinfachend könnte man sagen, dass es zu der Zeit, als meine Beraterkarriere begann, im Grunde zwei Arten von Beratungsfirmen gab. Am »oberen Ende«, wie wir es nannten, standen die Strategiehäuser wie McKinsey, Boston Consulting, Booz Allen und Bain. Diese Firmen lebten hauptsächlich von der Erstellung von Berichten für das leitende Kundenmanagement. Ob der Kunde die Empfehlungen seiner Berater dann auch umsetzen wollte, blieb ihm überlassen. Wer laufende Beziehungen zu einer dieser Firmen unterhielt, konnte sicher sein, dass er eine hinreichend teure Flut erstklassiger strategischer Analysen erhielt. Wie der führende Geschäftsmann Lord Hanson feststellte, »ist Managementberatung eine der großen Wachstumsbranchen der letzten Zeit. Kaum ein Einzelunternehmen, eine Behörde oder eine Kommunalverwaltung scheint bei anstehenden Entscheidungen ohne den Rat dieser selbst ernannten Experten auszukommen. Die Unternehmenswelt wird mittlerweile überschwemmt von ihren teuer produzierten Berichten.«[1] Manche Journalisten bezeichneten das scherzhaft als die »›Bericht abliefern, Rechnung schreiben, verschwinden‹-Mentalität«.

Doch wenn diese Berichte wirklich so außergewöhnlich gut waren, wieso wurden all diese Kunden dann nicht so erfolgreich, dass sie schließlich auf die Dienste ihrer Berater verzichten konnten? Die Antwort lautet natürlich, dass viele dieser großartigen und verdienstvollen Berichte reine Papierstapel blieben und nie zu irgendwelchen Maßnahmen des Kundenmanagements führten. Um noch einmal Lord Hanson zu zitieren: »Wenn ich in Krisenunternehmen kam, habe ich oft festgestellt, dass die Schubladen der Topmanager überquollen vor Berichten, die sie zu hohen Kosten in Auftrag gegeben hatten.«[2]

Manche dieser strategischen Beratungsfirmen gaben eigene Managementpublikationen heraus, die ihr Image als Vordenker in der Managementtheorie verstärkten. Andere hielten ihre Mitarbeiter aktiv dazu an, Artikel für angesehene Managementjournale wie *Harvard Business Review* oder auch Bücher zu schreiben, um ihre Position an der Front der Managementpraxis in der Öffentlichkeit zu untermauern.

Ebenso umfangreiche wie unterhaltsame Kriege um die richtige Managementtheorie wurden zwischen diesen führenden Strategiehäusern ausgefochten, denn die Firma, die intellektuell die Oberhand behielt, war die Firma, die am meisten Publicity und Zulauf hatte.

Seit den 1920er Jahren hatte McKinsey stets als intellektueller Vorreiter der Branche gegolten. In den 1970er Jahren bröckelte jedoch die Position des Unternehmens. Ein Kommentator schrieb: »McKinseys Wachstumsmotor scheint zu stottern. Die wirtschaftlichen Turbulenzen infolge der Ölkrise, die Verlangsamung des Aufteilungsprozesses in Unternehmensbereiche, der die Expansion in Europa angeheizt hatte, das steigende Entwicklungsniveau des Kundenmanagements und das Auftauchen neuer, spezialisierter Konkurrenten wie Boston Consulting Group (BCG) haben alle daran ihren Anteil. Fast über Nacht schlug das enorme Maß an Selbstvertrauen und auch Selbstzufriedenheit bei McKinsey in Selbstzweifel und Selbstkritik um.«[3]

Ein vertraulicher interner Bericht kam 1971 zu dem Schluss, »dass McKinsey zu bereitwillig Routineaufträge uninteressanter Kunden angenommen hatte, dass die Arbeitsqualität uneinheitlich war und dass die Berater zwar erstklassige generalistische Problemlöser waren, jedoch häufig die fundierten Branchenkenntnisse oder das substanzielle Fachwissen vermissen ließen, die von den Kunden verlangt wurden«.[4]

Mitte der 1970er Jahre wurde McKinseys Position von Unternehmen wie BCG aggressiv infrage gestellt. Mit ihrer Vier-Felder-Matrix, welche die Allgemeinheit mit den Konzepten von Sternen, Fragezeichen, Kühen und Hunden und ihrer Erfahrungskurve bekannt machte, gewann BCG große Anerkennung, warb wichtige Kunden von McKinsey ab und bedrohte dessen beherrschende Stellung. Im Juni 1979 holte McKinsey zum Gegenschlag aus und rief eine Gruppe junger Partner zu einer dreitägigen Konferenz zusammen, um ein Alternativkonzept zur Wundermatrix von BCG zu entwickeln. Die Konferenz war zunächst offensichtlich kein Erfolg, denn »es herrschte drei Tage lang ungezügeltes Chaos. Da stand jemand aus New York auf und präsentierte eine Matrix mit vier Feldern. Ein Partner aus London konterte mit einer Neun-Felder-Matrix. Ein Deutscher brachte eine Matrix mit 47 Feldern ins Spiel. Es war ein heilloses Durcheinander«, berichtete einer der Teilnehmer.[5]

Anfang der 1980er Jahre jedoch erlangte McKinsey – vor allem durch die Veröffentlichung zweier Bücher, *In Search of Excellence* (Thomas J. Peters, Robert H. Waterman, *Auf der Suche nach Spitzenleistungen. Was man von den bestgeführten US-Unternehmen lernen kann,* Heidelberg 2003) und *The Mind of the Strategist* (Kenichi Ohmae, *Japanische Strategien,* Maidenhead 1986) – erneut die Vorherrschaft auf dem Gebiet der strategischen Beratung, die dem Unternehmen seither nicht wieder ernsthaft streitig gemacht wurde. 2001 galt McKinsey mit einem Jahresumsatz von 3,4 Milliarden US-Dollar als Herr über mehr als 40 Prozent des strategischen Beratungsmarktes. Die beiden schärfsten Konkurrenten, Booz Allen Hamilton und BCG, erwirtschafteten im Vergleich dazu jeweils gerade mal etwas mehr als eine Milliarde US-Dollar Umsatz.

Die zweite große Gruppe von Beratungsfirmen waren seinerzeit Unternehmen wie die Holzfäller, die sich mit der Verbesserung der operativen Leistung befassten. Sie setzten ganz unten an, bei Vorarbeitern und Hilfskräften mit Stundenlöhnen, und führten Veränderungen der Arbeitsabläufe ein. In der Mehrheit der Fälle ging damit auch ein drastischer Personalabbau beim Kunden einher.

Wie die strategischen Berater hatten wohl auch die operativen Leistungsverbesserer in den 1920er Jahren als klar umrissene Berufsgruppe begonnen. Ein Franzose namens Charles Bedaux ging in die USA und eröffnete dort nach mehreren Anläufen zur Entwicklung einer tragfähigen Geschäftsidee schließlich eine Managementberatung. Auf der Grundlage von Taylors wissenschaftlicher Betriebsführung entwickelte er ein System, in dem Zeit- und Bewegungsspezialisten mit Stoppuhren jeden Arbeitsgang in einer Fabrik oder einer Verwaltung standardisieren und jeder Aufgabe je nach Dauer einen »B«-Wert zuordnen konnten. Dies ermöglichte es, die Produktivität jedes Arbeiters – gemessen daran, wie viele B-Einheiten er in jeder Arbeitsstunde für jede beliebige Tätigkeit schaffte – genau zu ermitteln und mit der anderer Arbeiter zu vergleichen. Damit hatte das Management ein höchst wirkungsvolles Werkzeug zur Produktivitätssteigerung in der Hand.

Bedaux' neues amerikanisches Unternehmen war äußerst erfolgreich. Er selbst machte ein Vermögen. Ende der 1920er Jahre führte Bedaux im Zuge seiner Tätigkeit für den amerikanischen Multi Kodak sein System und sein Beratungsunternehmen in Europa ein, wo er sich rasch einen erklecklichen und lukrativen Marktanteil sicherte – vor allem in Großbritannien. Bedaux leistete sich ein aktives gesellschaftliches Leben und gab extravagante Partys. Auf diese Weise gewann er Zugang zu den obersten Kreisen der Reichen und Mächtigen in Europa. So kaufte er sich ein großes Schloss an der Loire und richtete dort unter anderem die Hochzeit des frisch abgedankten Königs Edward VIII. von England mit der Amerikanerin Wallis Simpson aus.

Bedaux' Niedergang ist auf seine engen Beziehungen zu Nazideutschland zurückzuführen. Er war an der Organisation der höchst umstrittenen Reise des ehemaligen britischen Königs Edward VIII. nach Nazideutschland kurz vor Ausbruch des Zweiten Weltkriegs beteiligt. Dort wurden der Ex-König und seine charmante Frau dabei abgelichtet, wie sie lächelnd einen strahlenden Adolf Hitler begrüßten. Für die Nazis war das ein großartiger Propagandacoup. Später versuchte Bedaux, einen Besuch Edwards in den USA in die Wege zu leiten. Die Reise wurde jedoch nach Protesten gegen Bedaux' enge Beziehungen zu den Nazis abgesagt. Unter dem Druck negativer Presse musste Bedaux seine Anteile an seinem Unternehmen aufgeben, dessen Name in Associated Industrial Consultants geändert wurde, um den Anschein jeglicher Verbindung zu seinem Gründer zu vermeiden. (Heute existiert und operiert die Firma unter dem Namen Inbucon.[6]) Während des Krieges arbeitete Bedaux in Frankreich für die nazifreundliche Vichy-Regierung. Mit Unterstützung der Nazis trieb er in Nordafrika den Bau einer Trans-Sahara-Eisenbahn voran, wurde dort aber von den Alliierten gefangen genommen und des Verrates angeklagt. Vor Prozessbeginn beging er Selbstmord.

Bedaux selbst war zwar in Ungnade gefallen, doch das von ihm gegründete Unternehmen florierte. Während des Zweiten Weltkriegs, als die Männer scharenweise ihre Arbeitsplätze verließen, um zu kämpfen, drängten erstmals viele Frauen auf den Arbeitsmarkt. Managementberater, die das Bedaux-System einsetzten, wurden staatlich gefördert, da sie zur Produktivitätssteigerung beitrugen. Das galt besonders für Fabriken, die wichtige Produkte wie Rüstungsgüter herstellten. Die mit Produktivitätssteigerung befasste Beratersparte wuchs schnell, und viele körperlich taugliche Männer entgingen den Gefahren des Militärdienstes, weil ihre Rolle als Managementberater als kriegswichtig galt. Nach dem Krieg übernahmen verschiedene Beratungsfirmen eine Version des Bedaux-Systems zur Messung von Arbeit, doch jetzt maß man Aktivitäten statt in »B-Einheiten« in »Standardstunden«. Zig weitere Beratungsunternehmen mit ähnlichem Ansatz schossen aus dem Boden und expandierten in den 1950er und 1960er Jahren rasch, als die Industrie im Westen Mühe hatte, mit der explodierenden Verbrauchernachfrage Schritt zu halten.

Es gab drei Hauptarten der Implementierungsberatung – die Köpferoller, die Techniker und die Technologen.

Unter den Köpferollern waren natürlich die Holzfäller und ihre vielen Ableger und Nachahmer am berüchtigtsten. Sie versprachen Ergebnisse – und zwar spürbar und schnell. Das bedeutete gewöhnlich Entlassungen (POPs). Doch die Forderung nach Stellenstreichungen ging nur selten mit einem Gesamtkonzept zur künftigen Strategie einer Organisation einher. Auch wurden die zur Exekution im Morgengrauen ausgewählten Kandidaten häufig nicht durch besonders gründliche oder ehrliche Analyse ermittelt.

Eine weitere Gruppe von Implementeuren waren die so genannten technischen Berater – Unternehmen mit viel Erfahrung in Dingen wie Total Quality, Produktion, Lagerhaltung und Logistik, Personalprozessen und anderem mehr. Im Gegensatz zu Scharlatanen wie den Holzfällern konnten solche Firmen ihren Kunden durchaus erheblichen Mehrwert bieten, jedoch nur innerhalb ihrer begrenzten Spezialgebiete. Wer sie einsetzte, konnte sich in aller Regel den Vorteil zunutze machen, dass sie Experten auf ihrem Fachgebiet waren. Dem stand jedoch der Nachteil entgegen, dass sie häufig nicht erkannten, was in der Organisation des Kunden wirklich in Ordnung gebracht werden musste, weil ihnen hierzu das nötige Wissen fehlte. Sie neigten grundsätzlich dazu, die Teile der Organisation zu optimieren, mit denen sie sich auskannten. Ob ihre Arbeit in die übergreifende Unternehmensstrategie passte oder dieser etwa zuwiderlief, blieb ihnen gnädig verborgen. Mir sind Unternehmen begegnet, die mithilfe von auf das Rechnungswesen orientierten Beratern intensiv geförderte Kampagnen zur Senkung des Betriebskapitals starteten – zu Zeiten, in denen die Zinsen so niedrig waren wie seit 50 Jahren nicht mehr und selbst eine unerhebliche Erhöhung des Betriebskapitals Millionen einbringen konnte, wenn dadurch teure Produktionsanlagen mittels Verlängerung der Produktionszeiten und Verkürzung der Umrüstzeiten optimiert wurden.

Die dritte Gruppe der Implementeure waren die Technologen – Unternehmen, die Beratung mit der Implementierung von Computersystemen verbanden. Seinerzeit war das so genannte Manufacturing Requirements Planning (MRP) groß in Mode. Darauf wollte allem Anschein nach kein Unternehmen verzichten. Danach kam Enterprise Resource Planning (ERP) als nächster Hit bei großen Unternehmen, die zu viel Geld hatten und zu wenig Ideen, was man damit anfangen könnte. Gerade als die ERP-Welle verebbte, erschien auf den Radarschirmen der Manager E-Business als unbedingtes Muss für jedes Unternehmen, das etwas auf sich hielt. Diese Wellen der technologischen Entwicklung ließen die damit befassten Unternehmensberatungen in den gesamten 1980er und 1990er Jahren um 20 bis 30 Prozent im Jahr wachsen. Milliarden wurden für riesige Computersysteme ausgegeben, die oftmals nur so nützlich waren wie die sprichwörtlichen Zitzen eines Bullen.

Wie es weiterging

Zu meinem Leidwesen habe ich fünf Jahre lang erst bei den Holzfällern und dann bei mehreren Ablegern und Nachahmern der Holzfäller gearbeitet.

Damals wurden viele kleine und mittlere Managementberatungen neu gegründet, die schnell wuchsen und ebenfalls »Renditeoptimierung« anboten. Eine Reihe davon wurden von ehemaligen Mitarbeitern der Holzfäller oder ähnlicher Organisationen ins Leben gerufen. Wer für eine der »Majors« arbeitete, wie wir sie nannten (große internationale Managementberatungen), musste nicht besonders intelligent sein, um zu merken, dass es im Grunde zwei Möglichkeiten gab, mit Beratungstätigkeit reich zu werden. Entweder arbeitete man sich die schmierige und schlüpfrige Karriereleiter empor in der Hoffnung, es zum Partner oder Direktor zu bringen. Oder man wählte den deutlich schnelleren Weg: Man suchte (oder – was häufiger vorkam – stahl) sich einen Kunden, machte eine eigene Firma auf und startete sein erstes Projekt. Wer es schaffte, im ersten Jahr einen weiteren Kunden für ein neues Projekt zu gewinnen, war auf bestem Wege zu erheblichem Wohlstand. Viele Beratungsfirmen wurden auf diese Weise gegründet. Ein ehemaliger Kollege hat kürzlich der Beratungsfirma, für die wir beide arbeiteten, in Italien rund 20 Mitarbeiter und mehrere Kunden abspenstig gemacht. Er verdient vermutlich selbst inzwischen mehrere Millionen Euro im Jahr.

Die meisten dieser Beratungsfirmen hatten eine Reihe von Gemeinsamkeiten – den religiös anmutenden Eifer, mit dem sie den von den Holzfällern propagierten Beratungsansatz nachahmten, ihren Hang zur Steuervermeidung, der von ihren Mitarbeitern geteilt wurde, sowie die extravagante pseudo-diktatorische Exzentrik ihrer neureichen Eigentümer. Diese Unternehmen waren nicht ganz so schlimm wie die Holzfäller, aber dennoch nicht gerade angenehme Arbeitgeber.

Die Erfahrungen, die ich während meiner Tätigkeit als Managementberater für die Holzfäller, deren Ableger und ähnliche Firmen sammelte, ließen in mir folgende Erkenntnis reifen: Es musste einfach anspruchsvollere Dinge geben, die wir für unsere Kunden tun konnten, als die recht primitiven, doch lukrativen Dienstleistungen, die wir im Angebot hatten. Ich beschloss also, mich in der Welt der Managementberatung weiterzuentwickeln und zu versuchen, bei einer der renommierten Firmen unterzukommen. Doch für die erste Liga brauchte man eine Eintrittskarte, und diese bestand zum Beispiel in einem M.B.A. – dem Titel »Master of Business Administration« (von seinen Trägern liebevoll als »Master of Bugger All« bezeichnet – »damit könnt ihr mich alle«). An diesem Punkt kamen mir die nicht gezahlten Steuern gerade recht. Mit um die 100000 Kröten auf der Bank konnte ich es mir problemlos leisten, eine Business School zu besuchen, um dann hoffentlich in aufregend neue und tatsächlich wertsteigernde Managementberatungssphären aufzusteigen. Ich konnte den Weg in das bessere Leben beschreiten, von dem ich träumte, einen Weg, in dem man tolle Dinge für große Unternehmen bewirken konnte und schließlich in den Beraterhimmel kam.

Eine große glückliche Familie

Die 1980er und frühen 1990er Jahre waren für die Managementberaterindustrie höchst einträglich. Manche Beratungsfirmen wuchsen um 20 bis 50 Prozent im Jahr. Die Unternehmen der westlichen Hemisphäre kämpften gegen die scheinbar unbezwingliche neue Konkurrenz aus Japan und anderen asiatischen Ländern. Das größte Problem der Beratungsfirmen war also nicht, Kunden zu finden, sondern neue Mitarbeiter in ausreichender Zahl, um genügend Personal für all die Projekte zu haben, die sie an den Mann bringen konnten. Damals begannen die großen Wirtschaftsprüfungsgesellschaften, in größerem Umfang Beratungsleistungen anzubieten, und konnten infolgedessen ihren Gewinn drastisch steigern. Die nächste Firma, für die ich arbeitete, wollen wir die »Familie« nennen, denn sie bezeichnete sich selbst nicht nur als Beratungsunternehmen, sondern als »Familie«. »Wir mögen uns nicht nur, wir lieben einander, und das in einem höchst kreativen Umfeld«, verkündete der Eigentümer unserer Firma einmal einem sichtlich beeindruckten Journalisten.[7] Die Familie war einer der Marktführer der neuen Welle von Beratungsfirmen und wuchs jedes Jahr um rund 50 Prozent – wie ein Journalist es ausdrückte, war »Wachstum tatsächlich eines der größten Probleme der Familie. Das Unternehmen räumt ein, dass die Personalbeschaffung nicht optimal funktioniert hat.«[8]

Während sich die Beratungsunternehmen in den 1970er Jahren mehr oder minder in die Strategen wie McKinsey und Boston Consulting Group und die operativen Verbesserer aufgliedern ließen, die häufig Ableger oder Nachahmer der Holzfäller waren, entstand jetzt auf der mittleren Ebene ein neuer Typ des wachstumsstarken Beratungsunternehmens, der seinen Kunden ein umfassendes Serviceangebot lieferte.

Verschiedene Fachberichterstatter zum Thema Beratung beschrieben, wie mein neuer Arbeitgeber, die Familie, in der Beraterszene einschlug und sich rasch zu einer der größten Beratungsfirmen der Welt entwickelte.

»Bei ihrer Gründung schien die Familie das Beste aus beiden Beratungswelten zu vereinen, genau die richtige Mischung von Theorie und Praxis… Dann explodierte die Firma in einem sehr frühen Stadium förmlich, denn die Unternehmen rissen sich um ihr anspruchsvolles, komplexes und kostspieliges Beratungsangebot. Die Familie wuchs mit phänomenaler Geschwindigkeit und stellte zu Hunderten neue Mitarbeiter ein. 1993 gehörte sie zu den Top Ten der Beratungsbranche. Die Familie erschien zur richtigen Zeit auf der Bildfläche und mit einer Philosophie, die den Rundumschlag versprach – vom Schmusekurs mit dem CEO bis hin zum Mittagessen mit den Vorarbeitern in der Wartung. Und natürlich kannte sie sich auch aus mit Downsizing, Reengineering und dem ganzen übrigen Spektrum der Business-School-Klischees und -Rezepte, die das Wahrzeichen der Beraterbranche sind.«[9]

Das hoch angesehene internationale Magazin *The Economist* schrieb über das Familien-Phänomen: »Wenige Beratungsunternehmen haben so schnell so viel Staub aufgewirbelt wie die Familie. An jeder Business School nennen die Studenten den Aufsteiger in einem Atemzug mit McKinsey und der Boston Consulting Group.«[10]

Während meiner Zeit an der Business School hatten wir Gelegenheit, an Veranstaltungszyklen teilzunehmen, bei denen sich verschiedene große Unternehmen an Business Schools und Universitäten präsentierten und versuchten, die besten Leute für ihre Organisationen anzuwerben. Ich fand das aufregend – ganz anders als die favorisierten Rekrutierungsmethoden der Holzfäller und anderer drittklassiger Unternehmensberatungen, für die ich bis dahin bedauerlicherweise tätig gewesen war. Hier wurden nicht die Bars und die Schlangen vor dem Arbeitsamt durchkämmt auf der Suche nach brotlosen Außenseitern, die man dank wackeliger Arbeitsverträge und fragwürdiger Unternehmensethik für billiges Geld verheizen und dann nach Belieben auf die Straße setzen konnte. Diese Unternehmenspräsentationen waren professionell, gut durchorganisiert und kamen mir vor wie die Tür zu einer anderen Welt. In dieser Welt konnte man sehr gut verdienen und dabei noch stolz sein auf das, was man tat – statt sich ständig zu schämen.

Viele Managementberatungen besuchten unsere Business School und sprachen voller Stolz von ihren fantastischen Schulungsprogrammen, ihren großzügigen Einstiegsgehältern und ihren imposanten Kundenportfolios. Eine davon, die Familie, erregte meine besondere Aufmerksamkeit. Wie die meisten großen Beratungsunternehmen hatte sie ihren Sitz in den USA. In den Staaten beschäftigte sie über 1 000 Berater, doch auf dem britischen Markt war sie noch neu und suchte händeringend Leute, die ihr dabei helfen würden, das Auslandsgeschäft auszubauen. Am meisten unterschied sie sich aber von der Konkurrenz durch die beinah religiöse Leidenschaft und Begeisterung, mit der ihre Mitarbeiter das eigene Unternehmen präsentierten. Sie sprachen nicht – wie andere – über Geld und Karriere, sondern schwärmten poetisch von ihren »Werten« und vom »Teamgeist«. Im Scherz bezeichneten meine Kommilitonen und ich sie bald als die Christian Scientists der Beraterbranche. Ich war der Einzige in meinem MBA-Jahrgang mit praktischer Erfahrung im Beratungsgeschäft, an der ich die Familie messen konnte. Was sie sagten, klang auf jeden Fall viel besser als das, was ich gewohnt war. Während die anderen Studenten sie als »überkandidelt« und »sektiererisch« abtaten, war ich fasziniert von dem Kontrast zu den üblen Machenschaften, schmutzigen Tricks und Heimlichkeiten, mit denen ich mich so viele Jahre lang bei den Holzfällern und ihren verschiedenen Ablegern und Nachahmern hatte abfinden müssen. Nach jahrelanger Arbeit in der düsteren Unterwelt der Unternehmensberatung hatte ich nun allem Anschein nach endlich die Chance, ins Licht aufzusteigen und einer Organisation anzugehören, die offensichtlich Weltformat hatte. Vielleicht war der Beraterhimmel ja doch keine Ausgeburt meiner Fantasie. Vielleicht gab es ihn wirklich. Meine Mitstudenten suchten sich andere Jobs – viele bei traditionelleren Managementberatungen. Ich aber spürte, dass die Familie anders war, und bewarb mich prompt.

Eine erstaunlich schnelle Antwort mit einer Einladung zum Vorstellungsgespräch zeigte mir, dass die Familie an mir interessiert war – und gar nicht wenig. Jemand wie ich war aus mindestens zwei Gründen für sie attraktiv. Einerseits brauchten sie Leute – der Einstieg in den britischen Markt mit einem originellen und spannenden Angebot hatte eine solche Auftragsflut zur Folge, dass sie gar nicht schnell genug die nötigen Mitarbeiter für die Projekte einstellen konnten. Sie hatten Arbeit, sie konnten Geld verdienen, doch es fehlte ihnen das nötige Personal. Und andererseits verfügte ich im Gegensatz zu vielen Bewerbern bereits über Beratungserfahrung, wie fragwürdig die Ethik der Unternehmen, für die ich gearbeitet hatte, auch sein mochte. Jemanden wie mich konnte man auf jeden Fall nach nur geringer oder sogar ohne Einarbeitungszeit einsetzen und sofort abrechnen. Tatsächlich war ich nach meiner Aufnahme in die Familie so mit Projekten eingedeckt, dass ich erst fünf Monate später Gelegenheit hatte, an der Einführungswoche der Firma für neue Berater teilzunehmen.

Ich wurde zu einem Vorstellungsgespräch eingeladen, dann zu einem zweiten, und schon im Mai wurde mir eine Stelle angeboten – vier Monate vor Abschluss meines einjährigen MBA-»Schnellkurses«. Ich erklärte meinem potenziellen Arbeitgeber, dass ich erst im September anfangen könne, weil ich noch einen Monat weiterstudieren, Prüfungen schreiben und dann im Sommer ein zwei- bis dreimonatiges Projekt abwickeln müsse. Doch so lange konnte die Familie nicht warten – sie hatte Abrechnungskapazitäten für Projekte, die genutzt werden mussten. »Kein Problem«, meinten sie. Ich könnte doch gleich nach den Prüfungen im Juni anfangen. »Aber was wird aus meinem Projekt?«, fragte ich. Ich würde den MBA-Titel erst erhalten, wenn ich mein MBA-Projekt abgeschlossen hatte.

Auch darin sah die Familie »kein Problem«. Ich solle meine ersten beiden Arbeitsmonate in ihrer Firma als MBA-Sommerprojekt hernehmen. Sie versprachen mir sogar, mich für die Erstellung der schriftlichen Hausarbeit freizustellen, die ich für die Verleihung des MBA abliefern musste (zwei Tage, wie sich herausstellen sollte). Um mir die Entscheidung zu erleichtern, boten sie mir außerdem ein Anfangsgehalt, das wohl unter allen Teilnehmern meines MBA-Kurses konkurrenzlos war. Das bekam ich aber nicht, weil ich ein begnadeter Berater war. Sie brauchten Minderleister – und zwar schnell. Außerdem konnten sie mich bis zu fünfmal so teuer verkaufen, wie sie mich bezahlten. Ein paar Tausender mehr Anfangsgehalt als nötig tat ihnen also nicht weh. Schließlich konnten sie mich während der zwei Monate meines vorgeblichen MBA-Sommerprojekts bereits gewinnbringend einsetzen. Sie verdienten an mir in dieser Zeit fast das Doppelte dessen, was sie mir für mein gesamtes erstes Jahr zahlen würden.

Überraschenderweise stellte sich heraus, dass ich unbewusst eine inspirierte Wahl getroffen hatte. Statt zu einer der großen, etablierten, traditionellen Beratungsfirmen mit altgedientem und konservativem Serviceangebot zu gehen, hatte ich ein Schnellboot bestiegen, das viele seiner größeren, doch weniger innovativen Konkurrenten überholen sollte. Einige Jahre lang verfügte die Familie über einen wirklich anderen und wirkungsvollen Ansatz – sowohl was den Verkauf von Projekten an Kunden betraf, als auch in Bezug auf die tatsächlich messbaren Ergebnisse dieser Projekte. Davon redeten viele Unternehmensberatungen, doch nur wenige versprachen auch, es zu liefern. Die Familie wuchs außerordentlich rasant. In wenigen Jahren wurden aus circa 30 Mitarbeitern in Europa über 500 in fünf oder sechs europäischen Ländern. Bald schon waren es weltweit mehrere Tausend.

Doch nicht nur das Wachstumstempo war aufregend. Mit der Familie stieg ich von der allerniedrigsten Beraterkaste, die von drittklassigen Projekten für wenig anspruchsvolle Kunden lebte, direkt in die Oberliga auf, die umfangreiche Beratungsprojekte an viele der größten Unternehmen der Welt verkaufte. Viele Jahre lang konkurrierte die Familie erfolgreich mit den ganz Großen der Beraterbranche wie McKinsey, Boston Consulting, PwC, Accenture und vielen anderen und hatte dabei oft die Nase vorn. Bevor ich Mitglied dieser Familie wurde, hatte ich den trüben Bodensatz der Managementberatungsindustrie kennen gelernt. Mit der Familie fand ich mich plötzlich bei den Topleuten wieder, die weltweit in vielen führenden Unternehmen und Behörden tätig waren. Das war es, das Beraterparadies. Lassen Sie mich versuchen zu beschreiben, wie dieses Leben ganz da oben aussah.

Was die Familie zu bieten hatte

Die Familie unterschied sich von vielen bestehenden Beratungsfirmen, weil sie vermutlich als erste ausgewählte Dienstleistungen von Strategen, Kostensenkern, technischen Beratern und Technologen in einem

Servicepaket bündelte. Die Konkurrenten der Familie brauchten mehrere Jahre, um das erfolgreich nachzumachen. Ein Zitat von Branchenkennern fasst zusammen, was die Familie so stark von den Strategen, den Stellenstreichern, den Technologen und den Technikern abhob: »Überragendes Marketing ist das Wahrzeichen amerikanischer Unternehmen. Die Familie beherrschte diese Disziplin perfekt. Sie zog rasch die Aufmerksamkeit der Wirtschaftspresse auf sich, deren Bedürfnis, sich die neueste Managementmode der Business Schools anzueignen, ebenso groß war wie in den Chefetagen. Während die ›Bericht abliefern, Rechnung schreiben, verschwinden‹-Mentalität zunehmend auf Kritik stieß, schloss sich die Familie der wachsenden Zahl von Beratungsunternehmen an, deren Angebot auf die Umsetzung zielte. Sie hatte erkannt, dass der schwierigste Teil jedes Geschäftsplans darin bestand, die Einzelteile zusammenzufügen und das Ganze zum Laufen zu bringen.«[11] Anschließend beschrieben sie die Grenzen anderer Beratungsansätze: »Die Berater von McKinsey und BCG konnten Vorstände und CEOs umschmeicheln und durch ihre Brillanz beeindrucken, die Berater von Accenture beherrschten die Sprache der Technologie und ihre vielen Anwendungen, die Leute von A.T. Kearney konnten operative Abläufe analysieren. Die Downsizing-Spezialisten konnten kürzen und kappen.«

Heutzutage behauptet jeder, dass er Experte im Implementieren und im Generieren von Ergebnissen sei. Wenn man sich die Werbetexte verschiedener unserer Konkurrenten ansieht, ist es schwer, einen Unterschied zu entdecken. Doch die Botschaft, die mittlerweile alle verkünden, hatte sich die Familie schon vor Jahren auf die Fahnen geschrieben.

»Unser Ziel ... ist es, als Partner unserer Kunden ihre Ergebnisse nachhaltig zu verbessern.« *KPMG*

»Spürbare Verbesserungen bei Umsatzwachstum, operativer Effektivität und Kapitalmanagement zu erreichen.« *Ernst & Young*[12]

»Wir übernehmen einen Beratungsauftrag auch nur, wenn wir überzeugt sind, wesentlich zur Lösung eines zentralen Problems beitragen zu können.« *McKinsey*

»Mit hoher Umsetzungskompetenz unterstützen wir unsere Klienten bei der Steigerung ihres Unternehmenswertes und richten sie auf die Herausforderungen der Zukunft aus.« *A.T. Kearney*

»Den eigenen Erfolg messen wir an der erzielten Wertschöpfung und den Ergebnissen unserer Klienten.« *Booz Allen Hamilton*[13]

Die Vorgehensweise der Familie unterschied sich vermutlich in fünf Aspekten von der Konkurrenz – und zwar lange genug, um sich zu einem Marktführer in der Managementberatung zu entwickeln.

Der Mensch im Mittelpunkt

Die Familie übernahm drei der Hauptmethoden der Holzfäller – ihre Techniken zur Produktivitätsmessung, ihre Prozessanalysen und ihren Einsatz straffer Managementkontrollsysteme zur Leistungssteigerung. Doch anstelle der negativen Philosophie der wissenschaftlichen Betriebsführung, der die Holzfäller anhingen, entwickelte die Familie eine Art positive Weltsicht im Stil des Kaliforniens der 1960er Jahre. Menschen wurden als entwicklungsfähige Ressourcen betrachtet, nicht als verzichtbare Staffage, die nach Gutdünken des Managements ausrangiert werden konnte. Unsere Arbeit drehte sich um die »Entwicklung der Humanressourcen«, nicht um »Personaleinsparung«. Heute ist dieser Ansatz nichts Besonderes mehr. Damals war er quasi revolutionär.

Diese Herangehensweise führte dazu, dass wir mit unseren Kunden in einer Sprache verkehrten, die sie zunächst irritierend fanden, doch bald selbst übernahmen. Wir wollten »Win-lose«-Situationen in »Win-win«-Situationen verwandeln. Wir kritisierten nie jemanden, wir gaben nur »Feedback«. Wenn wir Feedback geben wollten, führten wir stets zunächst einen »Vorzug« an (etwas, das der Betreffende unserer Ansicht nach gut machte), bevor wir unsere »Bedenken« äußerten (etwas, das unserer Meinung nach geändert werden sollte). Es war uns prinzipiell nicht gestattet, die Ideen anderer infrage zu stellen oder ihnen zu widersprechen. Stattdessen waren wir gehalten, auf dem Gesagten »aufzubauen« – selbst wenn es noch so unwesentlich war. Wir »verkauften« den Kunden nichts, wir begründeten Beziehungen auf der Basis von Vertrauen. Wir sagten den Leuten nicht, was sie tun sollten. Stattdessen hielten wir »PSTB-Sitzungen« ab (zur Problemlösung und Teamentwicklung, engl. *Problem-Solving Team-Building*), auf denen gemeinsam mit den Mitarbeitern des Kunden Lösungen entwickelt wurden. Uns ging es nicht um unliebsame Dinge wie Gehorsam oder Respekt für die Organisationshierarchie. Stattdessen bemühten wir uns mit aller Kraft darum, andere zu »überzeugen« und dazu zu bringen, unsere Einstellungen »zu verinnerlichen«. Wir schulten nicht, wir »setzten Potenzial frei« und sorgten für »Wissenstransfer«. Wir leiteten keine Sitzungen, sondern »förderten die Entscheidungsfindung«. Zu Beginn jeder Sitzung trugen wir die Erwartungen aller Teilnehmer an die Sitzung zusammen, und an ihrem Ende gingen wir in uns und beurteilten, ob es uns gelungen war, diese Erwartungen vollständig zu erfüllen. Wir hatten keine Organisationsstrukturen, wir hatten »übergreifende Teams«. Wir verdienten kein Geld, wir »schufen Wert«. In Wirklichkeit und zur Freude der Eigentümer unserer Firma verdienten wir allerdings auch eine ganze Menge Geld – für sie.

Eine einzigartige Kultur

Andere Beratungsunternehmen motivierten ihre Mitarbeiter dadurch, dass sie ihnen Gehaltserhöhungen, Prämien und Beförderungen in Aussicht stellten. Währenddessen brachte es die Familie fertig, ihren Mitarbeitern eine Vision ihrer Organisation und ein Wertesystem für ihre Arbeit zu vermitteln, die viele zu großer Opferbereitschaft für das Wohl des Unternehmens und seiner Leitung anspornten. Unser Geschäftsführer wurde mit Worten zitiert, die wir im Ansatz bald glaubten: »Wir haben ein großartiges Unternehmen aufgebaut. Nun gehen wir einen Schritt weiter und verändern die Welt.«[14]

Wir hatten eine fantastische Vision, die aus all jenen Formulierungen zu bestehen schien, die damals »in« waren: »Die Besten der Welt zu sein – der Maßstab für herausragende Leistungen – beim Aufbau erfolgreicher Organisationen in Zusammenarbeit mit den führenden Unternehmen. Ihnen dabei zu helfen, ihr Streben umzusetzen, für ihre Kunden, Mitarbeiter und Aktionäre wirklich etwas zu bewirken. Positives für die Mitglieder der Familie zu erreichen und durch sie für die ganze Welt. Etwas Bleibendes zu hinterlassen.«[15]

Rückblickend – nach allem, was passiert ist, nach all der Ausbeutung unserer Kunden und unserer eigenen Leute, die folgen sollte – klingen diese Worte vielleicht ein wenig hohl. Außerdem: Wenn jemand wirklich etwas bewirken wollte in der Welt, so war der offensichtliche, logische Weg wohl nicht der, Unternehmensberater zu werden. Da wurde man doch besser Missionar, Lehrer oder Müllmann. Aber wie dem auch sei, seinerzeit glaubten wir Mitarbeiter das alles, reisten wie die Weltmeister und arbeiteten wie die Tiere, um unseren – oftmals widerstrebenden – Kunden Erleuchtung und hervorragende Leistungen zu bescheren. Im Rahmen unserer Projekte bewirkten wir maßgebliche Leistungsveränderungen in den Betrieben der Kunden, wo alle anderen Berater versagt hatten. Über all die Widerstände gegen den Wandel, die uns die Mitarbeiter des Kunden in den Weg stellten, trieb uns die Überzeugung, dass wir nicht nur unsere Zeit in Rechnung stellten und für unsere Bosse Geld verdienten, sondern wirklich das Leben der Menschen veränderten.

Was unsere Werte anging, so ermahnten uns unsere Vorgesetzten ständig, dass »das Leben der Werte« wesentlicher Bestandteil unseres Arbeitsalltags sei. Wie großartig die eigene Leistung auch sein mochte, wer ihres Erachtens »die Werte nicht gelebt« hatte, konnte bei Beförderungen oder Gehaltserhöhungen übergangen oder sogar entlassen werden. Wollte man jemanden ausbooten, musste man nur erst überschwänglich seine Leistung hervorheben und dann beiläufig anmerken: »Schade nur, dass er die Werte nicht lebt.«

Jedes Mal, wenn wir unser Firmenkalendarium öffneten, hielt es uns erneut vor Augen: »Der Charakter unseres Unternehmens wird dadurch definiert, wie jeder von uns unsere ureigenen Werte lebt.« Es gab sieben solcher »ureigenen Werte«: Leistungsfähigkeit, Begeisterung, Teamgeist, Vertrauen, Perfektion, Spaß und Ergebnisse. Ein besonders wichtiges Beurteilungskriterium bei den Leistungsberichten nach jedem Einsatz und bei den halbjährlich erteilten Fortschrittsbewertungen war, wie sehr man »die Werte lebte«. Außerdem fanden im Rahmen eines jeden Projektes tiefschürfende Analysesitzungen statt, die auf dem so genannten »Werte-Maßstab« beruhten. Das war ein Fragebogen, der von jedem Teammitglied ausgefüllt wurde und angab, wie sehr Lebensstil und Verhalten bei dem Projekt jedem der sieben Werte entsprach. Schnitt man schlecht ab, hatte der Projektleiter dafür zu sorgen, dass die Beurteilung das nächste Mal besser ausfiel.

Eine ganzheitliche Sicht

Als die meisten anderen Berater noch mit Berichten um sich warfen, eingleisige, auf ihr Fachgebiet begrenzte Lösungen oder hoffnungslos schwerfällige MRP-Systeme anboten, konnten wir mit ganzheitlicheren Antworten auf die Probleme unserer Kunden aufwarten. Wir waren aus der Verschmelzung einer führenden Strategieberatung und einer auf operative Verbesserungen spezialisierten Firma entstanden. Auf diese Weise konnten wir einen Top-down-Blick auf die Gesamtausrichtung einer Organisation mit einem Bottom-up-Ansatz kombinieren, der die Belegschaft zu maßgeblichen Leistungssteigerungen motivierte. Dabei setzten wir immer wieder Modewerkzeuge wie SWOT-Analyse, Branchenstrukturanalyse, Boston-Matrix, dreidimensionale Kreisdiagramme oder Balanced Score Cards ein – Dinge, die es bei den Holzfällern nie gegeben hätte. Im Gegensatz zu dem von den Holzfällern und ihresgleichen so wirkungsvoll durchgezogenen Downsizing passten unsere Verbesserungsprogramme wirklich gut mit all jenen wundervollen Dingen wie »Wettbewerbsvorteilen«, »Wertinnovation« und der »strategischen Absicht« unserer Kunden zusammen.

Ergebnisorientierung

Andere Berater mochten durchaus glaubwürdig erzählen, wie sie sich dafür einsetzten, dem Kunden bei der spürbaren Verbesserung des finanziellen Ergebnisses zu helfen. Doch bei Vertragsunterzeichnung waren nur wenige bereit, zu Festpreisen Projekte anzubieten, die fest vereinbarte Resultate zeitigen sollten. Noch weniger akzeptierten eine ergebnisabhängige Honorierung anstelle der üblichen Arbeitszeitvergütung.

Die Leistung einer Kundenorganisation maßgeblich zu steigern, ist kein leichtes Unterfangen – sonst würden es die Kunden zweifellos allein machen, ohne die Hilfe von Beratern in Anspruch zu nehmen. Eine Beratungsfirma, die anbot, mit einem vereinbarten Aufwand an Personal und Zeit festgelegte Ziele zu erreichen, ging folglich ein Risiko ein. Was, wenn die eingesetzte Mannschaft länger brauchte, um die nötigen Ergebnisse zu erzielen, als ursprünglich veranschlagt? Was, wenn sich die Mitarbeiter des Kunden dem Wandel widersetzten? Was, wenn sich Marktentwicklungen oder Maßnahmen der Konkurrenz auf die Leistung des Kunden auswirkten? Das konnte bedeuten, dass man die erwünschten Ergebnisse nicht innerhalb der veranschlagten Zeit herbeiführen konnte. Und das wiederum hieß, dass die Beratungsfirma ihre Leute eine Zeit lang unbezahlt zur Verfügung stellen musste. Dagegen sind Beratungsunternehmen aber generell allergisch. In einer Zeit, in der der Beratungsmarkt um 10 bis 20 Prozent im Jahr wächst, will man schließlich nicht, dass die eigenen Leute unbezahlt für einen Kunden tätig sind, dem voreilige Versprechungen gemacht wurden, wo sie doch bei einem anderen Kunden gutes Geld verdienen könnten. Folglich rechneten die meisten Beratungsfirmen damals ausschließlich nach Aufwand ab. Das bedeutete, dass alle angefallenen Beraterstunden bezahlt wurden, selbst wenn der dem Kunden ursprünglich gegebene Kostenvoranschlag enorm überschritten wurde. Wir dagegen boten Projekte zum Festpreis an und verpflichteten uns, zu diesem Preis vorgegebene operative oder finanzielle Resultate zu erzielen, wie viel Arbeitszeit das auch immer in Anspruch nahm. Angesichts der Tatsache, dass die meisten anderen Unternehmensberatungen offene Verträge aushandelten, bei denen der Kunde nicht genau wusste, wie viel er den Beratern am Ende bezahlen würde, war unser Festpreisansatz recht attraktiv.

Neben festen Preisen hatten wir noch ein weiteres Alleinstellungsmerkmal: Wir gehörten zu den ganz wenigen großen Beratungsfirmen, die sich nach dem Niveau der erzielten Ergebnisse bezahlen ließen. Auch hier unterschieden wir uns von der Masse, indem wir uns bereit erklärten, einen Teil unseres Honorars an die für den Kunden erreichten Ergebnisse zu knüpfen. Viele Kunden empfanden das als erfrischend offenes und ehrliches Geschäftsgebaren – im Gegensatz zu dem, was bei unseren noblen Konkurrenten üblich war.

Sobald ein ergebnisorientierter Vertrag mit dem Kunden unterzeichnet war, schwärmten die Christian Scientists der Beraterwelt aus. Aus ihren leuchtenden Augen sprach die Hingabe an die Unternehmensvision. Jeder Gedanke und jede Handlung wurde durch unsere sieben Werte wundersam verklärt. Mit jedem Herzschlag strebten wir danach, »etwas zu bewirken«. Der Eigentümer unserer Firma beschrieb einem

Journalisten, wie die Familie arbeitete: »fast immer zu festem Honorar mit festen Konditionen, doch in jedem Fall so lange, bis der Kunde ›restlos zufrieden‹ ist«.

Unsere Leidenschaft zur Herbeiführung nachhaltiger Veränderungen blieb unseren Kunden meist nicht verborgen:

»Das ungewöhnliche Engagement und die Qualität der Berater der Familie bei der Zusammenarbeit mit unserer Organisation hat es uns ermöglicht, herausragende Ergebnisse zu erzielen. Zu viele Berater kommen ins Unternehmen, schreiben einen Bericht, werfen ihn auf den Schreibtisch, berechnen horrende Summen und gehen dann wieder. Bei der Familie war das anders. Sie wollten bleiben und uns durch die Herausforderungen begleiten, was sehr viel zur Steigerung unserer unternehmerischen Fähigkeiten beigetragen hat.«[16]

Liebe zur Technologie

Der letzte Teil der Gleichung, die es der Familie ermöglicht hatte, in wenigen Jahren praktisch aus dem Nichts eine Firma mit Tausenden von Beratern zu machen, waren unsere Fähigkeiten im Umgang mit IT-Systemen. Ein paar Jahre nach meinem Eintritt in die Familie wurden wir von einem riesigen Computersysteme-Konzern übernommen, der Zigtausende von IT-Experten und verschiedenen anderen Technikfreaks beschäftigte. Das waren Leute, die es für normal hielten, wenn jemand zum orangefarbenen Hemd lila Hosen und eine grüne Krawatte trug; Leute, die glaubten, dass die Begründung einer engen persönlichen Beziehung zum Kunden darin bestand, sich mit dem Kunden zu treffen, seinen Laptop auf dessen Schreibtisch zu stellen und alles einzutippen, was der Kunde von sich gab; Leute, die sich kringelig lachten über Witze, die andere schon im zarten Alter von zehn oder elf Jahren belächelt hatten; Leute, denen grundlegende Umgangsformen abgingen, die die meisten von uns für selbstverständlich halten.

Doch trotz all dieser menschlichen Mankos hatten viele von ihnen wirklich Ahnung von IT-Systemen. Was sie sagten, war für unsere Kunden und uns manchmal schwer zu verstehen. Aber als die großen multinationalen Öl-, Chemie-, Konsumgüter- und Pharmaunternehmen begannen, nach 50 bis 100 Millionen US-Dollar teuren Projekten zur

Umsetzung von und Beratung zu ERP-Systemen zu schreien, hatten wir im Vergleich zu Beratungsfirmen ohne technologisches Standbein einen großen Vorteil. Wir konnten jede Menge Systementwickler, Integratoren, Programmierer und andere mehr ins Feld schicken.

Das Beraterparadies

Rund sieben bis acht Jahre lang war das Leben für die Familie im Grunde ein Fest. Natürlich gab es auch Probleme. Wir arbeiteten so hart und reisten so viel, dass die meisten Ehen in die Brüche gingen, ein paar von uns erlitten Herzinfarkte, der eine oder andere starb und mindestens einen Selbstmord gab es auch. Doch das schien belanglos. Wir brausten von Kunde zu Kunde, verkauften riesige Projekte und lieferten fantastische Ergebnisse. Im Gegensatz zu so vielen müden, ausgelaugten, schwerfälligen und arroganten Konkurrenten taten wir einigermaßen das, was wir versprachen. Immer wieder erhielten wir Referenzschreiben von Kunden mit Sätzen wie »Während andere Berater reden, erzielt die Familie Ergebnisse« oder »Ich hatte schon mit vielen Beratern zu tun und kann feststellen, dass die Familie weltweit an der Spitze steht« oder »Dieser Wandel wäre ohne die Familie nicht vorstellbar gewesen«.

So halbierten wir beispielsweise die Produktionszeit für Kampfflugzeuge und Marschflugkörper. Infolgedessen avancierten die Tötungsmaschinen des Herstellers zu Bestsellern auf dem globalen Markt. Wir verhalfen einer hoffnungslosen Supermarktkette mit veraltetem Markenimage dazu, die Konkurrenz zu überflügeln und uneingeschränkter landesweiter Marktführer zu werden. Wir brachten träge, fette, reiche Pharmaunternehmen dazu, ihre astronomischen Gewinne noch weiter zu steigern. Wir rissen bei zahllosen Banken und Versicherungsunternehmen das Ruder herum. Wir waren die führende Beratungsfirma für Telekomgesellschaften bei der Anpassung an ein neues Wettbewerbsumfeld und dem raschen Aufbau einer Mobilfunksparte. Was es auch war, wir schafften es. Wir retteten ganze Scharen von Unternehmen vor dem sicheren Untergang, dem sie ohne uns nicht entronnen wären. Wir brachten Begeisterung, Teamgeist, innovative Ideen und positives Denken in ein schwerfälliges, überstrukturiertes, bürokratisches Unternehmen nach dem anderen. Wir verwandelten diese Unternehmen in modernere, schnittigere, professionellere und schlankere Ausgaben ihrer selbst, die oft nicht wiederzuerkennen waren. Wir machten aus Elefanten Geparden. Unsere Kunden waren hellauf begeistert. Und für unsere Firmeninhaber verwandelten wir Beraterzeit in Gold.

Nachdem ich Jahre bei den Holzfällern und anderen in der Gosse der Managementberaterbranche verbracht hatte, hatte ich nun endlich den Sprung ins Beraterparadies geschafft.

Anmerkungen

1 *Daily Mail*, 30.1.2002
2 Ebd.
3 Quelle vertraulich (bitte wenden Sie sich an den Autor)
4 Ebd.
5 Ebd.
6 Inbucon Website, 2006
7 *Consultants News* (Datum bitte beim Autor erfragen)
8 Ebd.
9 Quelle beim Autor erhältlich
10 *The Economist* (Datum bitte beim Autor erfragen)
11 Ebd.
12 Unternehmens-Websites, 1998
13 Unternehmens-Websites, 2006
14 *Consultants News* (Datum bitte beim Autor erfragen)
15 Ebd.
16 Kundenreferenzen

Kapitel 4

Mehrwert und Kundennutzen – Der große Bluff

Die große Frage bezüglich Management- und IT-Systemberatung ist, ob die Kunden für die an die Berater gezahlten Milliardensummen auch wirklich Wert hinzugewinnen – und ob sie das glauben. Beratungsfirmen und ihre Kunden schweigen sich gern aus, wenn gefragt wird, ob es die Sache wert war und ob die gelieferte Realität den ursprünglichen Verheißungen der Berater entsprach. Es gibt nur wenige Untersuchungen zu den Erfolgsquoten von Management- und IT-System-Beratung, doch die Zahlen stimmen nachdenklich. Wie es aussieht, ist Managementberatung in rund 30 Prozent der Fälle erfolgreich. Bei IT-System-Beratung liegt die Erfolgsquote zwischen 20 und 30 Prozent. Angesichts dieser niedrigen Erfolgsquoten und der immensen Geldsummen, die Unternehmen und Behörden für Beratung ausgeben, wäre es doch vielleicht interessant zu untersuchen, warum Management- und IT-System-Beratung so selten den ursprünglich angestrebten Nutzen erzielt.

Managementberatung

Wenn ich kurz die Beratungsleistungen rekapituliere, die ich beobachtet und selbst geleistet habe, würde ich sagen, dass etwa ein Viertel bis ein Drittel hervorragend oder jedenfalls recht gut war, etwa die Hälfte von fragwürdigem Wert oder völlig nutzlos und der Rest inkompetent und häufig von Nachteil für unsere Kunden.

Im Rahmen einer von der Cranfield School of Management in Großbritannien durchgeführten Studie wurden 640 Berater befragt, ob sie glaubten, dass sie für ihre Kunden Wert erwirtschafteten.[1] Außerdem wurden 170 Kunden gefragt, ob ihre Berater ihrer Ansicht nach

Wert lieferten. Die Ansichten der hoch bezahlten Berater und der Kunden, die ihre Honorare zahlten, wichen erheblich voneinander ab. Ganze 71 Prozent der Berater meinten, sie generierten Wert für ihre Kunden. Leider stimmten dem nur 36 Prozent der Kunden zu. Die Antworten der Kunden in dieser Studie decken sich so ziemlich mit meiner Erfahrung, dass etwa zwei Drittel sämtlicher Beratungstätigkeit Zeit- und Geldverschwendung sind.

Doch trotz der allgemeinen Unzufriedenheit mit der Arbeit der Berater sind viele Manager so abhängig von ihnen, dass sie ihre Dienstleistungen weiter in Anspruch nehmen. Wie es einer der Autoren der Studie formulierte, sind »(...) manche Berater (...) dermaßen mit der Organisationskultur verwoben, dass der Kunde glaubt, er müsse sich ihrer bedienen, um etwas zu bewegen«.[2]

Bei der Arbeit mit Kunden fragte man sich bisweilen, wer nun eigentlich das Unternehmen leitete. Besonders im Zusammenhang mit führenden Strategieberatungen habe ich es mehrfach erlebt, wie Geschäftsführer stundenlang mit ihren Beratern zusammenhockten, kaum auf ihre eigenen Managementteams hörten und diese nur dazu einsetzten, die Entscheidungen des Geschäftsführers und dessen favorisierter Berater abzusegnen. Die übrigen Mitglieder des Managementteams hatten so viel Angst, die Berater zu verärgern und ihre Jobs zu riskieren, dass sie den Beratern Positionen einräumten, die von Rechts wegen ihnen zugestanden hätten. Und was ich erlebt habe, sind allem Anschein nach keine Einzelfälle. Der Autor des Berichts der Cranfield Business School fügt hinzu: »Ich kenne einen CEO, der nichts tut, ohne es mit seinem Berater abzusprechen. Nach dessen Ratschlägen agiert er, gegen das bessere Wissen seiner eigenen Mitarbeiter.«[3] Der Autor hat auch jene Angst vor Kritik an den Beratern festgestellt, die ich beobachtet habe: »(...) zu diesem Thema will sich niemand offen äußern. Das ist ein Tabu.«[4]

Eine neuere, doch weniger statistikbasierte Untersuchung eines Professors der Harvard Business School und globalen Experten für die Managementberatungsbranche kommt zu folgenden Ergebnissen: Privat räumten Berater ein, dass ihre Arbeit zu rund 20 Prozent hervorragend, zu rund 60 Prozent akzeptabel, aber von geringem Wert, und zu rund 20 Prozent »Schrott« sei.[5] Der Beratungsexperte erläutert im Anschluss den wichtigsten Grund für den niedrigen Standard so vieler Beratungsleistungen: die Konzentration auf die kurzfristige Rentabilität statt auf die Aufrechterhaltung professioneller Standards. Doch »in der Welt der professionellen Dienstleister werden Prinzipien für Geld geopfert. Mit ein oder zwei raren Ausnahmen werden die professionellen Beratungsfirmen nicht mehr von Werten und Ideologie geleitet. Stattdessen orientieren sie sich quasi an einem Zerrbild der kurzfristigen Finanzvorgaben.«[6] Ich habe viele E-Mails von praktizierenden Beratern erhalten, die sich Gedanken darüber machten, dass sie für ihre Kunden wenig Wert realisierten. So schrieb einer dieser Berater: »(...) manchmal weiß ich, dass ich dem Kunden geholfen und wirklich etwas geleistet habe, doch die Millionen, die man uns zahlt, sind wir allem Anschein nach nicht wert. Und ich war oft genug an Projekten beteiligt, bei denen das nicht selten offensichtlich wurde.«[7]

Wenn wir also unterstellen, dass maximal ein Drittel aller Managementberatungsleistungen wirklich wertsteigernd und wirkungsvoll sind, sollten wir vielleicht kurz eruieren, was herausragende Beratung vom Gros der Beratungsleistungen unterscheidet, die dem Kunden nichts nützen oder ihm sogar schaden.

Schattenseiten der Sonnenkinder

McKinsey arbeitet seit Jahrzehnten mit verschiedenen der erfolgreichsten Organisationen der Welt zusammen. Ihr größter Kunde soll ihnen 2001 60 Millionen US-Dollar für Beratungsdienste bezahlt haben. Als entscheidende Berater der damaligen Hewlett-Packard-Chefin Carly Fiorina bei der Übernahme von Compaq verdienten sie zum Beispiel neun Millionen US-Dollar. Über 30 Jahre hinweg waren sie Dutzende Male für das äußerst erfolgreiche Unternehmen Johnson & Johnson tätig und ebenso für General Motors, dessen Wettbewerbsfähigkeit sie steigerten. Sie sind auch langjähriger Berater des deutschen Multis Siemens.[8]

Doch ungeachtet seines Status als elitäre Beratungsfirma war McKinsey auch maßgeblich an peinlichen Fehlschlägen beteiligt. McKinsey hatte fast 18 Jahre lang Enron beraten, bevor das Unternehmen zusammenbrach und von der Bildfläche verschwand. Manche Branchenexperten überraschte, dass die Firma unbeschadet aus dem Enron-Debakel hervorging. »Es wundert mich, dass man sie nicht zumindest als Zeugen vorgeladen hat«, meint Wayne E. Cooper, CEO von Kennedy Information, einer Research- und Publikationsfirma, die sich mit der Beraterbranche befasst. »Aus dem rauchenden Colt von Andersen quoll so viel Qualm, dass die Feuerwehr sich nur darum kümmerte. McKinsey hatte Glück und kam ungeschoren davon.«[9] Als McKinseys langjähriger Kunde unter der Führung des ehemaligen McKinsey-Partners Jeffrey K. Skilling ins Verderben lief und Zehntausende von Menschen vor dem Ruin standen, fiel dem CEO von McKinsey nicht mehr ein als die Worte: »Wir stehen zu unserer Arbeit. Darüber hinaus können wir nur unser Mitgefühl äußern angesichts der Probleme, mit denen sie jetzt fertig werden müssen. Es ist traurig, das mit anzusehen.«[10]

McKinsey war auch ein maßgeblicher Berater der Swissair gewesen, die in Konkurs ging, nachdem sie die verheerende Strategie verfolgt hatte, knapp zwei Milliarden US-Dollar in den Erwerb von Mehrheitsanteilen an einer ganzen Reihe kleinerer Fluggesellschaften zu investieren. Darunter befand sich auch die chronisch schlecht geführte und angeblich korruptionsbelastete belgische Fluggesellschaft Sabena. Und dann waren da noch die amerikanische Supermarktkette Kmart und die Telekommunikationsgesellschaft Global Crossing, die 2001 ebenfalls Konkurs anmeldeten.[11]

Da ich meist nicht für, sondern in Konkurrenz zu McKinsey tätig war, bekam ich hauptsächlich bei solchen Kunden Einblick in die Arbeit dieser Firma, denen der Riese McKinsey keine guten Dienste geleistet hatte. Deshalb holten sie sich Unterstützung bei uns – während McKinsey noch vor Ort war oder kurz danach. Folglich bekam ich wohl das zu Gesicht, was man als einige der weniger glanzvollen Projekte von McKinsey bezeichnen könnte.

Nach meiner Beobachtung widmete sich McKinsey häufig gar nicht der Strategie, sondern entweder der Umgestaltung von Organisationsstrukturen oder dem Benchmarking – beides gewöhnlich in der Absicht, Personal und Kosten abzubauen.

Ihre Organisationskonzepte fand ich persönlich eher schwach. Es schien sich alles darum zu drehen, neue Organisationscharts zu erstellen – die Linien und Felder auf dem Organigramm zu verschieben –, statt diejenigen Kompetenzen und Fähigkeiten des Kunden zu entwickeln, mit deren Hilfe ihre eleganten Konzepte in der rauen Wirklichkeit des Tagesgeschäfts auch funktionieren könnten. Außerdem hatte ich den Eindruck, dass ihre Organisationskonzepte manchmal deutlich stärker von ihrem Wissen um die Wunschvorstellungen des CEO beeinflusst waren als vom eigentlichen Wohl der Organisation. Und schließlich halte ich es für fraglich, ob ihre Arbeit am Organisationskonzept in vielen Fällen wirklich notwendig war. Nach meinen Erfahrungen mit rund 100 Organisationen funktioniert jede Organisationsstruktur, so ungeeignet sie auch sein mag, wenn die Mitarbeiter wirklich motiviert, gut geführt und fähig sind. Demotivierte, schlecht geführte und unzureichend ausgebildete Kräfte werden dagegen versagen, wie brillant die Organisationsstruktur, in die sie von klugen Beratern hineingesetzt werden, auch sein mag. Ich frage mich daher, ob manche der führenden strategischen Berater ihren Kunden nicht vielleicht besser gedient hätten, wenn sie sich der ungleich schwierigeren Aufgabe angenommen hätten, die Effektivität der bestehenden Organisationen ihrer Kunden zu verbessern, statt ihre 30 Silberlinge einzustecken und den Kunden dafür schicke, coole, neue Organisationsstrukturen zu verpassen, die sie womöglich gar nicht brauchten.

Zum Thema Benchmarking ist zu sagen, dass McKinsey dank der Zusammenarbeit mit den meisten führenden Unternehmen der Welt eine beispiellose Datenbank aufgebaut haben soll, aus der hervorgeht, was gute Leistungen in fast jedem Teil einer Organisation und fast jedem Tätigkeitsbereich ausmacht. Das wird wahrscheinlich zutreffen. Dadurch kann die Firma sehr schnell die Leistungsniveaus festlegen, die ihre Kunden anstreben sollten, und ihren Kunden Ratschläge erteilen, wie die angestrebten Niveaus zu erreichen sind. Wieder muss ich betonen, dass die meisten Benchmarking-Projekte von McKinsey, mit denen ich zu tun hatte, vermutlich nicht zu den gelungensten des Unternehmens zählten. Mir sind mehrere McKinsey-Benchmarking-Projekte untergekommen, die mir ein bisschen wacklig vorkamen. Ich will nur zwei davon erwähnen.

Eines betraf eine öffentliche europäische Sendeanstalt. McKinsey führte seine Studien durch und empfahl, eine bestimmte Anzahl von Leuten zu entlassen, um die Kosten zu senken. Die Ergebnisse von

McKinsey wurden von jenen infrage gestellt, die an der Studie mitgewirkt hatten und behaupteten, McKinsey habe die gelieferten Daten falsch verwendet und falsch dargestellt. Am Ende musste sich der Schlüsselkunde von McKinsey, der Chef des nationalen Rundfunk- und Fernsehsenders, öffentlich für die im McKinsey-Bericht und den Empfehlungen enthaltenen Fehler entschuldigen. Wenn ich mich recht entsinne, musste der Kunde später einige, wenn nicht alle der bereits ausgesprochenen Kündigungen zurücknehmen.

Ein anderes Mal arbeitete ich für einen großen europäischen Strom-, Wasser- und Gasversorger. Das Unternehmen hatte kurz zuvor mit mehreren anderen Versorgungsunternehmen fusioniert, und der CEO betraute McKinsey mit verschiedenen Aufgaben, unter anderem mit dem Entwurf eines neuen Organisationskonzepts und mit einem Effektivitätsvergleich der vielen Hundert Mitarbeiter in den verschiedenen Call-Centern – jeweils untereinander und mit internationalen Benchmarks. Der CEO, ein recht offenherziger Mensch, der, wie seine Manager klagten, mehr Zeit mit den Beratern von McKinsey verbrachte als mit seinem Managementteam, war besonders stolz auf das Call-Center, für das er vor der Unternehmensverschmelzung verantwortlich gewesen war. Es traf sich daher ausgezeichnet, dass sein Call-Center auch dem Benchmarking von McKinsey zufolge tatsächlich das effektivste in der neuen erweiterten Organisation war. Die Mitarbeiter der anderen Call-Center beschwerten sich bitterlich über dieses Ergebnis. Sie wiesen darauf hin, dass sich dieses effizienteste, so genannte »Best Practice«-Call-Center ausschließlich mit Kundenanfragen zu Stromversorgung und Stromrechnungen befasste, während die anderen zum Teil Strom-, Gas- und Wasserkunden betreuen mussten – insgesamt eine viel komplexere Situation, die den Zugriff auf dreimal so viele Datenbanken und den Kontakt zu dreimal so vielen Serviceabteilungen erforderte, wie sie das angebliche »Best Practice«-Call-Center, das nur auf Strom spezialisiert war, bewältigen musste. Die Beschwerdeführer behaupteten, McKinsey habe Äpfel mit Birnen verglichen und darauf beharrt, dass es da keine Unterschiede gebe. Doch soweit wir es erkennen konnten, hatte der Firmenchef, der anscheinend lieber seinen Beratern zuhörte als seinen Mitarbeitern, ihre Beschwerden ignoriert.

Warum Beratung so oft nichts bringt

Es gibt viele ausgesprochen fähige Managementberater, die sich wirklich einsetzen, um ihren Kunden bestmögliche Resultate zu liefern. Doch nur allzu oft werden sie durch die Funktionsweise der Beratungsindustrie daran gehindert, Wert freizusetzen, oder sogar in ethisch fragwürdige Situationen hineinmanövriert. Ich habe vier Hauptgründe dafür ermitteln könnten, dass rund zwei Drittel der Organisationen von ihren Beratern enttäuscht werden.

Zunächst hängen in vielen Beratungsfirmen die Prämien der Führungskräfte vom Erreichen bestimmter »Auslastungsziele« ab. In der Regel sind das rund 70 Prozent. Das bedeutet, dass 70 Prozent der Arbeitszeit ihrer Berater von Kunden bezahlt werden müssen, ob diese Kunden nun drängende Probleme haben oder nicht. Verfehlt der Direktor einer Unternehmensberatung das Auslastungsziel, büßt er unter Umständen mehrere Hunderttausend Euro an Prämien ein. Deshalb stehen die Chefs der Beratungsfirmen unter immensem Druck, die Arbeitszeit ihrer Mitarbeiter in Rechnung zu stellen, unabhängig von der Problemlage ihrer Kunden. Das führt dazu, dass viele Berater ihre Fähigkeiten auf Projekte verschwenden, die nur lukrative »Abrechnungskapazitäten« darstellen und für einen hohen Auslastungsgrad sorgen, doch wenig praktischen Wert für den Kunden haben.

Ein weiterer Grund ist, dass viele Beratungsfirmen nur einige wenige erfahrene Experten für jeden Tätigkeitsbereich besitzen, während die meisten Mitarbeiter nur »Minderleister« oder »Rechnungsfutter« sind, wie wir das nennen. Die Rentabilität einer Unternehmensberatung hängt davon ab, ob es gelingt, Teams aus schlechter bezahltem Fußvolk einzusetzen, während die höher bezahlten Experten mehrere Projekte gleichzeitig betreuen und bei jedem Projekt nur gelegentlich persönlich auftauchen. Natürlich kann das Fußvolk unter geeigneter Anleitung durch die Experten gute Arbeit leisten. Doch manchmal besteht es eben wirklich aus Minderleistern von fragwürdiger Kompetenz. Wie es ein Berater einer der größten Beratungsfirmen der Welt nach seinem Zusammentreffen mit der letzten Gruppe neu eingestellter Mitarbeiter (so genannter »grüner Bohnen«) formulierte: »Die grünen Bohnen sind da und ich rate Ihnen wirklich dringend, auf sinkende Kurse zu setzen –

die Neueinstellungen von 2005 sind bestenfalls Halbaffen. Diese Neuzugänge sind schlichtweg dämlich. Was haben sich die Personalleute nur dabei gedacht?« Die Kunden hätten in der Regel mehr davon, wenn die Beraterteams aus mehr Experten und weniger Neulingen bestünden.

Ferner gibt es einige Beratungsfirmen, die eher »produktorientiert« als »lösungsorientiert« arbeiten. Das bedeutet, dass sie daran interessiert sind, ihr »Produkt« zu verkaufen – die Dienstleistungen, die sie liefern können. Dieser Schwerpunkt auf dem Verkauf ihres Produktes verhindert manchmal, dass sie ernsthaft versuchen, die richtige Lösung für die spezifischen Organisationsprobleme ihrer Kunden zu finden. Wenn ein Unternehmen zum Beispiel seine Logistikkette zu verbessern trachtet, die von ihm gewählte Beratungsfirma mit Logistikkettenmanagement aber kaum Erfahrung hat, dann wird sie – anstatt sich das Geschäft entgehen zu lassen – in der Regel versuchen, etwas zu verkaufen, das sie auch liefern kann. Gehören die jeweiligen Berater zu einem Anbieter von IT-Systemen, werden sie außerdem unter immensem internen Druck stehen, dem Kunden IT-System-Projekte zu verkaufen, selbst wenn er diese gar nicht benötigt. Ich war für ein Beratungsunternehmen tätig, das von einem großen europäischen IT-Systeme-Anbieter übernommen wurde. Die Prämienstruktur unserer Führungskräfte wurde dergestalt abgewandelt, dass sie verstärkt IT-Systeme und IT-Outsourcing an den Mann bringen sollten. Ich erinnere mich an viele interne Streitigkeiten, die wir in der Folgezeit austrugen. Man drängte uns dazu, unsere Kunden davon zu überzeugen, dass sie die Leistungen ihrer Unternehmen nur steigern konnten, wenn sie unsere IT-Systeme kauften – und das, obwohl wir wussten, dass die Einführung eines neuen Systems den Kunden wenig nützen würde. Außerdem gab es klare Anweisungen, immer lieber zu versuchen, dem Kunden ein teures neues Computersystem zu verkaufen, als ihm zu helfen, das bestehende zu verbessern. Gute Verkäufer bewirkten auf diese Weise, dass Kunden organisatorische Veränderungen umsetzten und neue Computersysteme installierten, die von vergleichsweise geringem Wert waren und ganz bestimmt nicht das, was sie eigentlich von uns hätten bekommen müssen.

Ein häufiges Problem von Unternehmen, die Beratungsdienste einkaufen, ist die mangelnde Kompetenz des Topmanagements. Doch nur wenige leitende Führungskräfte sind so ehrlich zuzugeben, dass sie ihrem Job nicht gewachsen sind. Wenn Probleme auftreten, schieben sie diese auf andere Faktoren wie ihre Mitarbeiter, ihre Computersysteme, ihre Organisationsstruktur und so weiter. In solchen Situationen ist eines von vornherein klar: Wenn eine Beratungsfirma Millionen für die Einführung neuer Organisationsstrukturen, neuer IT-Systeme oder Trainingsprogramme kassiert, ohne die Schwächen im Topmanagement zu beseitigen, können diese Maßnahmen nur begrenzten Wert haben. Doch kaum ein Managementberater wird seinen Umsatz aufs Spiel setzen, indem er den Topmanagern des Kunden mitteilt, dass sie ihr Management drastisch verändern müssen. Die meisten Berater nehmen einfach das Geld und machen, was der Kunde will. Dabei wissen sie genau, dass ihre Arbeit zwar für die Beratungsfirma höchst lukrativ ist, den Kunden aber wenig echte Vorteile bringt.

IT-Systeme

Die meisten herkömmlichen Consulting-Projekte führen aber nicht zum Ruin eines Kunden, so schlecht sie auch ausgeführt werden. Immerhin können die meisten größeren Unternehmen oder Behörden die paar Millionen Euro, die das durchschnittliche Beratungsprojekt kostet, problemlos verschmerzen, wenn die Dinge nicht nach Wunsch laufen. Höchst selten kommt es vor, dass Kunden die Zeit und Energie opfern, um ihre Berater zu verklagen. Echte Probleme können Berater ihren Kunden eigentlich nur dann bereiten, wenn bereits eine Schieflage eingetreten ist und die Managementberater falsche Ratschläge geben. Das hat schon einige Unternehmen in den Konkurs getrieben. Doch von fast 100 Kundeneinsätzen war ich nur in einem Fall an einem Projekt beteiligt, bei dem wir meiner Ansicht nach einen großen (und für uns Berater lukrativen) Beitrag zum späteren Bankrott des Kunden geleistet haben.

Richtig gefährlich für die Kunden werden Beratungsfirmen aber, wenn es um die groß angelegte Implementierung eines IT-Systems geht. In solchen Fällen können die Kosten auf über 100 Millionen Euro anwachsen statt auf ein paar wenige Millionen, und die Betriebsstörungen sind unter Umständen enorm. So wird die Lage für eine Ölgesellschaft, die kein Öl liefern kann, weil das neue Computersystem weder Aufträge noch Lieferungen verarbeitet, möglicherweise prekär. Wenn das neue Computersystem dann noch die Verkäufe nicht dokumentiert, sodass keine korrekten Rechnungen ausgestellt werden können, wird das Management allmählich nervös und fragt sich, ob das neue System dem Unternehmen nun hilft oder ihm schadet.

Während meiner Karriere als Managementberater kam ich mehrfach in Situationen, in denen Beratungs- und IT-Projekte auf haarsträubende Weise außer Kontrolle gerieten. Betroffen waren mehrere Öl- und Pharmaunternehmen, die so viel Geld hatten, dass sie über ein paar Hundert Millionen für nutzlose IT-Systeme gut lachen konnten. Andere waren Behörden, für die die massive Verschwendung von Steuergeldern zur Tagesordnung gehörte. Doch nicht alle unsere Kunden waren – wie Ölgesellschaften und Behörden – mit einem unerschöpflichen Bankkonto gesegnet. Wenn ihre IT-System-Berater versagten, stand unter Umständen ihr Überleben auf dem Spiel.

Einige Fälle von Geldverschwendung, an denen ich nicht persönlich beteiligt war, sind von den Medien aufgegriffen worden: So musste etwa die Mietwagenfirma Avis Europe immerhin 45 Millionen Euro abschreiben, weil es ihr nicht gelungen war, ihr Computersystem auf die Software »Peoplesoft« umzustellen – ein Projekt, bei dem eine französische IT-Beratungsfirma involviert gewesen war.[12] In Deutschland hatte der Autobauer Volkswagen erhebliche Schwierigkeiten bei der Einführung neuer Software im zentralen Ersatzteillager. Hier waren sowohl eine konzerneigene Beratungsfirma als auch ein bekanntes internationales Beratungshaus tätig.[13] Und wer die Veröffentlichungen des Deutschen Bundestags aufmerksam gelesen hat, der weiß, dass allein die frühere Bundesanstalt für Arbeit 85 Millionen Euro an externe Berater gezahlt hat.[14] Dennoch – oder womöglich gerade deswegen – herrschte bei der Einführung von Arbeitslosengeld II das völlige Chaos: Arbeitslose mussten wochenlang auf ihr Geld warten, Unterlagen verschwanden, Angebote zur Qualifizierung und Beschäftigung blieben aus, die Vermittlung Arbeitsloser kam fast zum Stillstand. Die Berliner Tageszeitung *Die Welt* beschäftigte sich etwas genauer mit den Missständen.[15] »Viele Softwareprobleme« seien an dem Debakel schuld gewesen, so das Fazit der Zeitung. Verantwortlich dafür: die Frankfurter IT-Beratungsfirma T-Systems, Tochtergesellschaft der Deutschen Telekom. Deren Chef Lothar Pauly setzte sich in dem Artikel gegen die Vorwürfe der Journalisten zur Wehr: Der »Zeitraum zwischen Auftragsvergabe und Umsetzung« sei zu kurz gewesen, so der Manager. T-Systems soll unwidersprochenen Medienberichten zufolge auch einen erheblichen Teil der Mitschuld an dem Debakel bei der Einführung der deutschen LKW-Maut tragen. Die oben genannten Zahlen erfassen vermutlich noch gar nicht jene Kosten, die bei der Nürnberger Behörde für die Schaffung einer Internet-Stellenbörse angefallen sind. Auch dieses Projekt lief – vorsichtig formuliert – keineswegs so, wie sich die leitenden Beamten dies vorgestellt hatten. Die Kosten des Projekts waren vom beauftragten IT-Beratungsunternehmen Accenture mit zunächst 65 Millionen Euro veranschlagt worden. Nach dem Bericht eines Internet-Fachportals wird das Projekt bis 2008 voraussichtlich 165 Millionen Euro verschlingen.[16]

Warum es so oft schief läuft

Ich habe immer angenommen, dass rund 30 Prozent der IT-System-Projekte erfolgreich verliefen – ungefähr so viele wie bei den meisten Initiativen unserer Kunden (BPR-Projekte, Consulting Projekte, Fusionen et cetera). Wie es scheint, wird das von einer von vielen internationalen Studien bestätigt, dem Standish Report.[17] Er analysierte 13 564 Organisationen und stellte fest, dass rund 71 Prozent der IT-System-Projekte fehlschlugen. Misserfolg wurde definiert als Überschreitung des Zeitplans und des Budgets um jeweils mehr als das Doppelte. Studien der Gartner Group, der KPMG, der Universität Oxford und der British Computer Society erbrachten alle ähnlich besorgniserregende Ergebnisse.

Bei unseren Begegnungen mit potenziellen Kunden aus aller Welt hörten wir häufig von kostspieligen System-Consulting-Projekten, die einfach im Sand verlaufen waren. Ein führender multinationaler Nahrungsmittelkonzern aus der Schweiz beauftragte uns für 15 Millionen Euro damit, dafür zu sorgen, dass ihre Systemimplementierung, die bereits zig Millionen gekostet hatte, finanzielle Ergebnisse hervorbrachte.

Und dann gab es noch zahlreiche Banken, Versicherungen und Supermarktketten, die alle ein Vermögen für Technologieberatung ausgegeben und nichts dafür bekommen hatten. Die britische Supermarktkette Sainsbury's soll angeblich fast fünf Milliarden Euro für ein vierjähriges »Business-Transformation-Programm« ausgegeben haben, dessen Ergebnisse schier lächerlich waren: 800 Millionen Euro Gewinnbelastung, 200 Millionen Euro an Abschreibungen für IT-Anlagen, weitere 180 Millionen Euro an Abschreibungen der Kosten für Automatisierungstechnik in ihren Distributionszentren, 45 Millionen Euro Kosten für verlorene und beschädigte Ware und die Anwerbung von 3000 Regalbefüllern, die manuell die vom neuen Computersystem angerichteten Schäden beheben mussten.[18] Dabei werden diese Zahlen noch in den Schatten gestellt von den Milliarden an Steuergeldern, die viele Regierungen, allen voran die britische, für nutzlose IT-Systeme verschleudert haben.

Größere Technologieprojekte werden gewöhnlich mit einem lauten Tusch eingeläutet. Die Berater versprechen alle möglichen enormen finanziellen und operativen Vorteile, die sich einstellen würden, sobald das großartige System in Betrieb wäre. Doch Monate oder sogar Jahre später, wenn das Projekt dann vor die Wand fährt und Geld und Arbeitszeit förmlich in einem riesigen schwarzen Loch verschwinden, sind die Vorteile den Kunden gleichgültig geworden. Ihre Erwartungen sinken auf ein Minimum. Sie sind erleichtert, wenn ihr System endlich in den Grundzügen funktioniert und das Programm, das einst so ehrgeizige Ziele erreichen sollte, keine Probleme und Störungen mehr verursacht. Kommt es in einer Behörde zu einem Fiasko mit einem Computersystem, so werden die Beteiligten, um das Ausmaß der Katastrophe zu verleugnen, in der Regel befördert und offiziell mit Ehrungen überhäuft.

Offensichtlich gibt es viele Gründe dafür, dass IT-System-Projekte so hoffnungslos aus dem Ruder laufen. Mangelhaftes Projektmanagement, laufende Veränderungen der Vorgaben und schlechte Kommunikation zwischen Entwicklern und Nutzern sind zum Teil verantwortlich. Doch die Zahl der absoluten Flops ist so hoch, dass es in der Art, wie die meisten Systemprojekte verkauft und durchgeführt werden, einen grundlegenden Fehler geben muss. Meine Erfahrungen aus der Arbeit für fast 100 Kunden in nächster Nähe zu über 40000 IT-System-Spezialisten haben mich zu der Überzeugung gebracht, dass es häufig drei fundamentale und schwerwiegende Gründe für den Fehlschlag von IT-Systemen gibt: die mangelnde Kompetenz der Käufer, die Gestaltung der Verträge und der Umstand, dass das Rad immer wieder neu erfunden wird. Mir scheint, dass viele IT-Systeme weniger aufgrund technischer Probleme bei der Systementwicklung versagen, sondern vielmehr aufgrund der fragwürdigen Moral der Unternehmensberatungen, die sie anbieten.

Mangelnde Kompetenz der Käufer: Eine erschreckende Zahl großer Organisationen hat weder eine Vorstellung davon, wie man die Entwicklung eines großen Computersystems in Auftrag gibt, noch davon, wie viel man dafür bezahlen sollte. Dadurch sind sie leichte Beute für die großen Systemhäuser, die ihren Kunden gern umfangreiche Projekte verkaufen möchten. Kürzlich traf ich in der weltweit größten Systemberatungsgesellschaft mit einem österreichischen Projektmanager zusammen. Er arbeitete für eine deutsche Großbank, die ihre Systeme ersetzen wollte, und wunderte sich darüber, wie hilflos die Bank im Umgang mit den Systemanbietern agierte. Seiner Ansicht nach war die Bank drauf und dran, unnötig viele Millionen für ihr neues IT-System auszugeben, weil sie nicht wusste, wie man ein neues System einkaufte. Tatsächlich war ihm in seiner langen Karriere nur ein einziger Kunde begegnet, der nach seinem Eindruck geschickt mit seinen IT-System-Anbietern umging.

Gestaltung der Verträge: Zu viele IT-Systeme werden immer noch auf der Basis von Vereinbarungen entwickelt, die wir als »Zeit & Material«-Verträge bezeichnen. Im Rahmen solcher Verträge wird der Anbieter nach geleistetem Zeit- und Ressourcenaufwand bezahlt. Je mehr Zeit und Ressourcen er also einsetzt, desto mehr Geld erhält er. Infolgedessen ist der Anreiz gering, Systemprojekte innerhalb eines engen Zeitrahmens oder unter sorgfältiger Kontrolle der eingesetzten Ressourcen durchzuführen. Sähen die Verträge Festpreise und Konventionalstrafen für Kosten- und Fristenüberschreitungen vor, würden viele IT-Systeme schneller und viel billiger entwickelt als jetzt. Viele andere

IT-System-Projekte werden dem Anschein nach auf Festpreisbasis und mit festen Fristen vereinbart. Ein Blick auf das Kleingedruckte verrät jedoch gewöhnlich, dass eine ganze Reihe von Umgehungsklauseln eingebaut sind, die es dem Anbieter ermöglichen, unter den fadenscheinigsten Vorwänden Projektkosten und Zeitaufwand ständig zu erhöhen. So erleben wir, wie viele Systemanbieter Jahr für Jahr astronomische Gewinne einfahren, obwohl viele ihrer Großprojekte am Ende Hunderte Millionen mehr kosten als ursprünglich veranschlagt und Jahre später abgeschlossen werden als eingangs geplant. Im Normalfall wird es der unglückliche Kunde sein, der am Ende für die meisten Zeit- und Kostenüberschreitungen geradestehen muss. Bei IT-Projekten der öffentlichen Hand gilt natürlich, dass die paar Hundert Millionen, die für jedes erneute Fiasko verpulvert werden, nicht mehr zur Verfügung stehen, um etwa das Gesundheitswesen, die Polizei oder die Bildung zu finanzieren.

Das Rad neu erfinden: Der dritte wichtige Grund für die vielen Fehlschläge von Systemprojekten ist vielleicht der schwerwiegendste. Obwohl sich ihre Produkte oder Dienstleistungen bisweilen stark unterscheiden, funktionieren die meisten Organisationen im Grunde ähnlich. Sie produzieren oder kaufen etwas, verpacken und verkaufen es. Oder sie produzieren oder kaufen etwas, stellen es in einen Laden oder auf eine Webseite und verkaufen es. Oder sie verfügen über Fähigkeiten/Wissen (Tumorchirurgie, Buchhaltung, Jura), das sie Kunden/Patienten anbieten, und managen ihre Kosten und Budgets. Oder sie transportieren Passagiere. Oder sie kümmern sich um das Geld ihrer Kunden. Folglich haben die meisten Organisationen ganz ähnliche Anforderungen an ihre IT-Systeme: Erwerb von Produkten oder Kompetenzen, Ermittlung und Gewinnung von Kunden, Management von Kundeninformationen, Kostenkontrolle und Rechnungswesen, Personalverwaltung, Finanzbuchhaltung und dergleichen mehr. Welches System man also auch braucht, die Grundelemente dafür existieren vermutlich bereits irgendwo auf der Welt und könnten mit vertretbarem Aufwand und zu geringen Kosten an die eigenen Bedürfnisse angepasst werden. Der jeweilige Systemanbieter wird jedoch in der Regel versuchen, einem Kunden einzureden, dass dessen Organisation einzigartig sei und auch ein einzigartiges System erfordere, das er folglich von Grund auf neu entwickeln müsse. Es liegt eben einfach nicht im Interesse der IT-System-Beratungsfirmen, einem Kunden die schnelle, billige Anpassung eines bestehenden Systems für ein paar Millionen zu verkaufen, wenn sie stattdessen zig oder sogar Hunderte von Millionen verdienen können, indem sie auf gewinnträchtige Weise das Rad neu erfinden und ihm ein vollständig neues System verpassen. Diese Neuerfindung des Rades ist für den Kunden aber nicht nur mit deutlich höheren Kosten verbunden, sondern auch mit höheren Risiken. Die Anpassung eines bestehenden Systems birgt geringe Risiken. Die Entwicklung eines neuen bringt unweigerlich technische Probleme, zusätzliche Kosten und Verzögerungen mit sich. Ich war einmal mit einem kurzen Projekt für einen der bekanntesten Spielzeughersteller Europas befasst. Dort hatte man bereits fast ein Jahr und 7,5 Millionen Euro mit dem fruchtlosen Versuch verbraten, ein neues US-amerikanisches System einzuführen, was augenscheinlich noch viele weitere Millionen verschlingen würde. Den Verantwortlichen stieg die Schamröte ins Gesicht, als mein Zwei-Mann-Team dem Kunden nachwies, dass er durch Investition von rund 1,5 Millionen Euro in den Ausbau seines vorhandenen deutschen SAP-Systems in nur wenigen Monaten mehr Funktionalität erzielen könnte, als sie das neue System je bieten würde – falls es denn jemals zum Laufen gebracht würde.

In Worte gefasst sah ich meine Bedenken zur Arbeitsweise so mancher großer IT-System-Beratung in E-Mails, die ich von Beratern erhielt. Ein solches Schreiben aus dem Jahr 2004, also drei Jahre nach dem Börsengang (IPO), der jedem Partner Millionen beschert hatte, lautete: »Aus einer Firma, die bestrebt ist, das Richtige zu tun, ist eine Firma geworden, die nur darauf achtet, womit sie gerade noch durchkommt, ohne gegen das Gesetz zu verstoßen. Keine Frage – das IPO hat unsere Kultur zerstört und Tausende von Jobs gleich mit. Die Partner ihrerseits hatten gut lachen, denn ihre Bankkonten quollen über vor lauter Geld – wenn es auch streng genommen nicht ihr Geld war.«[19] Ein anderer Berater schrieb: »Ich schäme mich, das sagen zu müssen, aber wir haben neuerdings eine AFAB-Kultur (Anything For A Buck – für Geld tun wir alles).«

Wirklich etwas bewirken

Ich habe zumeist für Beratungsfirmen gearbeitet, die sich auf das spezialisiert hatten, was wir »Change Management« nannten. Das hieß, wir gaben unseren Kunden nicht nur Empfehlungen, wie sie ihre Betriebe und Organisationen verbessern konnten, sondern übernahmen auch die Umsetzung der Empfehlungen in die Praxis. Die versprochenen Leistungssteigerungen mussten dabei erreicht werden. Nicht alle unsere Projekte lieferten die erwarteten Ergebnisse. Doch wenn sie fehlschlugen, war der Kunde in der Regel so tief in den Fehlschlag verstrickt, dass es ihm schwer fiel, uns allein die Schuld zu geben. Ich weiß von keinem Kunden, der uns je erfolgreich verklagt hätte. Außerdem kämpften unsere Anwälte offensichtlich mit harten Bandagen. Sie sorgten dafür, dass eventuelle Reklamationen eines Kunden rasch abgeschmettert wurden – mit der Behauptung, eventuelle Probleme seien auf keinen Fall uns anzulasten, sondern seinen eigenen Leuten, die mit unseren Change-Projekten nicht kooperiert hätten. Wenn Kunden unsere Projekte beendeten, weil sie mit unseren Fortschritten unzufrieden waren, kam es auch vor, dass wir diese Kunden dann wegen Vertragsbruch verklagten – und allem, was uns sonst noch einfiel.

Einige Jahre lang aber waren viele unserer Projekte wirklich gut, was uns begeisterte Kundenreferenzen einbrachte. Wir unterschieden uns in zahlreichen Aspekten von der Konkurrenz, doch der größte Unterschied lag meines Erachtens in unserer Offenheit und Ehrlichkeit im Umgang mit dem Kunden. Und ein Kernelement dieser Ehrlichkeit war, dass wir dem Kunden nicht unbedingt das gaben, was er wollte, sondern das, was er in Wirklichkeit brauchte. Immer wieder riskierten wir es, die Annahmen der Kunden zum Bedarf ihrer Organisationen infrage zu stellen, statt einfach ihr Geld einzustecken und das abzuliefern, was ihre Organisationen ihrer Ansicht nach benötigten.

Dem Kunden die Stirn bieten

Wenn ein Kunde einer Beratungsfirma einen Vertrag über 50 Millionen US-Dollar für die Implementierung eines MRP-Systems, 30 Millionen

Euro für die Entwicklung eines CRM (Customer Relationship Management)-Systems oder auch nur drei Millionen Pfund für ein trendiges neues Matrix-Organisationsdesign anbietet, fällt es so einer Firma schwer, dankend abzulehnen. Die meisten Beratungsunternehmen nehmen das Geld wohl einfach. Wenn sich dann herausstellt, dass das Ganze nichts gebracht hat, können sie sich immer noch hinter der Ausrede verstecken, man habe schließlich nur getan, was der Kunde wollte. Ich habe oft erlebt, dass Beratungsfirmen so vorgegangen sind. Ich habe gesehen, wie Projekte durchgeführt wurden, obwohl die Berater wussten, dass sie unseren Kunden wenig oder keinen Nutzen brachten. Aber immerhin konnten Scharen unserer Berater ihre Zeit in Rechnung stellen.

Doch ein paar Jahre lang waren wir wirklich ehrlich genug, für unsere Kunden Wert realisieren zu wollen, statt nur ihr Geld einzusacken. Unser erster Schritt bestand seinerzeit darin, ihre Annahmen und Ziele zu hinterfragen. Wir löcherten sie mit Fragen wie »Wieso glauben Sie, dass Sie dieses tolle neue System implementieren sollten?«, »Was wollen Sie mit einem neuen Organisationskonzept eigentlich erreichen?« oder »Warum interessieren Sie sich für Business Process Reengineering?« und »Was bringt Ihnen die Umgestaltung der Logistikkette?«.

Anstatt also einfach das Programm abzuspulen, welches das Management des Kunden für notwendig erachtete, bestanden wir auf einer kurzen Studie (über vier bis acht Wochen), um beurteilen zu können, was die Organisation des Kunden wirklich brauchte. Nicht ganz unerwartet stellten wir fest, dass das Kundenmanagement die Sachlage entweder falsch diagnostiziert und die falsche Therapie gefunden hatte oder vollkommen unrealistische Erwartungen an die Vorteile hatte, die es sich von den geplanten Projekten erhoffte.

So beauftragte uns das Management eines großen IT-Dienstleisters mit über 30000 Mitarbeitern mit dem Entwurf eines neuen Organisationskonzeptes. Unsere Studie bestätigte, dass tatsächlich eine Reorganisation von den mittelständischen 50-Mann-Einheiten auf größere, branchenbasierte Unternehmensbereiche angezeigt war. Doch viel entscheidender für das Unternehmen war unseres Erachtens, dass es die Fähigkeit zum Verkauf und zur Auslieferung größerer, komplexerer Programme als bisher erlangte. Wir halfen also bei der Umstrukturierung des Unternehmens, doch der Schwerpunkt unserer Tätigkeit lag auf dem Aufbau strategischer Vertriebs- und Managementkompetenzen für Großprojekte.

Ein ähnliches Beispiel: Ein großer Hersteller schnell drehender Konsumgüter bat uns, seinen Produktentwicklungsprozess umzugestalten. Es gelangten zu wenige neue Produkte zur Marktreife, und die meisten Projekte sprengten ihre Zeitpläne und Budgets. Wir stellten fest, dass der Prozess an sich tragfähig war. Ein endloses Herumspielen mit den Prozessflussvolumina und Aktivitätsbeschreibungen, die der frühere Berater hinterlassen hatte, wäre Zeit- und Geldverschwendung gewesen. Stattdessen entdeckten wir, dass das Produktentwicklungsteam mit seiner Arbeitsplanung, der Ressourcenzuweisung, der Kommunikation wertvoller Informationen und der Entscheidungsfindung heillos überfordert schien. Es war keine Dynamik zu spüren und wenig Führung, sodass eine Art organisatorische Lähmung herrschte. Wir überzeugten den Kunden daher, uns ein Programm zur Entwicklung von Mitarbeiterkompetenzen wie Management, Entscheidungsfindung, Arbeitsplanung oder Kommunikation durchführen zu lassen. Dieses Projekt war ein Erfolg. Es war uns gelungen, der vormals komatösen Organisation wieder etwas Leben und Energie einzuhauchen. Stattdessen hätten wir auch den leichten Weg gehen können, dem Kunden ein überflüssiges, aber (für uns Berater) potenziell lukratives Redesign des Produktentwicklungsprozesses zu liefern.

Berater sollten moralisch dazu verpflichtet sein, ihre Erfahrung dafür zu verwenden, die Annahmen des Kunden infrage zu stellen. Sie sollten dafür sorgen, dass er nicht bekommt, was er für notwendig hält, sondern was er braucht. Es sollte Synergien zwischen Beratern und Kunden geben. Die Mitarbeiter des Kunden müssten insgesamt über jahrtausendelange Erfahrung in ihrem spezifischen Aufgabenbereich verfügen, die Berater dagegen über ein kollektives Wissen um die Implementierung neuer Systeme, das Redesign von Logistikketten, die Umstrukturierung von Organisationen und die Best Practices einer Fülle von Branchen. Doch viel zu viele Berater haben Angst davor, den Kunden zu vergrätzen, indem sie ihm mitteilen, dass er von falschen Voraussetzungen ausgeht. Also nehmen sie gehorsam und freudig die Millionen ihrer Kunden – im vollen Bewusstsein, dass sie damit eher nicht im Interesse des Kunden handeln. Außerdem versuchen viele Beratungsfirmen schlicht, jede Vertriebschance maximal zu nutzen, etwa indem sie beim Verkauf von Managementberatungsleistungen stets ein möglichst großes Team von meist unerfahrenen Beratern zum Kunden schicken statt ein oder zwei Experten. Beim Verkauf von IT-Systemen wird grundsätzlich versucht, den Kunden davon zu überzeugen, dass er für Hunderte oder sogar Tausende Millionen von Euro ein neues IT-System implementieren muss. Stattdessen könnte man der betreffenden Behörde oder Organisation auch zeigen, wie sie ihr bestehendes System für ein paar Millionen schnell und einfach aufrüsten kann.

Anmerkungen

1 *The Sunday Times*, 6.12.1998
2 Ebd.
3 Ebd.
4 Ebd.
5 *Fast Company*, 2002
6 Ebd.
7 Community auf www.thevault.com (nähere Informationen beim Autor erhältlich)
8 *Business Week Online*, 8.7.2002
9 *Business Week Online*, 29.7.2002
10 Ebd.
11 *Business Week Online*, 8.7.2002
12 Online-Ausgabe der britischen Fachzeitschrift *Accountancy Age*, 26.10.2004
13 Zweites Deutsches Fernsehen, *Heute Journal*, 9.12.1999
14 Antwort der Bundesregierung auf eine Kleine Anfrage der FDP, BT Drucksachen 16/531 und 16/401
15 *Die Welt*, 3.2.2006
16 www.silicon.de, 13.2.2005
17 Standish Group Chaos Report, 2001
18 www.theregister.co.uk, 19.10.2004
19 E-Mail, 16.10.2004

Kapitel 5

Wie man mühelos Millionen-Euro-Projekte verkauft

Die ganzen 1990er Jahre hindurch hielt das massive Wachstum der Beratungsindustrie an. Neben all den normalen Tätigkeiten für die Kunden – Downsizing, Umstrukturierung, Fusionen und Übernahmen, Reorganisation und anderes mehr – erweiterte sich unser Angebot um ein ganzes Sortiment neuer Produkte. Sie waren einer Reihe von Managementgurus zu verdanken, die häufig nie ein echtes Unternehmen geführt hatten. Es war das goldene Zeitalter der Managementtrends, Modeerscheinungen und Patentlösungen. Unter den Organisationen verbreitete sich die Neigung, jedes neue Patentrezept eines der selbsternannten Gurus begeistert aufzugreifen, die sich nur allzu gern einen Namen machen wollten. Diese Praxis war so gängig, dass die renommierte Autorin und ehemalige McKinsey-Beraterin Eileen Shapiro ein Buch darüber schrieb – mit dem Titel *Fad Surfing in the Boardroom: Reclaiming the courage to manage in the age of instant answers attacking this trend*[1]. Shapiro kritisierte die Manager, weil sie einem Trend nach dem anderen hinterherliefen, ohne nach den fundamentalen Ursachen ihrer Probleme zu forschen. Mit brutaler Deutlichkeit prangerte sie Manager und ihre favorisierten Berater an: Sie beschrieb Trendsurfen als »die Gewohnheit, auf dem Kamm der neuesten Welle in der Managementtheorie zu surfen und dann rechtzeitig wieder an Land zu paddeln, um auf die nächste Welle aufspringen zu können. Dieser Zeitvertreib ist stets fesselnd für Manager und lukrativ für Berater, hat für das Unternehmen aber häufig katastrophale Folgen.«[2]

Der größte Trend war natürlich Business Process Reengineering (BPR). Er brachte den Beratern Aufträge im Wert von Milliarden von Dollar, Euro und Pfund. Die Verfasserin von *Trendsurfen in der Chefetage* bezeichnete BPR als »Gesetz zur Vollbeschäftigung für Berater«.

Michael Hammer, Koautor von »Reengineering the Corporation«[3], lamentierte, dass er Tantiemen für alle in Auftrag gegebenen Reengineering-Beratungsprojekte hätte kassieren sollen, denn »Reengineering spülte Milliarden in die Taschen der Berater«.[4]

Die Kunden liebten BPR, denn sie konnten mühelos verstehen, worum es dabei ging, und es versprach immense Vorteile. Die Berater liebten es, weil es jede Menge Umsatz brachte und man dafür praktisch jeden einstellen konnte. Vorher hatte man in der Beraterbranche noch versuchen müssen, so zu tun, als verstünde man etwas vom Geschäft des Kunden (Gesundheitswesen, Chemie, Rüstung, Finanzen oder was auch immer), damit man glaubwürdig wirkte und Projekte verkaufen konnte. Mit BPR konnte man College-Absolventen oder Leute von der Straße anheuern, ihnen beibringen, wie man einfache Prozessflussanalysen durchführte, und dies dann als »Reengineering« bezeichnen. Solche »weichgespülten Berater« konnte man für 7000 bis 10000 Euro die Woche oder mehr jedem Kunden aus jeder beliebigen Branche in Rechnung stellen. »Schließlich«, so erklärten wir den Kunden, »geht es beim BRP nicht um den detaillierten Einblick ins Geschäft eines Kunden, sondern vielmehr um die Fähigkeit, Prozessanalysen durchzuführen – egal, in welchen Bereich der Kunde tätig ist.« Rund 70 Prozent aller BPR-Initiativen wurden von Kunden und Branchenexperten als Fehlschläge beurteilt. Dennoch wurden viele Beratungsunternehmen damit unvorstellbar reich. Manche der Managementpublikationen, die BPR seinerzeit so umjubelten, äußern sich heute verhaltener. »Als Trend war Reengineering für einen bestimmten Managertyp ganz offensichtlich unwiderstehlich. Doch im Zuge der Rezession erregte die Welle des Downsizing in der industrialisierten Welt Unmut. CEOs, die Tausende von Mitarbeitern auf die Straße setzten und sich das mit Millionen Dollar ›vergüten‹ ließen, galten bald als Unternehmenskiller. Die Logik von BPR mag heute noch teilweise gültig sein, doch vernünftige Firmenchefs lassen hier große Vorsicht walten.«[5]

Konnte man kein großes BPR-Projekt an den Mann bringen, gab es Alternativangebote. So ließ sich etwa an der Balanced Scorecard ebenfalls gut verdienen. Außerdem mussten noch jede Menge umfangreicher Implementierungen von Computersystemen in Ordnung gebracht werden. Oder aber man verkaufte Activity Based Management oder

Zero Based Budgeting oder Six Sigma (sofern man ein paar Black Belts hatte) oder auch Total Quality Management. Man konnte allerdings auch eine kundenorientierte Organisation entwickeln, eine neue Vision entwerfen oder sogar das Empowerment der Belegschaft vorantreiben. War der potenzielle Kunde auch daran nicht interessiert, blieb noch der größte Hit von allen – die so genannte »Business Transformation«. Das war eine groß angelegte Initiative zum Wandel, die, wie das Magazin *The Economist* trocken kommentierte, »eine ganze Armee von Beratern 100 Jahre lang beschäftigen würde«.[6]

Wie manche meiner Kollegen hatte auch ich mir einst vorgestellt, dass der Verkauf eines Millionen-Euro-Projektes bei den Vertriebsleistungen in unserer Beraterkarriere das Nonplusultra war. Doch in dieser Goldrauschatmosphäre konnte man die Millionenprojekte quasi von den Bäumen pflücken. Schon bald ging kein Angebot mehr an einen Kunden, auf dem nicht mindestens eine Million stand. Schließlich wurde das erste Zwei-Millionen-Projekt verkauft, dann eins für vier und eins für sieben Millionen. Das ging so weit, dass wir für kleine Projekte im Wert von gerade mal einer Million nicht mal mehr eine »Go ahead«-Nachricht an alle anderen Mitarbeiter schickten. Nach Projekten, die nur eine Million einbrachten, krähte kein Hahn mehr. Bevor die fetten Jahre zu Ende gingen, wurde es sogar als eine Enttäuschung der Erwartungen des Managements betrachtet, wenn man nur Projekte im Wert von einer oder zwei Millionen verkauft hatte. Treffend fasste der Global Head of Consulting von Cap Gemini zusammen, wie leicht es war, Beratungsleistungen zu verkaufen: »In den 1990er Jahren waren interessante Beraterverträge leicht zu bekommen (...) man war schon glaubwürdig, wenn man nur die richtigen Zeitschriften las.«[5]

Wissen, wie man verhandeln muss

Offensichtlich gibt es viele Arten, Kunden Projekte zu verkaufen. Jede Kundensituation ist in der Regel einzigartig: Die Kunden haben einen individuellen Beratungsbedarf und eigene Einkaufsprozesse. Hinzu kommt, dass jede Managementberatung bestimmte Vertriebsmethoden bevorzugt. Manche versuchen erst, einen Fuß in die Tür zu kriegen, fangen klein an und steigern die Höhe ihrer Rechnungen dann allmählich. Andere verfahren nach dem Alles-oder-Nichts-Prinzip und setzen den Kunden vom ersten Kontakt an heftig unter Druck, um große Multi-Millionen-Projekte an sich zu reißen. Andere verbringen ihre Zeit damit, auf Angebotsanfragen (RFPs – Requests for Proposals) von Kunden zu reagieren und sich bei einem Kunden nach dem anderen in »Schönheitswettbewerben« mit Konkurrenten zu präsentieren. Andere verstehen es, ihr Kontaktnetz virtuos zu nutzen. So stellen sie sicher, dass sie bereits vor Ort sind, wenn eine Organisation Beratungsleistungen vergeben will, lange bevor die Konkurrenz auch nur ahnt, dass sich dort etwas tut. Es mag eine vereinfachende Darstellung der Wirklichkeit sein, doch für unsere Zwecke wollen wir von drei Grundtypen von Verkaufssituationen ausgehen.

Beratungssuchende Kunden

Organisationen, die aktiv nach Beratung verlangen, sprechen gewöhnlich mehrere Beratungsfirmen an, um ihre Situation darzulegen und dann konkurrierende Angebote einzuholen. Das Angebotsverfahren kann sich auf einen schriftlichen Vorschlag beschränken oder auf eine Präsentation, oder es umfasst beides. Häufig gibt es eine erste Auswahlrunde, in der aufgrund der schriftlichen Vorschläge einige Kandidaten in die engere Wahl gezogen werden, und dann eine zweite, in der diese Kandidaten dem Managementteam des Kunden ihre Vorschläge präsentieren.

Generell sprechen solche Kunden von einem »ausgewogenen Wettbewerb«, in dem alle Konkurrenten gleiche Chancen auf Auftragserteilung hätten. Doch jede Beratungsfirma weiß, dass nur ein Narr oder ein Versager sein Team in einen ausgewogenen Wettbewerb schickt. Die Kandidaten werden folglich Fairness vortäuschen und verzweifelt jeden ihnen bekannten Winkelzug nutzen, um die eigenen Chancen zu verbessern. Am effektivsten kann man die Dinge im eigenen Sinne beeinflussen, wenn man bereits vor der Präsentation eines Vorschlags die eigenen Leute ins Unternehmen des Kunden einschleust. Wir setzten dazu folgende Taktik ein: Wir gaben an, dass es für die Erstellung eines Angebots sinnvoll sei, mit einzelnen Schlüsselmanagern Gespräche über deren Erwartungen an das geplante Projekt zu führen. So hatten wir die Möglichkeit, einige Entscheider und Einflusspersonen kennen zu lernen und mehr über ihre »Hot Buttons«, »Red Issues« und »Red Flags« zu erfahren:

- »Hot Buttons« sind die Themen, für die sie sich begeistern und die der Projektvorschlag tunlichst berühren sollte.
- »Red Issues« sind die tatsächlichen Probleme, die sie gelöst haben wollen. Manchmal werden diese in der Angebotsaufforderung nicht explizit erwähnt und man muss sie mühevoll selbst ausgraben.
- »Red Flags« sind Tabubereiche, die auf jeden Fall gemieden werden müssen, da sie den Manager des Kundenunternehmens gegen den Berater aufbringen.

Im Zuge der Vorgespräche kann man möglicherweise auch herausfinden, wie der Entscheidungsprozess in dem Unternehmen abläuft. Entscheidet das gesamte Managementteam gemeinsam, welcher Berater den Auftrag bekommt? Gibt es dominante Mitglieder, an denen man seine Strategie ausrichten sollte? Oder trifft der CEO die Entscheidung allein?

Sobald man ein Gespür dafür entwickelt hat, wie die Entscheidungsfindung vonstatten geht, und weiß, wie die wichtigsten Mitglieder des Managementteams ticken, kann man die Präsentation darauf ausrichten, dass sie diese Personen anspricht. Und man kann alles vermeiden, was sie negativ beeinflussen könnte.

Ein Beispiel aus der Praxis bezieht sich auf ein Angebot, bei dem ich es mit dem Leiter der europäischen Logistikkette eines namhaften Unternehmens zu tun bekam. Der Mann war arrogant, rechthaberisch und hielt sich für das absolute Logistikkettengenie – obwohl gerade seine Logistikkette in großen Schwierigkeiten steckte. Mit dem Unternehmen, für das er arbeitete, ging es rapide bergab. Es schrieb seit einigen Jahren rote Zahlen. Jedes Mal, wenn wir ein tolles Logistikkettenprojekt erwähnten, das wir für ein anderes führendes Unternehmen durchgeführt hatten, und sogar begeisterte Referenzen vorlegten, tat er unsere Kunden als Idioten ab, die keine Ahnung von ihrem Metier hätten. Daher fassten wir unser Angebot so ab, dass es nichts enthielt, was diesen Clown gegen uns aufgebracht hätte. Ein anderes Beispiel:

Bei Gesprächen mit maßgeblichen Entscheidern einer weltweit bekannten Unterhaltungsfirma stellten wir fest, dass sie von Beratungsunternehmen, die Studien und Berichte lieferten, genug hatten. Sie suchten jemanden, der echte, messbare finanzielle Ergebnisse erzielen würde. Obwohl wir damals noch eine eher kleine Firma waren und gegen die Besten der Branche antraten, stellten wir unser Angebot darauf ab, dass wir erfolgsabhängig honoriert werden würden. So sicherten wir uns den Zuschlag vor einigen der führenden Consulting-Dinosaurier der Welt.

Jeder Kontakt zur Organisation des potenziellen Kunden wird von den Beratern genutzt, um Informationen über Probleme und interne Machtstrukturen zu gewinnen. Einmal habe ich sogar einen Manager ausfindig gemacht, der gerade aus einer recht hohen Position bei unserem Konkurrenten ausgeschieden war, mit dem wir uns im Bieterstreit um einen Beratervertrag mit immensem Potenzial befanden. Ihm bot ich ein üppiges Honorar dafür, dass er ein paar Tage lang unser Angebotsteam beriet, das gegen seinen ehemaligen Arbeitgeber antrat. Die Taktik zahlte sich aus. Er ließ eine ziemlich große und hässliche Katze aus dem Sack, indem er uns verriet, mit welcher Strategie unser Hauptkonkurrent vermutlich versuchen würde, den Kunden für sich zu gewinnen.

Es wird also mit verschiedenen kleinen Tricks gearbeitet, um im Wettbewerb die Nase vorn zu haben. Generell sind solche Wettbewerbssituationen aber recht eindeutig: Der Kunde weiß, dass er die Hilfe eines Beraters braucht, und man versucht, ihn davon zu überzeugen, dass man der richtige Partner dafür ist.

Beratungsresistente Kunden

Andere Organisationen reden einfach nicht mit Beratern. Manchmal liegt das am starken Management, das weiß, was es will, und nicht die Absicht hat, Berater ins Unternehmen zu lassen. Oder aber das Unternehmen arbeitet bereits mit einer oder mehreren Beratungsfirmen, die ihre privilegierte Position nach Kräften schützen und keine weiteren Berater zulassen wollen. Vielleicht hat das Unternehmen aber auch kürzlich Erfahrungen mit den radikalen Methoden der Holzfäller gemacht und reagiert danach absolut allergisch auf Managementberatung in jeder Form. Von solchen Kunden lässt man am besten die Finger und wartet, bis sie sich durch einen Wechsel im Management oder eine Veränderung der Wettbewerbsposition schwächer fühlen und eher bereit sind, ihr Unternehmen von einem neuen Beraterteam auf den Kopf stellen zu lassen.

Beratungsskeptische Kunden

Die interessantesten Konstellationen in Bezug auf Verkaufsansätze, Kundenmanipulation und fragwürdige Geschäftsmoral ergeben sich bei Kunden, die nicht glauben, dass sie Beratung brauchen, und Beratern bisweilen mit offener Feindseligkeit begegnen. Solche Kunden muss man dazu bringen, die Tür wenigstens einen Spalt breit zu öffnen – sich auf ein Gespräch einzulassen. Sie wären erstaunt, wie viele Berater ein halbwegs kompetenter Vertriebsprofi durch den schmalsten Türspalt quetschen kann, wenn dieser nur geöffnet wird. Rückblickend fällt es mir immer noch schwer zu glauben, dass meine Kollegen und ich, die wir meist keine echte Unternehmens- oder Managementerfahrung besaßen, so viele Projekte an so viele Kunden verkaufen konnten, von denen die meisten ursprünglich gar keine größeren Beratungsaufträge vergeben wollten. Doch unser Ansatz war so erfolgreich, dass wir in manchen Jahren über 90 Prozent aller Geschäftsmöglichkeiten in millionenschwere Projekte verwandelten. In unserem Team hieß es sogar scherzhaft, »für weniger als eine Million stehen wir morgens doch gar nicht erst auf«. Wir fanden das lustig, doch manche unserer Kunden hätten unseren Sinn für Humor wohl kaum zu schätzen gewusst.

Dieses und das folgende Kapitel sollen zeigen, wie in jenen fetten Jahren jeder ernsthafte Kundenkontakt zu mindestens einer Million Euro Umsatz führte – vorausgesetzt, man spielte seine Karten richtig aus. Wie viele meiner Kollegen habe ich mich nie als Verkäufer verstanden. Bevor ich Managementberater wurde, hatte ich in meinem Leben noch nie wirklich etwas verkauft. Doch nach wenigen Jahren, in denen ich mir die Kniffe und Tricks des Gewerbes von ein paar echten Profis abgeschaut hatte, schaffte ich es in vier bis sechs Wochen, einen Kunden dazu zu bringen, begeistert umfangreiche Beratungsprojekte in Auftrag zu geben – einen Kunden wohlgemerkt, der zuvor überzeugt war, dass ein Berater nichts für ihn tun konnte. Ähnliches habe ich in verschiedenen Beratungsfirmen beobachtet.

Wie man den Fuß in die Tür bekommt

Verlangt ein Kunde ein Angebot, weil er gezielt seine Logistikkette verbessern, seine Produktentwicklung beschleunigen, ein neues IT-System implementieren oder irgendetwas anderes erreichen will, dann ist klar, dass er die Sache ernst nimmt und für das Projekt ein ordentliches Budget bereitgestellt hat. Man kann also getrost ein Angebot über mehrere Millionen schreiben, denn auch die Konkurrenz wird vermutlich dasselbe tun.

Ist ein Kunde dagegen nicht überzeugt, dass er die Unterstützung eines Beraters benötigt, wird man aller Wahrscheinlichkeit nach ganz schnell hinauskomplimentiert, wenn man für die Verbesserung der Leistungsfähigkeit seiner Organisation eine Million verlangt. Wir versuchten dann gewöhnlich, uns auf eine Weise Zugang zu verschaffen, die für das betreffende Unternehmen mit geringen Kosten und Risiken verbunden war. Wir drangen quasi unterhalb des Radars ein. Sobald unser Brückenkopf stand, nutzten wir unsere Präsenz, um unsere Tätigkeit auszuweiten und immer höhere Honorare zu fordern. Im Idealfall bekam die Konkurrenz gar nicht mit, dass sich hier eine Beratungsfirma gütlich tat.

Um den Fuß in die Tür zu bekommen, erzählten wir potenziellen Kunden zum Beispiel: »Wir könnten doch ein kleines Team schicken, das vier bis acht Wochen mit Ihren Leuten zusammenarbeitet?« oder »Gemeinsam können wir Ihre Logistikkette, die Effektivität Ihrer Organisation, das Dienstleistungsniveau, die Struktur, die Rentabilität (oder was auch immer) überprüfen. Auf diese Weise können beide Seiten feststellen, ob es sich lohnt, die Angelegenheit weiter zu verfolgen. Und beide Seiten können sehen, wie der andere arbeitet und ob wir miteinander auskommen. Dann können Sie entscheiden, ob Sie mit uns die Verbesserungen umsetzen möchten oder lieber mit Ihren eigenen

Leuten. Und weil wir ja noch nicht wissen, was sich für Chancen ergeben, sind wir Berater bereit, ein geschäftliches Risiko einzugehen: Wir bieten Ihnen diese erste Studie zum stark ermäßigten Preis von nur 100000 bis 200000 Euro an.«

War man einigermaßen glaubwürdig, fielen eine ganze Menge Kunden auf diese Geschichte herein und gaben eine kurze Studie in dem Bereich der Organisation in Auftrag, den sie für interessant hielten.

Ich weiß eigentlich gar nicht, wieso man uns so oft bereitwillig Einlass gewährte. Die Leute mussten doch geahnt haben, dass es sich nur um einen Vorwand handelte, ihnen ein viel größeres Anschlussprojekt zu verkaufen, dessen Erwerb sie vermutlich keinesfalls beabsichtigten. Vielleicht sind viele Kunden, die selbst nur praktische Erfahrungen in einer begrenzten Zahl von Organisationen gesammelt haben, neugierig darauf, was Außenstehende von ihrem Vorgehen halten. Vielleicht glauben manche auch, sie könnten Beratern unbesorgt Tür und Tor öffnen, weil sie – die Kunden – nicht so verrückt seien, auf die unweigerliche Behauptung der Berater hereinzufallen, dass sie Beraterdienste für Millionen von Euro benötigten. Manche Kunden glauben vielleicht tatsächlich, dass ihnen das Beraterteam nach der ersten Phase eine Unbedenklichkeitsbescheinigung ausstellen wird. Damit könnten sie dann zu ihren Eigentümern gehen und sagen: »Schaut mal, die Berater meinen, dass wir einen guten Job machen.« Doch was auch immer der Grund sein mochte – immer wieder erklärten sich verantwortungsvolle Unternehmensleiter und Manager, die jedem windigen Vertreter oder unangemeldeten Besucher die Tür vor der Nase zuschlagen würden, bereit, Beratern Hunderttausende dafür zu zahlen, damit sie in ihre Unternehmen kamen – mit dem einzigen Ziel, ihnen umfangreiche Beratungs- oder IT-System-Projekte zu verkaufen, von denen sie gar nicht wussten, dass sie sie »brauchten«. Wir bezeichneten diese ersten Phasen oder Studien als »bezahlten Vertrieb«, denn der Kunde zahlte uns eine beträchtliche Summe, damit wir uns in seiner Organisation umschauen und herausfinden konnten, was wir ihm denn Großes und Teures verkaufen könnten.

Sobald der Vertrag für die kurze Studie unterschrieben war, übernahmen meine Kollegen und ich vom Phase-I-Team. Unsere Aufgabe war, dafür zu sorgen, dass diese Studien in rund 90 Prozent aller Fälle größere Beratungsaufträge nach sich zogen. Und unglaublicherweise war das viele Jahre lang auch so.

Hat man einem Kunden ein Projekt verkauft, ist es manchmal gar nicht so einfach, eine maßgebliche Leistungssteigerung herbeizuführen. Doch die wahre »Kunst« der Beratung besteht darin, in einer Situation, in der ein Kunde wahrscheinlich nie die Absicht hatte, Beratungsleistungen in nennenswertem Umfang zu vergeben, nach ein paar kurzen Wochen einen Vertrag über mehrere Millionen Euro in den schwitzigen Händen zu halten.

Wie man den Kunden von sich abhängig und zum Jasager macht

Es liegt auf der Hand: Man versucht, die erste Phase zu nutzen, um dem Kunden ein großes Projekt zu verkaufen, das für das eigene Unternehmen profitabel ist und mit Glück auch dem Kunden etwas bringt. Dazu gibt es mehrere Möglichkeiten. Man könnte zum Beispiel ein Team hochkarätiger Profis hinschicken, die die Abläufe im Kundenunternehmen durchschauen und die nötige Erfahrung sowie die Performance-Benchmarks haben, um dem Kunden genau zu sagen, wie seine Ergebnisse aussehen sollten und wie die Berater ihm dabei helfen können, diese Ergebnisse zu erzielen. Doch wirklich gute, erfahrene Berater sind rar. Ich habe fast 100 solche ersten Phasen erlebt, und wohl nur vier- oder fünfmal hatte ich das Glück, über so kompetente und im Geschäft des Kunden erfahrene Teams zu verfügen, dass ich sie einfach loslassen und vergnügt beobachten konnte, wie sie die Organisation des Kunden durchleuchteten, herausragende Erkenntnisse lieferten und eine Welle der Begeisterung über die Zusammenarbeit mit uns auslösten.

Häufiger ist das Team gerade mal durchschnittlich und hat nur eingeschränkte Erfahrung mit dem Arbeitsbereich des Kunden. Dann kann man den Kunden eben nicht durch fundierte Feststellungen und einschlägige Kenntnisse überzeugen. Stattdessen kann man versuchen, das Vertrauen des Kunden in die eigenen Leute und ihre Leistungen zu erschüttern. Wir nannten das »Verkaufen durch Erzeugung von Abhängigkeiten«. Je mehr Sorgen sich der Kunde machte, wenn man allmählich, doch erbarmungslos unterminierte, was ihm seine eigenen Leute erzählten, desto eher schwand die Loyalität zum eigenen Team und desto stärker wurde die Bindung an den Berater. Je ausgeprägter diese Bindung, desto eher wurde der Kunde abhängig von der Anleitung des Beraters. Man kann Beratungsprojekte verkaufen, indem man viele Analysen erstellt und jede Menge Daten präsentiert. Gelingt es dem Berater aber, den Kunden abhängig zu machen, so wird ihn dieser nicht nur fürstlich honorieren, sondern sich aller Wahrscheinlichkeit nach nie wieder von ihm trennen.

In dem Verfahren, das wir im Zuge unserer Phase-I-Studien einsetzten, offenbart sich am deutlichsten, wie wir es anstellten, aus skeptischen Kunden abhängige Kunden zu machen, die bereitwillig Millionen ausgaben. Dieses Verfahren – das wir unser »Vertriebsverfahren« nannten – war glasklar definiert. Es wurde so häufig eingesetzt, dass unser Schulungsmaterial detaillierte Anweisungen enthielt, was man dem Kunden in jeder Woche und sogar an jedem Tag der Phase-I-Studie zu erzählen hatte und wie der Kunde Woche für Woche auf unsere Arbeit reagieren würde. Während der Kunde annahm, dass wir eine gründliche Analyse durchführten, die auf seine spezifische Situation zugeschnitten war, setzten wir in Wirklichkeit nur eine stark reglementierte und gut dokumentierte Vertriebsroutine um.

In unserem Fallbeispiel wollen wir für die Phase I fünf Wochen ansetzen. Es konnten auch mal weniger oder mehr sein, doch das Verfahren war, ungeachtet der Länge, mehr oder minder stets dasselbe.

Woche 0

Sobald der Kunde die Studie verbindlich in Auftrag gegeben hatte, stellten wir das Team zusammen, das den Auftrag übernehmen sollte. Diese Vorbereitung bezeichneten wir als »Woche 0«. In hektischen Jahren, wenn die Leute oft noch mit anderen Projekten beschäftigt waren, blieb uns zumeist nicht einmal eine ganze Woche. Manchmal hatten wir nur ein paar Stunden Vorlaufzeit. Die kürzeste Woche 0, die ich je erlebt habe, beschränkte sich auf knapp zwei Stunden an einem Montagmorgen. Ich saß mit meinem neuen Team im Wagen und war auf dem Weg zur Firmenzentrale des Kunden, um mit der Arbeit zu beginnen.

Sofern ein paar Tage Vorbereitungszeit zur Verfügung standen, traf sich das Team entweder in einem unserer Büros oder in einem guten Hotel. Der Kunde würde die Kosten übernehmen, es bestand also kein Anlass zu besonderer Sparsamkeit. In dieser Vorlaufzeit trugen wir zum Beispiel zusammen, was wir über die Organisation und den Tätigkeitsbereich des Kunden wussten. Wir führten erste Berechnungen durch, um mehr über die Situation des Kunden zu erfahren. Wir stellten Hypothesen zu den möglichen Problemen des Kunden auf. Wir vereinbarten Termine mit den Schlüsselpersonen in der Organisation des Kunden. Wir prüften, welche Hotels Bonusprogramme für Stammkunden anboten, die wir für kostenlose Urlaubsaufenthalte nutzen konnten. Und natürlich gingen wir mehrmals zum Essen in tolle Restaurants, um die Teamentwicklung zu fördern.

Außerdem begannen wir, an unserer Vertriebsstrategie zu arbeiten. Wir überlegten uns zum Beispiel, wie groß das Projekt ausfallen sollte, das wir verkaufen wollten. Sollten wir uns auf die bereits mit dem Kunden abgesprochenen Bereiche beschränken? Oder würden wir das Projekt »aufblasen« und unsere Arbeit auf Gebiete ausdehnen, die der Kunde ursprünglich gar nicht im Auge hatte? Sollten wir das Projekt langsam ausbauen oder gleich in die Vollen gehen? Wie viele unserer Leute hatten Kapazitäten frei? Wie viele mussten wir folglich in diesem Projekt unterbringen? Wir weit waren wir von unseren Umsatzzielen entfernt? Wie viel mussten wir aus diesem Kunden herausholen, damit unsere Prämien gesichert waren?

Ich nutzte diese Zeit auch immer, um mir einen Eindruck von der Erfahrung und der Effektivität meines Teams zu verschaffen. Hatte ich ein starkes Team mit einschlägiger Erfahrung zur Verfügung, dann konnte ich natürlich einen weitaus ehrgeizigeren und aggressiveren Arbeitsplan aufstellen. In diesem Fall konnte ich auch den Versuch riskieren, das Projekt in riesige Dimensionen aufzublähen. War das Team dagegen noch grün hinter den Ohren oder bestand es aus abgehalfterten Leuten, die sonst keiner haben wollte, wählte ich einen konservativeren Ansatz und führte nur eine begrenzte Anzahl recht grundlegender Studien durch, um ein paar Ergebnisse zu bekommen und ein bescheideneres Projekt zu verkaufen. So vermied ich, die Schwächen meines Teams bloßzustellen.

Woche I

In der ersten Studienwoche führten wir nach Möglichkeit eine ganze Reihe von Gesprächen, erstellten eine Finanzanalyse und präsentierten dem Management des Kunden die Ergebnisse – das so genannte erste Update.

Im ersten Verkaufsgespräch verraten Kunden manchmal, welche Probleme ihrer Ansicht zu lösen sind. Ihre Diagnosen sind aber keinesfalls immer zutreffend. In Wirklichkeit beziehen sie sich in der Regel nur auf einen kleinen Teil des Problems. Wenn der Kunde wirklich wüsste, was im Argen liegt, hätte er es vermutlich schon längst behoben, ohne auf teure Berater zurückzugreifen. Wir mussten also davon ausgehen, dass sämtliche ursprüngliche Vorgaben im besten Fall nur einen Ausschnitt des gesamten Sachverhalts darstellten und im schlimmsten Fall vollkommen daneben lagen. Es kommt natürlich auch vor, dass die Probleme, die die Leistungsfähigkeit einer Organisation beeinträchtigen, ganz woanders liegen, als das Topmanagement annimmt. Manchmal ist das Topmanagement selbst das Problem, weil es seine Aufgaben nicht effektiv erfüllt.

Häufig ist auch problematisch, dass keines der Teammitglieder – man selbst eingeschlossen – Erfahrung mit dem Geschäft dieses speziellen Kunden hat. Dann weiß man zuerst gar nicht, wonach man suchen soll – oder an welcher Stelle. Ich musste große Fabriken analysieren mit Teams, die zuvor noch nie eine Fabrik aus der Nähe gesehen hatten. Ich habe zehn Jahre Medikamentenentwicklung mit einem Team überprüft, das nicht einmal das Wort »pharmazeutisch« buchstabieren konnte. Ich habe die Effektivität eines großen Lehrkrankenhauses mit Beratern untersucht, die seit ihrer Geburt kein Krankenhaus mehr von innen gesehen hatten. Ich sollte den Turnaround eines Herstellers von Bohrinseln herbeiführen mit einem Team, dessen Konstruktionserfahrung sich auf Meccano-Baukästen und Legosteine beschränkte, mit denen der eine oder andere als Kind gespielt hatte.

Aber manchmal hat man natürlich auch Glück und bekommt ein Team, das wirklich etwas von der Sache versteht. Nachdem die erfahrensten Berater jedoch stets für andere Projekte gebraucht werden, werden für Phase-I-Studien gern solche Mitarbeiter abgestellt, die gerade Zeit haben. Und das sind leider nicht immer die geeignetsten und fähigsten.

Wenn man also zu einem Kunden kommt, muss man dringend herausfinden, was wirklich los ist. Außerdem muss man für sich und sein Team Zeit herausschinden, um sich mit der Tätigkeit des Kunden vertraut zu machen. Um uns den dringend benötigten Spielraum zu verschaffen und einen Eindruck von der Lage zu gewinnen, setzten wir ein Instrument ein, dass wir »Erstgespräche« nannten. Drei bis vier Stunden am Tag sprachen wir jeweils 90 Minuten lang mit bis zu 100 oder mehr Mitarbeitern des Kunden. Auf diese Weise erfuhren wir unglaublich viel darüber, was wirklich in der Organisation vor sich ging. Unser Team hatte Gelegenheit, die betrieblichen Abläufe des Kunden zu studieren und ein Gespür für Freund und Feind zu entwickeln.

Erstgespräche sind sehr einfach, doch vielleicht liegt gerade darin ihre magische Wirkung. Sie bestehen aus einer Reihe von sehr allgemein gehaltenen Fragen wie »Welche Strategie verfolgt die Organisation?«, »Was muss sie in den nächsten zwei, drei Jahren erreichen?« oder »Was sind die Stärken der Organisation?« und »Wo sind die größten Performancesteigerungen möglich?«.

Das klingt alles sehr simpel und harmlos. In diesen Gesprächen fragten wir tunlichst nicht nach detaillierten Zahlen zu Lieferperformance, Qualitätsniveaus, postoperativen Todesraten, Lagerbeständen, operativer Effizienz, Finanzstatistiken oder dergleichen. Das kam dann in Woche 2, wenn die detaillierten Studien begannen. In diesen ersten Tagen führten wir nur allgemeine Gespräche zum Betrieb, seinen Stärken und Schwächen. Das Erstaunliche daran war, wie schnell sich die Leute öffneten und einem alles Mögliche erzählten. Es wurde alles auf den Tisch gelegt, die großen Erfolge ebenso wie die ganze schmutzige Wäsche. Man hört, wer seine Zahlen schönt, damit seine Abteilung gut dasteht. Man erfährt, wer mit wem und warum im Clinch liegt. Man erkennt, welche Projekte höchstwahrscheinlich fehlschlagen werden. Und man erhält einen ersten Eindruck davon, was der Unternehmensleitung wirklich Magenschmerzen bereitet.

Jede größere Organisation bietet Nährboden für Intrigen, Verschwörungen, Erfolge, katastrophale Flops und Fehlverhalten, das in aller Eile unter den Teppich gekehrt wird. In den Erstgesprächen kommt viel davon aufs Tapet. Weiß man dann, was wirklich los ist, kann man die richtigen Hebel ansetzen, um den Kunden abhängig zu machen und jede Menge Management- oder IT-System-Berater bei ihm unterzubringen.

Zweite Aufgabe dieser ersten Woche ist es, sich die Geschäftsberichte zurückliegender Jahre und alle anderen Zahlen zu beschaffen, deren man habhaft werden kann, und schnell ein paar Berechnungen anzustellen. Die Zahlen liefern gewöhnlich zweierlei: belanglose und irreführende Daten und Trends, die der Kunde bislang übersehen hat.

Wenn man die Geschäftsberichte nur daraufhin überprüft, auf welche Zahlen der Kunde jede Woche oder jeden Monat achtet, bekommt man bereits einen Eindruck davon, wie gut oder schlecht die Organisation gemanagt wird. Die Berichte des Topmanagements haben sich über Jahre hinweg aufgebaut wie Schichten archäologischer Sedimente. Sie sind entsprechend schwerfällig, steif und unflexibel geworden. Das Umfeld für Wirtschaftsunternehmen und Behörden verändert sich aber laufend. Ebenso verändern sich mit der Zeit auch Strategien und Ziele. Gewöhnlich stellt man fest, dass sich die Zahlen des Managements nicht so entwickeln, dass diesen Richtungsänderungen Rechnung getragen wird. Die Organisation arbeitet also auf bestimmte Ziele hin, misst jedoch in der Praxis ganz andere Werte. Das wäre zum Beispiel, als würde sich ein Unternehmen auf die Verbesserung der Lieferperformance, Patientenversorgung oder Reaktionszeiten konzentrieren, in Wirklichkeit aber keinen dieser Bereiche tatsächlich messen. Und was nicht gemessen wird, kann man auch nicht managen.

Man kann also bereits einen ersten Eindruck von den Lücken im Management bekommen, indem man einfach feststellt, welche Zahlen die Manager jede Woche oder jeden Monat verfolgen. Ob sich diese aufwärts, abwärts oder seitwärts bewegen, spielt dabei vorerst noch keine Rolle.

Im Anschluss werden alle verfügbaren Zahlen durchgerechnet, um ein Gespür für die wichtigsten Trends zu entwickeln. Steigen die Kosten? Oder sinken sie? Wie steht es mit dem Umsatz? Und mit den Lagerbeständen? Wie gut ist der Service? Wie viele von 100 Patienten sterben bei der Operation? Wie gut ausgelastet ist wichtige Ausrüstung? Wie viel Prozent der Projektmeilensteine werden im Rahmen der Zeit- und Kostenvorgaben erreicht?

Diese Trends helfen dem Berater, rasch einzuschätzen, was im Unternehmen vorgeht. Doch das weiß der Kunde vermutlich schon. Mit einem modernen Tabellenkalkulationsprogramm und ein paar Grafiken, so ausgefallen und farbenfroh diese auch sein mögen, kann ein Berater nicht wirklich Eindruck schinden. Vor allem wird er das Management so nicht ausreichend in Unruhe versetzen, dass es ihm massenweise Beratungsleistungen oder Systeme abkauft. Man muss die Zahlen schon etwas raffinierter aufbereiten, um das Vertrauen des Kunden in seine Leute und sich selbst nachhaltig zu erschüttern.

Interessant wird es aber, wenn man anfängt, mit diesen Zahlen herumzuspielen. Im Mittelpunkt des ersten solchen Zahlenspiels steht der so genannte »Hockeyschläger«. Er liegt vor, wenn der Umsatz oder der Gewinn eines Kunden oder die Qualität oder der Kundenservice in den letzten Jahren konstant oder rückläufig war, die Projektionen für die kommenden zwei bis drei Jahre aber drastische Steigerungen auf ein zuvor nie erreichtes Niveau versprechen. Dann geht man zurück auf die Projektionen vom Vorjahr und – siehe da – es ergibt sich dasselbe Bild vom Hockeyschläger: statische Performance in den Vorjahren, doch herrlich optimistische Projektionen für die Zukunft. Geht man ein weiteres Jahr zurück, ergibt sich erstaunlicherweise wieder dieses Bild. Der Kunde vergisst also jedes Jahr rasch die optimistischen, aber unrealisierten Vorjahresprognosen und erstellt neue Projektionen, denen zufolge die Ergebnisse in den kommenden Jahren auf wundersame Weise viel besser ausfallen werden.

Das Managementteam, das diese wundervollen Projektionen für den Vorstand oder die Aktionäre angefertigt und die prognostizierten Steigerungen nicht erreicht hat, führt alle möglichen höchst plausiblen Gründe für das bedauerliche Manko an und prognostiziert ungeniert erneut enorme Steigerungen für die Zukunft. Wenn die Gründe halbwegs stichhaltig sind, haben Vorstände und Aktionäre gewöhnlich ein kurzes Gedächtnis. Ein Kunde kann also auf Jahre hinaus damit durchkommen, optimistische Prognosen zu erstellen und diese nie zu realisieren.

Stellt ein Berater fest, dass der Kunde dieses Spiel schon ein paar Jahre lang spielt, ist er auf eine Goldader gestoßen. Legt man einem solchen Kunden ein paar Hockeyschlägerdiagramme vor, so merkt er, dass man ihm auf die Schliche gekommen ist. Dann ist er gewöhnlich sehr aufgeschlossen für die Idee, einen Berater damit zu beauftragen, die Ergebnisse zu erzielen, die er regelmäßig versprochen und ebenso regelmäßig verfehlt hat. Dem Berater ein paar Millionen vom Geld der Aktionäre abzugeben, ist allemal besser, als die eigenen Fehler einzugestehen.

Sind keine Hockeyschläger aufzutreiben, muss man es anders versuchen. Ein weiterer guter Dreh ist, ein paar Zahlen herauszugreifen und auf eine Art zu vergleichen, wie sie der Kunde noch nie betrachtet hat. Ein einziger Zahlensatz aus dem Geschäftsbericht des Kunden genügt meist, um recht dramatische visuelle und emotionale Effekte zu erzielen. Gewöhnlich zieht man zu diesem Zweck die Zahlen heran, die das Gesamtbild betreffen – wie Kosten, Umsatz oder Gewinn. Der Trick dabei ist, den Trend einer solchen übergreifenden Zahl einer anderen Zahl gegenüberzustellen, die aus den operativen Tiefen der Organisation stammt und dem Topmanagement daher meist verborgen bleibt.

So könnte man zum Beispiel eine grafische Darstellung des Rentabilitätstrends im Vergleich zum Kundenservice erstellen. Mit etwas Glück steigt die Rentabilität oder ist stabil, doch das Serviceniveau tendiert seitwärts oder verschlechtert sich sogar, da die Kunden anspruchsvoller werden. Das wäre dann ein Volltreffer! Jetzt können Sie eine hübsche Geschichte auftischen. »Ihre Leute sind selbstgefällig und träge, weil die Rentabilität im Moment akzeptabel scheint. Aber ihr Kundenservice lässt einiges zu wünschen übrig. Wie wird es dann wohl im nächsten Jahr oder im Jahr darauf um ihre Rentabilität bestellt sein?«

Ich habe einmal eine Phase-I-Studie in einer französischen Fabrik durchgeführt, die zu einem der größten Pharmaunternehmen der Schweiz gehörte. Wir erstellten ein paar Grafiken und merkten, dass die Kosten zwar von Jahr zu Jahr gestiegen waren, die Produktionsmenge jedoch konstant geblieben war. Wir wollten wissen, was die Manager der Fabrik dazu zu sagen hatten. Einer zuckte nur die Achseln und sprach ein großes Wort gelassen aus: »Bof, ça ne fait rien, les suisses ont les poches profondes.« (»Ach, ist doch egal. Die Schweizer haben tiefe Taschen.«) Voller Freude legten wir die Ergebnisse der ersten Arbeitswoche dem deutsch-schweizerischen Herrn vor, der für die globale Produktion verantwortlich war. Wir teilten ihm unseren Eindruck mit, dass die Leute in dieser Fabrik sich nicht wirklich bemühten, weil sie sich durch die hohen Konzerngewinne vor jedem Druck geschützt fühlten. Das hatte enorme Wirkung. Es war, als hätte jemand im Hirn des Mannes einen Schalter umgelegt. Wo er eben noch gedacht hatte: »Ich mag keine Berater und vertraue ihnen nicht«, dachte er jetzt: »Diese verlogenen, konspirativen Franzosen haben mir jahrelang etwas vorgemacht. Jetzt schicke ich ihnen die Berater auf den Hals. Die werden sie schon auf Vordermann bringen. Diese Lektion werden sie nicht so schnell vergessen.« Drei Wochen später beauftragte er uns mit einem Projekt im Wert von über einer Million Euro. Später wurden wir noch in mehreren anderen seiner Fabriken eingesetzt und stellten dort dasselbe fest: Extravaganz, Gleichgültigkeit und Verschwendung. Wieso sollte man sich auch Gedanken um Effizienz machen? Die Pharmaunternehmen scheffelten so viel Gewinn, dass niemand auch nur versuchte, seinen Bereich straff durchzuorganisieren. Das haben wir geändert. Es war das erste von vielen millionenschweren Projekten für dieses Unternehmen. Und nur, weil uns irgendein Idiot etwas anvertraut hatte. Tun Sie das nie – vertrauen Sie sich nie einem Berater an, so aufrichtig und unschuldig er auch wirken mag.

Erstes Update

Der Höhepunkt der ersten Woche ist die erste Kundenpräsentation – das erste Update. Wenn man mit den Ergebnissen des ersten Updates beim Kunden und dessen Managementteam erscheint, ist man gewöhnlich erst seit vier oder fünf Tagen im Unternehmen. Man kennt sich noch nicht aus. Viele der Manager des Kunden sind dagegen schon seit 20 Jahren oder länger in der Firma. Sie wissen, wie der Hase läuft, der Berater mit Sicherheit nicht. Lässt man sich in diesem frühen Stadium der Studie zu klaren Aussagen hinreißen, kann das böse ins Auge gehen.

Wenn wir neue Analysten schulten, erzählten wir ihnen, dass man sich beim ersten Update wie der Fernsehdetektiv Columbo verhalten müsse – aber auf keinen Fall wie Kojak. Die Kojaks unter den Beratern sind die Profis. Sie kennen alle Antworten, rauschen herein und erklären dem Kunden, was zu tun ist. Beratung à la Columbo ist subtiler und respektvoller. Indem wir indirekte Fragen stellten und Andeutungen machten, statt auf den Tisch zu hauen und Schuldige zu benennen, ließen wir den Kunden selbst zu der schrecklichen Erkenntnis gelangen, dass seine Welt um ihn herum zusammenbrach und er dringend ein Rettungsboot voller Berater brauchte.

Im ersten Update sagt man dem Kunden, dass man ihm noch keine Lösungen präsentieren wird. Man will lediglich rückmelden, was seine eigenen Leute in den Erstgesprächen mitgeteilt haben, und die ersten Eindrücke von den Kontakten zu den Mitarbeitern und der Durchsicht der Zahlen mit dem Managementteam besprechen. Die Ergebnisse des ersten Updates werden routinemäßig heruntergespielt. Es heißt dann, man habe noch keine Studien durchgeführt und könne daher auch keine Schlussfolgerungen ziehen. Doch die Gespräche und die Zahlen liefern gewöhnlich genügend Material, um eine wirkungsvolle Botschaft zu übermitteln. Freundlich, aber unerbittlich liefert man Feedback wie »Die meisten Mitarbeiter halten die Kommunikation für sehr schlecht« oder »Die Abteilungen arbeiten nicht zusammen und verfolgen gegenläufige Ziele« oder »Nur wenige glauben, dass die Kunden guten oder herausragenden Service bekommen«. Diese Flut negativer Energie aus der Organisation benutzt man, um zu erkunden, wie das Topmanagement die Lage beurteilt. Manchmal tun die Topmanager die Ergebnisse als belangloses Gejammer der Belegschaft ab. In diesem Fall hat man es mit einem so genannten »kontrollierenden« Kunden zu tun – einem »Nehmer«, der die Entscheidung über die Vergabe von Beratungsleistungen trifft, ohne auf seine Mitarbeiter zu hören. Dann ist die »Topdown«-Vertriebsstrategie angezeigt: Man überzeugt ein paar Leute in der Chefetage von einem Projekt, und die übrigen tragen es gehorsam mit.

Einmal hielt ich eine Präsentation vor einem neuen amerikanischen Bereichsleiter, der geschickt worden war, um die europäischen Unternehmensteile auf Vordermann zu bringen. Beim ersten Gespräch setzte ich meine mitfühlendste und traurigste Miene auf, legte den Kopf schief und sprach über die »Zusammenarbeit mit seinen Leuten«, die »Mobilisierung der Belegschaft« und Ähnliches. Da unterbrach er mich und meinte in bestimmtem Tonfall: »Dieses Unternehmen ist keine Demokratie.« Sofort schaltete ich um, richtete mich auf und sprach mit ihm darüber, den Leuten »in den Hintern zu treten«, den »Laden straff durchzuorganisieren« und »Veränderungen durchzusetzen«. Und genau das wollte er natürlich von uns hören.

Zeigt sich das Management dagegen erschüttert über das Feedback und macht sich Gedanken um die Meinung seiner Mitarbeiter, ist selbstredend ein ganz anderer Vertriebsansatz angezeigt. In diesem Fall muss sich die Botschaft darum drehen, wie wir (Topmanagement und Berater) gemeinsam die Energie der Organisation so kanalisieren können, dass die nach Meinung der Mitarbeiter realisierbare Steigerung um 20 bis 30 Prozent bewerkstelligt werden kann. Bei diesem Ansatz fallen stets Begriffe wie »Teamwork«, »Unterstützung der Mitarbeiter«, »Niederreißen von Barrieren« und »Konzentration auf den Kunden«. Die geheuchelte Anteilnahme soll zeigen, dass wir kein Haufen gieriger, plündernder Söldner sind, sondern dem Unternehmen wirklich helfen wollen. Schließlich sind wir doch sympathische, Anteil nehmende Zeitgenossen. Im Gespräch mit Managern ist die direkte Anrede »Sie« unbedingt zu vermeiden. Man läuft sonst Gefahr, zu sagen: »Sie müssen dies tun, Sie müssen jenes tun«. Zum einen kann die direkte Anrede den Eindruck erwecken, man würde den Managern vorwerfen, das Unternehmen nicht ordentlich zu führen (was sie ja auch nicht tun). Zum anderen klingt sie, als sollten die Manager selbst zur Tat schreiten – ganz ohne Hilfe der Berater. Und diese Botschaft will man auf keinen Fall übermitteln. Vielmehr möchte man, dass der Kunde die unterschwellige Botschaft verinnerlicht, Hand in Hand mit uns Beratern das gelobte Land nachhaltiger Leistungssteigerungen und glücklicher, zufriedener Mitarbeiter zu erreichen. Deshalb sagt man stets »wir« statt »Sie« – und zwar lange bevor das Management auch nur daran denkt, die Berater nach der ersten Studie weiterzubeschäftigen.

Woche 2 und 3

Die Gespräche und Zahlenspiele der ersten Woche liefern Hinweise auf die Krisenherde der Organisation. Das erste Update gibt uns Gelegenheit, die Wirkung der ersten Eindrücke, die wir von der Organisation und den Abläufen gewonnen haben, auf das Managementteam zu testen. Danach kann man gemeinsam festlegen, welche Bereiche näher betrachtet werden sollten. In der zweiten und dritten Woche setzt man das

Team dann darauf an, Studien zu den Bereichen mit dem größten Steigerungspotenzial zu erstellen. Das kann die Logistikkette sein, die Leistung des Vertriebsteams, das Projektmanagement, der Kundenservice, die Organisationsstruktur, die IT-Systeme oder anderes. Manchmal sind diese Studien wirklich professionell und erfordern viel technisches Wissen und numerische Analysen. Es ist grundsätzlich besser, jemand mit wissenschaftlichen Methoden zu verblüffen, als mit Gerede zu blenden. Doch wenn das Team nicht sonderlich toll besetzt und von eher durchschnittlicher Intelligenz ist, muss man sich bei der Beurteilung, ob der Laden läuft oder auf den Abgrund zusteuert, notgedrungen auch mal auf einen flüchtigen Eindruck von einer Abteilung verlassen.

Zum Glück standen uns für den Fall, dass unsere Berater nicht überreich mit grauen Zellen gesegnet waren, zwei ziemlich primitive, aber höchst wirksame Werkzeuge zur Verfügung. Diese beiden Werkzeuge wurden von vielen Beratungsfirmen eingesetzt. Theoretisch konnte damit auch ein Affe die Ergebnisse produzieren, die wir als »Killer Findings« bezeichneten. Solche »Killer Findings« sind Schwächen oder Verbesserungsmöglichkeiten von solchem Ausmaß, dass der Kunde nachts keinen Schlaf mehr findet und sich in aller Eile und auf unabsehbare Zeit der Dienste teurer Beraterteams versichert, damit die Sache in Ordnung kommt. »Killer Findings« durchtrennen das Band der Loyalität zwischen dem Kunden und seinen Mitarbeitern und machen den Kunden vom Berater abhängig.

Die beiden primitivsten Methoden der Welt zur Ermittlung solcher Killer-Resultate liefen bei uns unter der Bezeichnung DILOs und Brown Papers.

DILO steht für »Day In the Life Of ...«. Das bedeutete nichts weiter, als dass man einen Berater losschickte, um zu beobachten, was in einer bestimmten Abteilung ein paar Stunden lang vor sich ging. Mit ziemlicher Sicherheit würden eventuelle operative Schwächen sich während dieser Zeit auf manchmal peinliche Weise offenbaren. Das mag nicht sehr wissenschaftlich sein, ist jedoch für theatralische Präsentationen vor dem Topmanagement bestens geeignet. Damit bringt man die Emotionen zum Kochen.

Einmal war ich mit einer Studie über die Vertriebsmannschaft eines französischen Unternehmens betraut. Der erste Außendienstler, den ich einen Tag lang begleitete, besuchte zwei Altkunden, verkaufte dabei nur, was bereits bestellt war, und führte mich dann in ein Restaurant, in dem man ihn gut zu kennen schien. Dort aßen wir drei Stunden lang feucht-fröhlich zu Mittag. Damit war mir alles klar: Es gab keine echte Vertriebsstruktur und auch keinen entsprechenden Managementprozess.

Das Tolle am DILO-Ansatz war, dass man in kurzer Zeit oder anhand eines flüchtigen Aspektes des Kundenbetriebs ein Killer-Resultat ermitteln konnte, das das Vertrauen des Kunden in seine eigenen Leute irreparabel beschädigte. Ein amüsantes Beispiel stammt aus der Stahlbranche. Das betreffende Unternehmen befand sich in einem Land, in dem es offensichtlich dauernd regnete. Das Management hatte beschlossen, die unternehmenseigenen Hafenanlagen teilweise zu überdachen, da die von ihm produzierten Stahlrollen bei Regen nicht auf die Frachtschiffe geladen werden konnten. Die kostspieligen Pläne liefen leider auf das hinaus, was wir Berater liebevoll als einen »Kirchenbau für Ostersonntag« bezeichneten. Gebaut werden sollte nämlich eine Verladehalle, in die nicht nur ein durchschnittlich großes Schiff passte, sondern das größte, das das Unternehmen je anfahren würde. Ein so massiges Bauwerk schoss vielleicht ein wenig über das Ziel hinaus. Wirklich dumm war aber, dass der Bau durch seine Länge den Manövrierraum im Hafenbecken reduzierte. Dadurch konnte nur noch jeweils ein Schiff anlegen statt wie vordem zwei. Bei einem Ortstermin schauten wir uns fünf Minuten lang am Hafen um. Wir waren keine Ingenieure, doch wir entdeckten gleich ein Killer-Resultat. Wir stellten fest, dass der vordere Teil eines Frachtschiffs, an dem es beladen wird, 70 Prozent seiner Länge ausmacht. Die hinteren 30 Prozent bestehen aus dem Steuerhaus und dem Wohnbereich des Schiffsführers. Warum, so fragten wir uns, sollte man diesen hinteren Teil überdachen? Schließlich war es ja egal, ob das Steuerhaus nass geregnet wurde. Es war doch ohnehin überdacht! Und der Schiffsführer (oder wie immer er auch korrekt bezeichnet wird) konnte sich ja einen Regenschirm kaufen, wenn er unbedingt bei schlechtem Wetter auf dem Achterschiff spazieren gehen wollte. Ich weiß noch, wie ich einem peinlich berührten Managementteam meine Schulkinderzeichnungen vorlegte, die zeigten, dass man die dämliche Verladehalle nur um 30 Prozent hätte kürzen müssen, um den Regen abzuhalten und gleichzeitig ausreichend Platz für zwei Schiffe zu behalten. »Killer Findings« liefern dem Management den unwiderlegbaren Beweis, dass die eigenen Leute entweder unfähig sind oder auf Kosten des Unternehmens Blödsinn machen – den unwiderlegbaren Beweis, dass der Kunde jemanden wie uns clevere Berater brauchte, um einzuschreiten und die Dinge wieder ins Lot zu bringen.

Natürlich möchte man bei der Durchführung der Studienwochen zwei und drei so professionell wie möglich arbeiten. Man tut alles, was das Team in der Kürze der Zeit zuwege bringen kann. Läuft es mal nicht so gut, ist das aber auch nicht weiter tragisch: Mit ein wenig Chuzpe und einer Prise gesundem Menschenverstand kann man in der Regel genügend »Killer Findings« ausgraben, um die mangelnde Substanz der Arbeit des Teams problemlos zu übertünchen. Doch selbst wenn man tatsächlich die allersorgfältigsten detaillierten Analysen erstellt hat – was dem Kunden im Gedächtnis bleibt und ihn zur emotionalen Entscheidung treibt, den Berater zu engagieren, ist normalerweise die Dramatik der »Killer Findings« und nicht die ausführlichen Daten.

Wenn das Team nun tatsächlich nicht aus Beratungsgenies bestand, konnte man immer noch auf ein Consulting-Werkzeug zurückgreifen, das von den Neandertalern stammen könnte: das so genannte »Brown Paper«. Man nahm eine große Rolle braunes Packpapier und schnitt ein drei bis fünf Meter langes und ein bis zwei Meter breites Stück davon ab. Das pinnte man in einem großen Büroraum, einem Konferenzzimmer oder im Flur an die Wand. Dann trommelte man ein paar Mitarbeiter des Kunden zusammen und skizzierte auf dem braunen Papier einen operativen Schlüsselprozess. Das konnte der Produktentwicklungsprozess sein, der Projektmanagementprozess, der Auftragseingangsprozess, der Produktionsplanungsprozess, der Prozess zur Erstellung eines Operationsplans oder etwas anderes. (Als das Wort »Prozess« im Zuge des Reengineering zum wohl lukrativsten Begriff in der Geschichte der Unternehmensberatung wurde, hatten Holzfäller und Konsorten schon ein halbes Jahrhundert lang Prozesse auf Packpapier gepinselt ...) War der gewählte Prozess aufgezeichnet, ging man mit den Mitarbeitern – einzeln oder in Gruppen – den Papierstreifen ab. Zu diesem Zweck rüstete man sie mit roten und grünen Klebezetteln aus. Auf die grünen Zettel schrieben sie die Stärken der verschiedenen Prozessabschnitte und klebten sie an die entsprechenden Stellen. Auf den roten notierten sie natürlich die Dinge, die nicht so gut funktionierten und verbesserungsbedürftig waren. Auch diese klebten sie auf das Packpapier. Wie es der Natur des Menschen entspricht, waren etwa 10 Prozent der Klebezettel von zartgrüner Farbe, die übrigen 90 Prozent leuchteten in grellem Rot. Anschließend bat man die leitenden Manager hinzu und zeigte ihnen das braune Papier. Im Idealfall ließ man die Ergebnisse von ihren eigenen Führungskräften präsentieren. Die Präsentation dieses mit roten Aufklebern gepflasterten Papiers, die ihre eigenen Leute geschrieben hatten und erläuterten, machte stets ungeheuren Eindruck auf die Kunden. Wenn ein unerfahrener Berater irgendeinen wichtigen Prozess kommentiert, kann ein Kunde schließlich alles abstreiten und behaupten, dass der Berater die besonderen Umstände nicht richtig verstanden habe. Lässt man dagegen die Leute, die tagtäglich mit dem Prozess befasst sind, auf dem Packpapier demonstrieren, dass der ganze Prozess ein einziger Haufen Mist ist, kann sich der Kunde nirgendwo verstecken. Ergebnis: Äußerst besorgte Kunden wollen, dass die Berater das Problem aus der Welt schaffen. Hinzu kommt, dass das Beraterteam fast nichts über den Betrieb des Kunden wissen muss, um das zu erreichen. Schließlich erledigen die eigenen Mitarbeiter des Kunden die ganze Arbeit. Um die angestrebte Schlussfolgerung herbeizuführen, reicht es, wenn der eingesetzte Berater in der Lage ist, ein Stück Packpapier so an die Wand zu heften, dass es während einer wichtigen Präsentation nicht herunterfällt. Man könnte also sagen, das braune Papier verwandelt Affen in Zauberer.

Zweites Update

Im ersten Update wusste man kaum genug über die Organisation eines Kunden, um konkrete Aussagen zu machen, die seine Manager nicht problemlos in der Luft zerreißen könnten. Man spielte also Columbo und sondierte vorsichtig die Lage, um herauszufinden, was der Kunde schlucken und welcher Vertriebsansatz am besten funktionieren würde.

Wenn das zweite Update ansteht (meist in der Mitte von Woche drei), hat man schon jede Menge detaillierter Studien durchgeführt, eine Sammlung von »Killer Findings« in petto und eine ziemlich klare Vorstellung davon, was für ein Consulting-Projekt man diesem Kunden verkaufen sollte. Jetzt kann man das Columbo-Gehabe fallen lassen. An diesem Punkt kann es nützlich sein, sich eher an Kojak zu orientieren. So drängt man den Kunden zur unvermeidlichen Konsequenz – dem Auftrag für ein Millionenprojekt.

Das erste Update erfolgt für jedes Mitglied des Kundenteams separat auf seinem Territorium in seinem Büro. Es herrscht die Atmosphäre eines vertraulichen Gesprächs. Man versucht, an die Leute heranzukommen und zu verstehen, wie sie ticken – als Einzelpersonen und als Managementteam. Man prüft, wie groß ihre Bereitschaft zu Veränderungen ist. Und man forscht nach den Hebeln, die man in Gang setzen kann, um sich erfolgreich ins Spiel zu bringen. Beim ersten Update sagt der Berater so wenig wie möglich und lässt hauptsächlich den Kunden zu Wort kommen. Schließlich lernt man durch Zuhören, nicht durch Palavern.

Das zweite Update läuft ganz anders ab. Jetzt soll der Eindruck entstehen, dass man in enger Zusammenarbeit mit den besten Leuten des Kunden eine Fülle sehr detaillierter Studien erstellt hat, dass man gemeinsam viel Potenzial für maßgebliche Verbesserungen entdeckt hat und dass – sofern nicht alle Beteiligten rasch in die Gänge kommen – schlimme Dinge passieren und der Kunde in die Miesen rutschen wird. Natürlich ist es auch sehr hilfreich, zu betonen, dass die Mitarbeiter des Kunden gern mit den Beratern zusammenarbeiten wollen, um das Unternehmen auf Vordermann zu bringen – und dass sich die hohen Beraterhonorare im Vergleich zu den immensen potenziellen Vorteilen, die sich abzeichnen, nahezu unbedeutend ausnehmen.

Zur Präsentation des zweiten Updates lockt man den Kunden am besten aus der Sicherheit seines Büros aufs eigene Territorium (in die Büros, die vorübergehend dem Beraterteam zugewiesen wurden) oder auf neutralen Boden – etwa in einen Konferenzraum. Idealerweise sollte der Präsentationsraum möglichst weit von der vertrauten Umgebung der Topmanager entfernt sein und möglichst nah am Tagesgeschäft.

Im Zuge einer Studie zur Reduzierung der Umweltverschmutzung in einer großen Metallfabrik lotsten wir den Direktor in seinem eleganten Businessanzug für das zweite Update aus seinem komfortablen Stadtbüro, das 30 Kilometer von der Fabrik entfernt lag, in das Büro eines Vorarbeiters direkt neben dem Hochofen. Um in die Fabrik hineinzukommen, musste sich der Manager – wie alle anderen Mitarbeiter – splitternackt ausziehen, vom so genannten »sauberen Bereich« in den »schmutzigen Bereich« gehen und Spezialkleidung anlegen. Nach der Besprechung musste er sich wieder nackt ausziehen und dieselben Gemeinschaftsduschen benutzen wie seine Arbeiter, bevor er wieder in seinen teuren Anzug steigen konnte. So wurde ihm bewusst gemacht, dass die Fabrik wirklich kein schöner, sondern ein schmutziger Ort war und dass etwas getan werden musste. Den Ausschlag für die Auftragserteilung gab aber ein glücklicher Störfall: Gerade während meiner Präsentation trat giftiges Gas aus. Wir mussten das Gespräch unterbrechen, rannten hustend und keuchend nach draußen und rangen nach Luft. Der Mann war unleugbar beeindruckt. Unsere Präsentation konnten wir nicht mehr beenden. Der oberste Chef ging aber mit zwei wichtigen Botschaften nach Hause, die sich in seinem Kopf festgesetzt hatten: Es war an der Zeit, die Zustände in der Fabrik zu verbessern, und wir waren – im Gegensatz zu unserem Kunden – bodenständige Praktiker, die keine Angst hatten, sich die Finger schmutzig zu machen – auch wenn die Lage kritisch wurde. Ein paar Wochen später war das Projekt unter Dach und Fach. In der Regel verläuft das zweite Update aber nicht so dramatisch.

In Beraterkreisen wird das zweite Update bisweilen als Gelegenheit bezeichnet, dem Kunden mitzuteilen, dass man »so etwas Katastrophales noch nie gesehen« habe. Man führt den Kunden in das so genannte »Tal des Todes«. Tut dem Kunden die Einschätzung der Berater zu seiner aktuellen Situation nicht weh genug, so die Theorie, dann fehlt der nötige emotionale Druck, um das Vertrauen aufzubringen, den Beratern Millionenbeträge an Unternehmensgeldern anzuvertrauen. Der Berater hat ein Problem: Niemand wirft gern Vertrautes über Bord, um die Risiken des Unbekannten auf sich zu nehmen. Also muss man ihm das Vertraute so vergällen, dass ihm alles besser vorkommt als der Status quo. Im für die erste Phase zuständigen Team wurde bei uns oft diskutiert, ob es nicht ein zu primitiver Vertriebsansatz war, den Kunden ins Tal des Todes zu führen, indem man ihn mit »Killer Findings« bombardierte und ihm vielsagend mitteilte, dass man Schlimmeres noch nie gesehen habe. Wir bezeichneten das als das »Defizit-Vertriebsmodell«. Also entwickelten wir einen positiveren Ansatz – »das Aspirations-Vertriebsmodell«. Dabei konzentrierten wir uns mehr auf die Erarbeitung einer Zukunftsvision in Zusammenarbeit mit dem Kunden und verwendeten weniger Energie auf den vergnüglichen Zeitvertreib, den Managern des Kunden die bestehenden Schwächen ihres Betriebs vor Augen zu führen. Manchmal trug das Aspirationsmodell die gewünschten Früchte – einen willigen Kunden. Häufig mussten wir jedoch etwas ganz anderes feststellen: Wenn wir dem Kunden im zweiten Update nicht eine kräftige Portion Unbehagen oder sogar Schmerz verabreichten, mussten wir das im dritten oder sogar im vierten Update nachholen, um ihn so weit zu bringen, das Geld für uns locker zu machen. In diesem Fall schien zu gelten: No pain, no gain – kein Schmerz für den Kunden, kein Gewinn für uns.

Mobilisierung: erstes »Town Meeting« – Die Packpapierorgie

Inzwischen haben die Berater mit vielen Kundenmitarbeitern gesprochen und Studien durchgeführt. Im Anschluss wurde in Einzelgesprächen überprüft, dass die Schlussfolgerungen aus diesen Studien einigermaßen stichhaltig waren. Das meiste Feedback hat aber nur eine beschränkte Zahl von Topmanagern erreicht. Für den Berater besteht nun das Risiko, dass diese Topmanager entweder ihn persönlich, Berater im Allgemeinen oder aber das Gehörte nicht mögen. Vielleicht bedauern sie ja schon, dass sie eingewilligt haben, jemanden in ihrer schmutzigen Unterwäsche wühlen zu lassen. Vielleicht würden sie die Initiative gern abwürgen und die Berater wieder loswerden, sobald die erste Phase abgeschlossen ist.

Um das zu verhindern, gibt es eine ausgezeichnete Methode, die wir als »Mobilisierung« bezeichneten. In der ersten Phase versuchten wir nach Möglichkeit, den Kunden zu der Erlaubnis zu bewegen, »eine kritische Masse seiner Belegschaft« einbeziehen zu dürfen. Auf diese Weise, so gaben wir an, würden wir »mobilisieren« und »einen breiten Konsens für den Wandel« schaffen. Klingt alles toll und ist schwer zu widerlegen. In Wirklichkeit sollte die Mobilisierung uns beim mittleren Management und unter den einfachen Angestellten für unseren Ratschlag an den Kunden (nämlich, ein Projekt in Auftrag zu geben) so viel

Rückhalt verschaffen, dass es einen Aufstand gäbe, wenn das Management untätig blieb. Durch den effektiven Einsatz dieser Methode konnte ein Berater den Kunden so in die Enge treiben, dass er eigentlich nur noch das von uns vorgeschlagene Consulting-Projekt absegnen und mit unserer Hilfe in die Wege leiten konnte.

Um die nötige Unterstützung der rußgeschwärzten, ungewaschenen Massen zu gewinnen, war ein so genanntes »Town Meeting«, auch »Brown Paper Fair« genannt, das Mittel der Wahl. Grundgedanke war, dass man ein paar Tage nach der Präsentation der ersten Studienergebnisse im zweiten Update vor dem Topmanagement 50 bis 500 Mitarbeiter einladen und ihnen dieselbe Präsentation vorführen würde. Meist führte man die Leute in Gruppen von zehn oder 15 Personen an den Präsentationen vorbei, die alle auf Packpapier aufgehängt worden waren. Sie sollten alles sehen, was auch das Management zu Gesicht bekommen hatte. Dabei durften sie mit Klebezetteln weitere Kommentare anbringen. Diese Veranstaltung hatte in der Regel eine tiefe emotionale Wirkung auf die Belegschaft des Kunden. Die meisten reagierten erstaunt darüber, dass man ihnen gestattete, die Analysen und Kritik ihres Betriebs so detailliert einzusehen, oder auch erfreut, dass endlich jemand gewagt hatte, die ganzen operativen Probleme offen zu legen, mit denen sie sich im Alltag herumschlagen mussten. Andere waren schwer beeindruckt, weil wir Berater so ganz anders waren, als sie es sich vorgestellt hatten: nicht arrogant und distanziert, sondern offen und freundlich – insbesondere im Vergleich zu ihrem eigenen geheimniskrämerischen und abgehobenen Managementteam. Oft kam ein aufregendes Gefühl von Energie und Tatendrang und Begeisterung auf, weil jetzt all die aufgedeckten Probleme gelöst werden sollten.

Bei so einer Packpapierorgie konnte man mehrere Hundert Freunde gewinnen. Man konnte so viel Handlungsdruck erzeugen, dass ein Managementteam wirklich Mut haben musste, wenn es seinen Leuten verkünden wollte: »Wir wollen über das nachdenken, was die Berater gesagt haben, aber im Moment werden wir nichts unternehmen.«

Sobald das Feedback vom ersten Town Meeting vorlag, begann jeder halbwegs intelligente Topmanager zu begreifen, dass sein Überleben davon abhing, sich auf unsere Seite zu schlagen und mit uns zusammenzuarbeiten (uns also den Auftrag für ein Consulting-Projekt zu erteilen). Andernfalls würde die Aufbruchstimmung in Empörung umschlagen. Nur ein Narr stellte sich einer Masse in Aufbruchstimmung entgegen. Sich den empörten Massen in den Weg zu stellen – dazu musste man schon vollkommen verrückt sein. Ein cleverer Kunde merkte womöglich, dass er manipuliert wurde. Vielleicht ärgerte ihn das sogar. Aber an diesem Punkt begriff er, dass er aus der Ecke, in die wir ihn zielstrebig gedrängt hatten, nur schwer wieder herauskam.

Das zweite Update führt den Kunden zu der Erkenntnis, dass es ernste Probleme gibt, die gelöst werden müssen. Die erste Packpapierorgie verdeutlicht ihm, dass er eine ganz neue Dynamik und Energie des Wandels in seinem Unternehmen angestoßen hat, die kaum mehr aufzuhalten ist.

Woche 4 – Drittes Update

Im günstigen Fall hat der Berater sein zweites Update so effektiv in Szene gesetzt und so wirkungsvolle »Killer Findings« präsentiert, dass der Kunde in erster Linie Fortschritte sehen möchte und keine weiteren Analysen. Sofern ein Teil der Studien trotz aller Theatralik auf schwachen Beinen steht und oberflächlich ist, will auch der Berater am liebsten rasch zu neuen Ufern aufbrechen. Andernfalls würde vielleicht zu lange über die Stichhaltigkeit der möglicherweise übertriebenen Behauptungen nachgesonnen, die er aufgestellt hat. Die neuen Ufer sind in diesem Fall der Entwurf des Projektes zur Change-Beratung, das das Unternehmen in Form bringen und zu einer sprunghaften Leistungssteigerung führen soll. Damit sind weitere Berechnungen verbunden, um die finanziellen und operativen Ziele für das Change-Programm zu ermitteln. Damit liegt der Schwerpunkt des Teams nicht mehr auf der Analyse des Ist-Zustands – die insbesondere darin bestand, eklige Leichen aus dem Keller zu holen und das Management des Kunden damit so zu erschrecken, dass es beim Berater Zuflucht sucht. Jetzt geht es um den Soll-Zustand (im Beraterjargon »To-Be« genannt) und den Implementierungsplan, der dorthin führen soll. Nun ist nicht mehr Destruktivität gefragt, sondern Konstruktivität. Der Kunde soll aufgebaut werden statt niedergemacht. Es wird Zukunft kreiert statt Kritik geübt –

und Teil dieser Zukunft ist natürlich das millionenschwere Consulting-Projekt, das der Kunde in Auftrag gibt.

Woche vier wird der Arbeit mit Managern und Führungskräften des Kunden gewidmet, um genau zu ermitteln, welche Anstrengungen nötig sind, um die empfohlenen operativen und organisatorischen Veränderungen zu bewerkstelligen und die prognostizierten Ergebnisse dieser Anstrengungen zu quantifizieren. Zum Ende der vierten Woche vor Ort folgt das dritte Update mit dem Kunden. Dabei präsentiert der Berater den ersten Entwurf des Change-Programms, den er mit der Belegschaft erarbeitet hat. Beim dritten Update kann das Topmanagement noch Beiträge und Vorgaben zu diesem Programm beisteuern, bevor es in Stein gegossen wird. Außerdem kann der Berater die Machbarkeit des »Business Case« antesten – die quantifizierten Vorteile, die von dem Programm erwartet werden. Hier ist Tempo angesagt. Der Druck muss aufrechterhalten werden, die Sache beschleunigt, damit rasch Entscheidungen getroffen werden. So hat der Kunde nicht so viel Zeit, über die möglichen Folgen dessen nachzudenken, wozu er da gedrängt wird. Er soll sich schließlich nicht ausmalen, wie schrecklich die kommenden sechs bis zwölf Monate werden, wenn Heerscharen unerfahrener Berater in sein Unternehmen und in sein Leben einfallen. Er soll keine Gelegenheit bekommen, das Ausmaß der Belastungen abzusehen, die auf ihn zukommen. Er soll nicht darüber nachdenken, wie er die hohen Ausgaben von über einer Million für Berater rechtfertigt – Geld, das anderweitig nützlicher verwendet werden könnte. Und auf gar keinen Fall soll er auf den Gedanken kommen, dass es eigentlich seine Aufgabe als Manager wäre, das Unternehmen ordentlich zu führen, und dass er nicht Millionen an Berater zahlen müsste, damit diese seinen Job erledigen, wenn er sein Gehalt wert wäre.

Zweites »Town Meeting« oder Packpapierorgie

Es ist nicht sonderlich schwer, einen Kunden davon zu überzeugen, dass man in seinem Unternehmen viele Abläufe verbessern kann. Es ist nicht mal besonders schwer, ihn davon zu überzeugen, dass er mithilfe einiger Berater schneller Fortschritte erzielen wird, als es ihm ohne die Anwesenheit von Außenstehenden gelänge, die die Leute aus ihrer angestammten Starre herauskitzeln. Doch so eindrucksvoll die Arbeitsergebnisse der Berater auch sein mögen, mancher Kunde zögert vielleicht noch oder steht angesichts der Beträge, die die Berater ihm für ihre Dienstleistungen abnehmen wollen, einfach unter Schock. Er überlegt vielleicht, ob er das Programm nicht selbst durchführen kann, ohne die Unterstützung von Beratern. Oder er glaubt, dass er mit einer Hand voll Berater auskommen könne statt der sprichwörtlichen Armee, die die Beratungsfirma ins Rennen schicken will. Womöglich – und das ist die schrecklichste Vorstellung – schlägt er sogar vor, das vom Berater entworfene Implementierungsprojekt auszuschreiben, um festzustellen, ob eine andere Beratungsfirma billiger ist. Das wäre für den Berater aus mindestens zwei Gründen eine Katastrophe. Erstens gibt es immer irgendein Konkurrenzunternehmen, das ihn unterbieten wird, um die eigenen gierigen Berater einzuschleusen und seine kompetenten Leute zu verdrängen. Zweitens gilt: Je mehr Zeit der Kunde hat, über die Vorschläge des Beraters nachzudenken, desto wahrscheinlicher ist es, dass seine Begeisterung abkühlt. Dann wird er versuchen, das riesige, aufgeblähte Monsterprojekt, das der Berater vorschlägt, einzudampfen, bis nur ein müder Rest davon übrig ist. Aufschub kann daher tödlich sein. Man braucht die Unterschrift des Kunden auf der gepunkteten Linie – und zwar schnell, bevor die so genannte »Reue des Käufers« einsetzt.

Die Lösung: noch ein dramatisches Ereignis, das den Kunden mit sanfter, mäßiger oder brachialer Gewalt dazu bringt, klein beizugeben. Zu diesem Zweck ist das zweite Town Meeting da – die nächste Packpapierorgie. Danach sollte es für den Kunden kein Zurück mehr geben. Verläuft es planmäßig, hat der Kunde kaum eine Wahl, als alles zu unterschreiben, was man ihm vorlegt.

Diese Veranstaltung ähnelt in ihrer Form der ersten Packpapierorgie. Ein paar Hundert Leuten werden verschiedene Präsentationen vorgeführt. Während man aber beim ersten Mal alles aufdeckt, was mit der Organisation nicht stimmt, präsentiert man diesmal den Projektplan zur Implementierung der Verbesserungen. Der Tenor ist optimistisch, energiegeladen und lenkt die Gemüter von der Sorge um die Details auf den Sprung in die Zukunft. Man präsentiert die Pläne, die Aktivitäten, die Teams und die Vorteile und entwirft eine fantastische neue Welt, die nur durch die Zusammenarbeit mit einer bestimmten Beratungsfirma verwirklicht werden kann (natürlich die, für die man selbst gerade arbeitet). Wieder fühlen sich viele geschmeichelt, weil man sie überhaupt einbezieht. Instinktive Vorsicht und Urteilsvermögen werden von Begeisterung verdrängt. Ein kollektiver Tatendrang macht sich breit, der alle mitreißt.

Und das Topmanagement sitzt in der Falle. Den Erdrutsch jetzt noch aufzuhalten, wäre äußerst schwierig. Ich habe erlebt, wie Gruppen von Mitarbeitern und sogar die Betriebsräte ihrer Führungsmannschaft mitgeteilt haben, dass sie das Projekt wollen, noch bevor die Topmanager selbst entschieden hatten, ob sie unsere Leistungen in Anspruch nehmen wollten oder nicht. Kann man genügend Druck von unten erzeugen, hat man darüber hinaus eine bessere Verhandlungsposition, wenn der Kunde den Preis, die Einsatzzeit oder die Zahl der Berater zu drücken versucht. Gelingt es einem, genügend Leute für sich zu gewinnen, stößt der Kunde außerdem auf starken Widerstand, wenn er vorschlägt, sich nach einer alternativen, billigeren Beratungsfirma umzuschauen.

Kurzum, was für Bedenken der Kunde auch hat und so viele Ausflüchte er auch macht, ein gelungenes zweites Town Meeting verbaut ihm in der Regel sämtliche Fluchtwege.

Woche 5

Sind die Dinge in den ersten vier oder mehr Wochen nach Plan gelaufen, nutzt man Woche fünf, um den Implementierungsplan zu vervollständigen, die Einsatzteams auszuwählen und den Vertrag zu entwerfen, den der Kunde unterschreiben soll. Vermutlich gibt es eine Runde von Preisverhandlungen mit dem Kunden. Er wird versuchen, die horrenden Summen, die von seinen Konten abgezogen werden sollen, zu reduzieren. Auf den Preis für das Projekt wurden jedoch häufig noch 10 bis 15 Prozent aufgeschlagen. Damit hat man den nötigen Spielraum, falls der Kunde die emotionale Befriedigung braucht, sich selbst und seinesgleichen zu beweisen, dass er zwar ein umfangreiches Beratungsprojekt in Auftrag gegeben, aber den Beratern immerhin preislich »ordentlich Druck« gemacht hat. Da man den Kunden in den vergangenen Wochen sehr schnell sehr weit getrieben hat, ist es eine gute Taktik, beim Projektpreis oder bei der veranschlagten Zahl der Berater ein kleines Fettpolster einzubauen, das man dann abschmelzen kann. Die Beratungsfirma verliert nichts und der Kunde fühlt sich gut dabei, wenn er seine Seele an die Berater verkauft.

Woche 6

Im Idealfall verkauft man erst die fünfwöchige Phase I als Türöffner zu einem reduzierten Preis und beginnt dann unmittelbar am Montag nach Beendigung der ersten Phase mit der weitaus umfangreicheren, richtig profitablen zweiten Phase der Beratungsarbeit. Einem erfahrenen Phase-I-Manager gelingt dies etwa in der Hälfte aller Fälle. Andernfalls kann es zu einer zwei- bis dreiwöchigen Verzögerung kommen, bis der Vertrag steht, der Preis ausgehandelt ist, die Teammitglieder ausgewählt und verschiedene Kleinigkeiten geklärt sind. 10 bis 20 Prozent der Kunden setzen die Berater nach der ersten Phase ohne Folgeauftrag vor die Tür. Diese haben dann die unangenehme Pflicht, ihren Vorgesetzten zu erklären, wieso die Gans diesmal keine goldenen Eier gelegt hat. Bei den Holzfällern konnte man unter Umständen gleich seine Sachen packen, wenn zwei Projekte in Folge im Sand verlaufen waren.

Anmerkungen

1 Deutsche Ausgabe: Eileen C. Shapiro, *Trendsurfen in der Chefetage. Unternehmensführung jenseits der Management-Moden*, Frankfurt/New York 1996

2 Ebd., S. 11

3 Deutsche Ausgabe: Michael Hammer, James Champy, *Business Reengineering – Die Radikalkur für das Unternehmen*, Frankfurt/New York 1996

4 *Masters of the Universe*, ITV, 1999

5 *Management Today*, Juni 2005

6 *The Economist*, 6.–12.5.1995

7 www.top-consultant.com, 30.6.2005

Kapitel 6

Insidertricks

Wer ein großes Beratungsprojekt an einen Kunden verkaufen will, der noch gar nicht überzeugt ist, ob er überhaupt Berater engagieren möchte, ist grundsätzlich in einer äußerst unsicheren Position. Ein Kunde sagt immer leichter nein als ja. Sagt er nein, kann er seine Meinung schließlich immer noch ändern oder bei anderen Beratern ein Zweitgutachten einholen. Oder er kann selbst versuchen, seine Probleme in den Griff zu bekommen. Ein »Nein« ist einfach, gefahrlos und bequem. Mit einem »Ja« ist die Verpflichtung verbunden, Zeit, Ressourcen und Geld aufzuwenden. Außerdem birgt es erhebliche Risiken. Kann man den Beratern trauen? Werden sie auch leisten, was sie versprechen? Womöglich haben sie ihre besten Leute geschickt, um das Projekt zu verkaufen. Ist der Vertrag erst unterschrieben, ziehen sie die guten Leute vielleicht ab, damit diese den nächsten ahnungslosen Kunden betören können, und schicken stattdessen irgendwelche Nichtskönner. Wäre ich ein Kunde, ich würde Nein sagen – ganz egal, was für hochtrabende Vorschläge meine Berater aus der Tasche ziehen. Doch zum Glück für meine bescheidenen Ersparnisse und die riesigen Vermögen meiner Bosse sagten viele, viele Kunden Ja – ohne sich die Zeit und Mühe zu machen, näher zu untersuchen, worauf sie sich da einließen. Wer sich einen Gebrauchtwagen kauft, der schaut ihn sich vorher genau an. Er wirft einen Blick unter die Haube und tritt gegen die Reifen. Warum kein Kunde auf diese Idee kommt, wenn er Beratungsleistungen einkauft, ist mir ein Rätsel. Immerhin sind gebrauchte Berater um einiges teurer als gebrauchte Autos.

Dennoch: Wenn man zum Beispiel eine Phase-I-Studie durchführt, um ein großes Projekt oder IT-System an den Mann zu bringen, ist die eigene Position insofern sehr unsicher, als der Kunde abspringen kann, wenn auch nur das Geringste schief geht. Und schief gehen kann allerhand, wenn man mit einem unerfahrenen Team in ungewohnter Umgebung die Aspekte einer Kundenorganisation zu beleuchten versucht, die aus Sicht der Betroffenen am liebsten verborgen bleiben sollten. Zum Beispiel können Betriebsräte oder Gewerkschaften die Zusammenarbeit verweigern, weil sie nicht wollen, dass die Berater an dem Unternehmen verdienen. Sie denken vielleicht, dass man die verfügbaren Mittel lieber einfachen, schlecht bezahlten Arbeitern geben sollte, als abgehobenen, gut verdienenden Beratern. Aber vielleicht belegt die Studie des Beraters aus Phase I ja auch, dass der sichere Untergang der Organisation nur noch abzuwenden ist, wenn sie jede Menge Beratungsleistungen von ihm in Anspruch nimmt. In diesem Fall besteht die Gefahr, dass zumindest ein, in der Regel sogar alle Mitglieder des Managementteams in höchste Unruhe versetzt werden. Niemand hört gern, wenn das eigene Baby als Missgeburt bezeichnet wird. Und wenn man jemandem zu fest auf den Schlips tritt, wirft der vielleicht nicht mit Geld, sondern mit ganz anderen Dingen um sich. Vielleicht lässt sich auch eins Ihrer Teammitglieder mit einer Mitarbeiterin des Kunden ein, betrinkt sich in seinem Stammlokal oder vergrätzt das Personal des Hotels, in dem der Kunde seine großen Veranstaltungen abhält. Zwei dieser Schnitzer sind mir selbst unterlaufen – leider die beiden letzteren. Durch mein unreifes Verhalten habe ich riskiert, dass meinen Chefs Millionen durch die Lappen gingen. Vielleicht wird man aber auch vom Kunden zu Wettbewerbszwecken missbraucht und er hat in Wirklichkeit gar nicht die Absicht, einen Beratungsauftrag zu vergeben. Diese Liste ließe sich noch lange fortsetzen.

Um diese Unsicherheiten in der Vertriebsphase zu kompensieren, geben wir unseren im Vertrieb tätigen Beratern bestimmte Taktiken an die Hand. Mit ihrer Hilfe kann man dem Kunden das süße, ersehnte Wörtchen »Ja« abnötigen – allen Widrigkeiten zum Trotz. Als ich die Vertriebsschulungen für Führungskräfte leitete, in denen aufstrebende Projektmanager einer führenden globalen Managementberatung ausgebildet wurden, zählte ich über 30 Verkaufsmethoden und Tricks, die wir unseren Leuten vermittelten, damit sie Kunden zum Ordern großer Projekte oder umfangreicher IT-Systeme überreden konnten. Im Folgenden möchte ich nur fünf dieser Insidertricks näher beleuchten.

Wie eine Präsentation zur Arbeitssitzung wird

Beim Verkauf einer Phase-I-Studie oder Analyse vereinbart man mit dem Kunden eine Reihe regelmäßiger Updates zur eigenen Arbeit. Diese Updates erfolgen häufig im Wochenrhythmus. Offiziell sind diese Updates für den Kunden gedacht, in Wirklichkeit sind sie aber wichtiger Bestandteil des Vertriebsprozesses. Nichts ist gefährlicher, als fünf Wochen zu arbeiten, dem Kundenmanagement dann die Ergebnisse vorzulegen und festzustellen, dass es anderer Meinung ist. Durch wöchentliche Kontakte mit dem Kunden und seinen Managern hat man Gelegenheit, sich behutsam vorzutasten und gegebenenfalls den eingeschlagenen Kurs zu korrigieren. Auf diese Weise kann man dem Kunden ein mundgerechtes Ergebnis servieren. Die regelmäßige Nähe ermöglicht außerdem Einblick in die Persönlichkeiten, die Machtverhältnisse und die Spannungen im Unternehmen. Man erfährt, was gern gehört wird und was nicht und auf welche Knöpfe man drücken muss, damit am Ende alle zustimmen. Alles in allem sind die wöchentlichen Updates ein wesentlicher Teil unserer Vertriebsstrategie.

Es gibt jedoch noch einen weiteren Trick, der bei diesen regelmäßigen Updates gern angewandt wird. Die Kunden sind es im Allgemeinen gewöhnt, dass Leute wie Berater Präsentationen halten. Vor einem Managementteam eine Präsentation abzuliefern, ist aber eine riskante Methode, wenn man das Publikum dazu bringen will, sich nach den eigenen Wünschen zu verhalten. Vielleicht hören manche der Teilnehmer nicht richtig zu. Andere wollen sich womöglich nur auf Kosten von Kollegen profilieren oder betrachten jedes Meeting als willkommene Gelegenheit, die eigene Meinung zu allem herumzuposaunen, was ihnen in den ansonsten leeren Kopf kommt. Manche widersprechen vielleicht in Detailfragen, weil den Betreffenden oder dem Präsentator nicht alle Informationen zur Verfügung stehen.

So oder so gibt es im Grunde zwei Möglichkeiten, wenn Manager einer Präsentation von Beratern beiwohnen: Entweder sie sagen: »Das ist ja unglaublich. Ihr Berater seid dermaßen clever – auf solch geniale Gedanken wären wir im Leben nicht gekommen. Wir würden euch wirklich gern einen Haufen Geld bezahlen«; oder aber sie sitzen zu Gericht und suchen nach Löchern in der Argumentation. Man muss kein

Genie sein, um darauf zu kommen, dass die zweite Möglichkeit die wahrscheinlichere ist. Folglich lautet die erste Regel zu Präsentationen vor Managementteams von Kunden: »Finger weg!« Präsentieren Sie als Berater nie vor einer Gruppe Material, das nicht jeder der Teilnehmer bereits vorab gesehen, begriffen und kommentiert hat. Und obwohl Sie sich ja verpflichtet haben, dem Management regelmäßige, vielleicht sogar wöchentliche Updates zu liefern, können Sie sich um diese heikle Pflicht drücken.

Sie können zum Beispiel beiläufig vorschlagen, dass es nicht schlecht wäre, mit jedem der Teilnehmer im Vorfeld jedes Updates ein kurzes Einzelgespräch zu führen, »nur, um Ihre Vorstellungen zu kennen und zu gewährleisten, dass wir in die richtige Richtung gehen«. Bei diesen Vorabpräsentationen unter vier Augen gehen Sie das gesamte Update durch und prüfen, ob Sie richtig liegen und ob die Chemie mit dem Gesprächspartner stimmt. Gleichzeitig testen Sie an, wie die Gesprächspartner die Reaktion der anderen Mitglieder des Managementteams auf das vorgelegte Material beurteilen. Um sie vom Zerpflücken Ihrer Präsentation abzulenken, geben Sie ihnen schließlich noch eine Aufgabe oder ein Problem, das sie bis zum offiziellen Update lösen sollen. Auf diese Weise sind sie vollauf damit beschäftigt, dafür zu sorgen, dass sie auf dem bevorstehenden Meeting nicht dumm dastehen. Nebenbei bringt sie das natürlich auch davon ab, gründlicher über Ihre Vorschläge nachzudenken. Die Aufgabe kann ganz simpel sein: die Beschaffung einiger Schlüsselzahlen, die Entscheidung, in welchen Bereichen Ihr Team Studien durchführen soll oder welche Mitarbeiter mit Ihren Beratern zusammenarbeiten sollen, oder die Festlegung der Sollwerte für das Implementierungsprogramm.

Kommt es dann zum so genannten Update, haben Sie Ihr Material bereits vorgelegt, diskutiert und verschiedene Löcher gestopft. Sie können dann einfach eine kurze Zusammenfassung Ihrer Arbeit abliefern. Die übrige Zeit verwenden Sie darauf, mit dem Managementteam einen Konsens zu Fragen zu finden, wie sie oben angesprochen wurden: die Entscheidung, in welchen Bereichen Ihr Team Studien durchführen soll, die Auswahl der Mitarbeiter, die mit Ihren Beratern zusammenarbeiten sollen, die Auswahl der Kundenmitarbeiter, die von Ihrem Team befragt werden sollen, die Festlegung von Prioritäten für den Workflow des Implementierungsprogramms, das Sie verkaufen wollen, oder eben die Festsetzung von Sollwerten für das Implementierungsprogramm. Heimlich, still und leise haben Sie so aus der vom Kunden erwarteten Präsentation neuen Materials (die Sie ja um jeden Preis vermeiden sollen) eine Arbeitssitzung gemacht. Diese bindet durch gemeinsam getroffene Entscheidungen das Managementteam des Kunden in Ihr Spiel ein. Am Ende der ersten Studienphase können Sie dann mit Fug und Recht behaupten, dass Ihre Ergebnisse und Vorschläge in Wirklichkeit nicht auf Ihrem Mist gewachsen sind, sondern von Beratern und Managementteam gemeinsam erarbeitet wurden. Die Kunden können Ihre Schlussfolgerungen dann natürlich schlecht zurückweisen, denn schließlich wurden sie ja »gemeinsam« erreicht.

Wie man Kundenteams für eigene Zwecke einspannt

Ein Risiko ist immer dabei, wenn Ihr Team nachzuweisen versucht, dass der Kunde umfangreiche Beratungsleistungen in Anspruch nehmen muss, damit seine Organisation nicht leidet oder ganz zusammenbricht: das Risiko, dass das Management des Kunden Ihnen einfach nicht glaubt. Vielleicht lehnen die Herrschaften Ihren Ansatz ab, vielleicht ziehen sie auch Ihre Zahlen in Zweifel, beanstanden Ihre Schlussfolgerungen oder argwöhnen sogar, dass das Ganze eine einzige große künstliche Nebelwand ist, hinter der sich Ihre Leute unbemerkt einschleichen und in den Eingeweiden der Organisation festsetzen sollen. Und in vielen Fällen hätten sie mit einer – oder sogar allen – dieser Vermutungen durchaus Recht.

Sicher umschiffen kann man solche Klippen, indem man die eigenen Leute des Kunden gegen ihn einsetzt. Nie verkaufen sich Beratungsleistungen leichter, als wenn die eigenen Mitarbeiter dem Management klar machen, dass ein gigantisches Consulting-Projekt oder IT-System in Auftrag geben werden sollte. Bei den Verhandlungen zur ersten Studienphase lassen wir häufig durchblicken, dass wir billiger und effektiver arbeiten könnten, wenn der Kunde ein paar seiner besten Leute abstellte, um im Rahmen eines »gemeinschaftlichen Teams« mit uns zusammenzuarbeiten. »Dadurch ist gewährleistet, dass wir rasch zu den richtigen Ergebnissen kommen«, behaupten wir. »Und Ihre Leute können eine Menge dabei lernen«, fügen wir hinzu und demonstrieren nebenbei unser engagiertes Bemühen um Weltverbesserung.

Was dann folgt, ist der ebenso primitive wie wohlbekannte Prozess des Rollenverhaltens. Ich will das kurz erklären. In den sechziger und siebziger Jahren, als quasi alle Psychologiebücher von amerikanischen Professoren verfasst wurden und auf Studien mit amerikanischen College-Studenten gründeten, gab es ein berühmtes Experiment (das Stanford-Prison-Experiment), im Zuge dessen manche Studenten als Gefangene, andere als Wärter agieren sollten. Das Experiment musste nach wenigen Tagen abgebrochen werden. Die langhaarigen, lebenslustigen, Haschisch rauchenden, friedliebenden Flower-Power-Studenten, die die Wärter spielen sollten, legten im Umgang mit ihren »Gefangenen«, die eben noch ihre Kommilitonen gewesen waren, zum Teil extreme Brutalität an den Tag. Im Grunde entwickelten die Studenten in ihrer Rolle als Gefängniswärter sehr schnell die Mentalität, die mit dieser neuen Rolle verknüpft war – bis hin zu höchst verwerflichen Verhaltensweisen.

Ganz ähnlich (wenn auch glücklicherweise ohne Brutalität) funktioniert es, wenn man vertrauenswürdige Mitarbeiter des Kunden quasi die Rolle der Berater übernehmen lässt. Nach wenigen Tagen, an denen sie gemeinsam mit den Beratern herumgeschnüffelt und alle möglichen Unzulänglichkeiten zutage gefördert haben, denken und benehmen sich die Mitglieder des gemeinsamen Teams eher wie externe Berater als wie loyale Mitarbeiter. Mehr noch: Weil sie an der Ermittlungsarbeit beteiligt waren, stehen sie hinter den Ergebnissen. Durch die Arbeit mit den Beratern betrachten sie ihre eigene Organisation unwillkürlich in einem anderen Licht. Häufig vertreten die Mitglieder des gemeinsamen Teams, die aus den Reihen der Kunden stammen, die Sache der Berater besonders engagiert und erzählen herum, wie toll es erst laufen wird, wenn all die Haken und Ösen beseitigt sind, die gemeinsam entdeckt wurden. Wenn die vertrauenswürdigsten Mitarbeiter des Kunden ihrem Management Ihren Projektvorschlag als das Beste präsentieren, was ihnen seit langem begegnet ist, steht eines fest: Das Topmanagement kann die vorgebrachten Argumente nur schwer von der Hand weisen. Ganz anders, als wenn sie von ein paar geldgierigen Beratern gekommen wären, die ja doch nur Geschäfte machen wollen.

Die Freuden des konspirativen Verkaufens

Diese Disziplin war mir immer eine der liebsten. Wer versucht, einem Kunden ein Projekt zu verkaufen, ist in seinen Augen normalerweise ein Verkäufer. Entsprechend misstrauisch beäugt er, was man tut und wie schnell man die eigenen Finger nach seiner Brieftasche ausstreckt. Das ist eine ungünstige Ausgangsposition, denn man wird als Gegner wahrgenommen. Man will an das Geld des Kunden, und er will es nicht hergeben. Folglich impften wir unseren Leuten ein, dass sie vom Kunden nicht als Verkäufer wahrgenommen werden sollten, sondern als »gleichrangige Führungskraft« und »vertrauenswürdiger Partner«. Es sollte nicht so aussehen, als wollte man dem Kunden etwas verkaufen, sondern vielmehr, als arbeitete man mit ihm gemeinsam an der Lösung eines Problems.

In unseren Schulungen zeichneten wir dazu folgendes geistiges Bild: Unsere Vertriebsleute sollten dem Kunden nach Möglichkeit nicht an seinem Schreibtisch gegenübersitzen, denn dadurch wirkten sie wie ein Bittsteller, der zweitklassige Beratungsleistungen verschachern will, weil kein anderer so dumm war, sie zu kaufen. Stattdessen sollten sie alles daran setzen, mit dem Kunden auf gleicher Ebene zu kommunizieren, als seriöse geschäftliche Berater, denen man alles anvertrauen konnte. Das ist ein vollkommen anderer Vertriebsmodus. Wenn man versucht, dieses Prinzip umzusetzen, also mit jemandem auf gleicher Ebene zusammenzusitzen statt gegenüber als Gegner oder Unterlegener, verändert das vollständig die Art der Beziehung, die man zu ihm entwickelt. Es verändert die Art des Umgangs und hat einen spürbaren Effekt auf die Formulierungen, die man im Gespräch verwendet.

Wir bezeichneten diesen Vertriebsstil manchmal als »konspiratives Verkaufen«, denn man entwickelt gemeinsam mit dem Kunden die Geschichte, die das Topmanagementteam dann am Ende schluckt. Bei der Präsentation von Killer-Resultaten sollte man dem betreffenden Manager also lieber sagen: »Die Informationen Ihrer Mitarbeiter weisen eindeutig darauf hin, dass wir bei der Lieferperformance erhebliche Verbesserungen erzielen müssen« statt »Unsere Studien belegen, dass über 40 Prozent ihrer Sendungen die Kunden verspätet erreichen«. Denn das wäre kontrovers und unfreundlich. Eine solche Aussage könnte den

Kunden in die Defensive bringen, sodass er nach Gründen oder Ausreden für die schlechte Lieferperformance sucht. Präsentiert man das Ergebnis dagegen auf die andere Weise, denkt der Kunde unverzüglich an mögliche Verbesserungen und Lösungswege.

Außerdem kann man einen Manager des Kunden dazu benutzen, die eigenen Erkenntnisse so zu verpacken, dass sie ein anderer Manager leichter verdaulich findet. Und schließlich sollen die Leute des Kunden ihre Energie doch lieber für etwas Nützliches verwenden – etwa dafür, Ihnen die Vertriebsarbeit zu erleichtern –, statt ihre Zeit mit unangenehmen Dingen wie der Frage, ob sie Ihnen überhaupt einen Auftrag erteilen sollten, zu verplempern. Das sind die Freuden des konspirativen Verkaufens: Man bringt die Manager des Kunden dazu, sich selbst etwas zu verkaufen, von dem sie noch gar nicht ganz sicher sind, ob sie es überhaupt haben wollen.

Wie man Schwächen als Stärken verkauft

Nachdem die Organisation des Kunden für den Berater gewöhnlich Neuland ist, während sich das Management entsprechend gut auskennt, ist er immer in einer schwachen Position, wenn er im Kundenbetrieb Studien durchführt. Einer der besten Tricks eines erfahrenen Beraters ist, solche Schwächen als Stärken zu verkaufen.

Stellen Sie sich vor, Sie müssten eine Studie über die Arbeit von rund 2000 Ingenieuren und Technikern anfertigen, die Bohrinseln planen. Da fragt Sie der Kunde, warum keiner Ihrer Berater einschlägige Erfahrungen hat. Die Wahrheit lautet, dass alle Berater mit entsprechenden Kenntnissen gerade anderweitig beschäftigt sind. Dem Kunden erzählen Sie jedoch: »Sie haben doch 2000 Ingenieure in Ihrem Unternehmen. Das sind zusammengenommen 20000 Jahre technischer Erfahrung. Was Sie von uns brauchen, sind neue Ideen und Anregungen, die nicht aus dem technischen Bereich kommen.« Auf diese Weise wird eine eklatante und unverzeihliche Schwäche – nämlich der Umstand, dass keiner aus Ihrem Team auch nur die geringste Ahnung von der Tätigkeit dieser Ingenieure hat – zur herausragenden Stärke. Nachdem Fachleute das Letzte sind, was Ihr Team benötigt, haben Sie sich größte

Mühe gegeben, ein Team ohne Techniker zusammenzustellen, das dem Kunden beim Blick auf seine operativen Abläufe ganz neue Dimensionen eröffnen kann.

Genauso gut könnte es sein, dass Sie dieselbe Studie über mehrere Tausend Techniker für einen anderen Auftraggeber durchführen sollen, aber diesmal für das Team nur Ingenieure als Berater zur Verfügung stehen. In diesem Fall erzählen Sie dem Kunden, dass Ihr Team speziell wegen seiner fundierten Kenntnisse des Geschäftsfelds des Kunden und insbesondere der Ingenieurstätigkeit zusammengestellt wurde. Sie behaupten im Brustton der Überzeugung, dass Sie eine so heikle Aufgabe grundsätzlich nur Ingenieuren übertragen würden.

Eine anderer möglicher Schwachpunkt: Mitten in einer wichtigen Präsentation, die jede Menge Zahlen enthält, werden Sie von einem der Manager des Kunden unterbrochen, der die angeführten Zahlen infrage stellt. Ein unerfahrener Berater könnte nun in die Versuchung kommen, sich und seine Arbeit gegen die Angriffe zu verteidigen. Das hätte allerdings eine langwierige und meist fruchtlose Diskussion darüber zur Folge, welche Zahlen denn nun stimmen. Das eigentliche Thema – nämlich, warum der Kunde Ihr Projekt kaufen soll – wäre damit in den Hintergrund gerückt. Ein alter Hase hält in solchen Fällen nur kurz inne und sagt meinetwegen: »Da haben Sie vollkommen Recht. Diese Zahlen können stimmen. Sie können aber auch falsch sein. Wir wissen das nicht und diejenigen Ihrer Leute, mit denen wir gesprochen haben, konnten uns das auch nicht sagen. Meinungen gab es dazu natürlich. Aber keine klaren Aussagen. Und wie wollen Sie ein Unternehmen effektiv leiten, wenn die Leute nicht einmal den grundlegenden Zahlen trauen?« Sie blicken dramatisch in die Runde und machen Ihrem Publikum so nachdrücklich den Ernst der Lage bewusst. Noch bevor der Kunde merkt, dass Sie die Frage zu dem Zahlenpfusch gar nicht beantwortet haben, fügen Sie schnell hinzu: »Im Grunde geht es doch darum, zusammen einen Managementprozess zu entwickeln, den die Leute ernst nehmen und mit dem sie arbeiten können.« Auf diese Weise machen Sie aus dem Fehler einer Ihrer Berater, der ein paar Zahlen falsch addiert hat, ein schwerwiegendes Problem für den Kunden. Schließlich sei es in seinem Unternehmen nahezu unmöglich, zuverlässige Zahlen zu erhalten. Mit etwas Glück löst dieser kleine Trick nebenbei noch eine Vertrauenskrise des Kunden in Bezug auf seine Managementinformationen aus – ein cleverer Schachzug.

Und es gibt noch einen Aspekt, unter dem eine Schwäche zur Stärke mutieren kann. In den meisten Organisationen ist mehr oder minder heftiges Taktieren an der Tagesordnung. Wer sich auf Analysen beschränkt – so zahlreich und brillant diese auch sein mögen – und diese Vorgänge ignoriert, kommt bei Vertragsabschluss selten zum Zuge. Wer jedoch ein Auge hat für die Intrigen und Machtspielchen, kann sie für sich und sein Consulting-Projekt nutzen. Manchmal steht eine Organisation aber auch unter solchem Druck, dass alle herkömmlichen Managementprozesse zusammenbrechen und die gegnerischen Parteien in für beide Seiten vernichtende endlose Scharmützel verstrickt sind. Für den Berater ist so etwas eine Art organisatorisches Afghanistan. Die Schwierigkeit besteht in solchen Fällen darin, dass sämtliche Analysen Ihres Teams von den einzelnen Gruppierungen gegeneinander verwendet werden. In einem solchen Management den nötigen Rückhalt für einen gemeinsamen Ansatz zu organisieren, ist ein Ding der Unmöglichkeit. Vielleicht geraten Sie sogar ins Kreuzfeuer der Beleidigungen und Beschimpfungen der Manager, sozusagen als Ventil für deren Frust. Wenn normale Regeln und Gesetze nicht mehr gelten, gestalten sich Verkaufsverhandlungen schwierig. Häufig zeichnet sich auch nach Wochen noch kein Fortschritt in die gewünschte Richtung ab.

Doch verzweifeln Sie nicht. Auch diese Situation hat ihre Vorteile. In der Natur gibt es kein Vakuum. Und in einer Organisation kein Machtvakuum. Erfüllt das Management seine Aufgaben nicht und es entsteht ein solches Vakuum, so kommt es entweder zum Zerfall der Organisation oder aber die Massen sammeln sich am erstbesten Punkt der Stabilität und Kontrolle, der aus dem Chaos hervorgeht. Gelingt es Ihnen und Ihrem Beraterteam, diese Stabilitäts- und Kontrollfunktion zu erfüllen, werden Sie feststellen, dass Sie immer mehr Leute hinter sich haben. Sobald Sie genügend Unterstützung gewonnen haben, kann die Vergabe eines Projektes an Sie als einende Kraft für das Unternehmen die einzige Chance darstellen, aus dem Teufelskreis des gegenseitigen Bekämpfens und Ausblutens herauszukommen. Vielleicht müssen Sie auf das Vergnügen verzichten, Ihre Ergebnisse zu präsentieren. Ein umfangreiches Sanierungsprojekt verkaufen Sie am Ende möglicherweise trotzdem.

Das Entscheidungsnetz managen

Eins der nach meiner Erfahrung am häufigsten eingesetzten Vertriebsinstrumente – jedenfalls in den meisten der Beratungsfirmen, für die ich tätig war – war das so genannte »Decision Network Management«. Zu diesem Zweck erstellten wir ein Organisationschart, das die Namen aller Personen enthielt, die die Entscheidung über die Vergabe von Beratungsleistungen oder ein spektakuläres neues IT-System in irgendeiner Weise beeinflussen konnten. Dann schätzten wir die Bedeutung jedes Einzelnen für die anstehende Entscheidung über unser Projekt ein. Im Allgemeinen gab es sechs verschiedene Rollen, die übernommen werden konnten.

Zunächst war da der Genehmiger – die Person, die die Ausgabe von Millionenbeträgen an Berater autorisieren konnte. Gewöhnlich war diese Person im Kundenunternehmen ein oder zwei Ebenen höher angesiedelt als derjenige, der uns ursprünglich ins Boot geholt hatte. In der Regel konnte ein Bereichs- oder nationaler Leiter über die 100 000 oder 200 000 Euro für die erste Studienphase selbst entscheiden. Ergab sich daraus, dass der Kunde eine Million oder noch mehr für die Beratungsleistungen der zweiten Arbeitsphase locker machen sollte, überstieg dies die Entscheidungskompetenz des ursprünglichen Ansprechpartners. Er musste sich damit also an seinen Chef oder sogar an dessen Vorgesetzten wenden. Weil uns vertriebsorientierten Beratern dieses Problem vom ersten Tag beim Kunden an bekannt war, bemühten wir uns aktiv um Zugang zum Chef unseres Gesprächspartners, dem Genehmiger. Wir wollten ihn behutsam auf das vorbereiten, was wir »Sticker Shock« nannten – den Schock, den er bekam, wenn er erfuhr, wie teuer das eigentliche Projekt oder System sein würde.

Dann war da der Käufer. Er war derjenige, der darüber entschied, ob Beratungsdienste in Anspruch genommen werden sollten oder nicht. Er war gewöhnlich unser eigentlicher Kunde. Doch wie bereits erwähnt, musste er sich in der Regel an seinen Chef oder eine noch höhere Stelle wenden, um sich die netten, fetten Honorare genehmigen zu lassen, die er uns zahlen sollte.

Obwohl es dieser Kunde sein konnte, der über die Vergabe eines Projektes an den Berater entschied, gab es häufig noch den so genannten »technischen Käufer«. Das waren die zuständigen Manager für die Bereiche, in denen wir tätig werden wollten. Der Käufer hielt Rücksprache mit dem technischen Käufer, um sicherzugehen, dass das, was wir vorhatten, aus seiner Sicht als technischer Fachmann einigermaßen sinnvoll war. Wenn wir etwa die Logistikkette eines Kunden verbessern wollten, war der technische Käufer natürlich der Logistikkettenmanager.

In der Organisation eines Kunden gab es eine ganze Reihe von Menschen, denen der eigentliche Kunde vertraute und auf deren Meinung er Wert legte. Das waren die Meinungsbildner. Manchmal hatten sie solchen Einfluss auf ihn, weil Kunde und Meinungsbildner sich schon viele Jahre kannten und an so manchem entscheidenden Projekt zusammengearbeitet hatten. Manchmal aber auch, weil man zusammen Golf spielte. Es war die Aufgabe unseres Projektmanagers, die wichtigsten Meinungsbildner zu ermitteln und sie nach Möglichkeit auf unsere Seite zu ziehen. Gelang das nicht, mussten wir versuchen, ihren Einfluss irgendwie zu neutralisieren.

Eine weitere wichtige Rolle spielte der Coach. Der Entscheidungsprozess in einem Unternehmen weicht häufig von dem ab, was das Organisationschart vermuten ließe. Bei manchen Organisationen laufen die Fäden der Macht in den Händen von ein oder zwei Personen zusammen. In anderen ist das gesamte Managementteam einer Ebene beteiligt. In besonders konsensorientierten Firmen sind an wichtigen Entscheidungen manchmal 20 Personen oder mehr beteiligt. Wir versuchten immer, innerhalb der Organisationen rasch jemanden ausfindig zu machen, der uns über die tatsächlichen Entscheidungsprozesse im Unternehmen informierte und uns beibrachte, wie man das maßgebliche Entscheidungsnetz managte, um das gewünschte Ergebnis herbeizuführen. Das bestand natürlich darin, dass der Kunde uns ein umfangreiches Consulting-Projekt oder ein gigantisches IT-System abkaufte.

Schließlich war da noch der Pförtner. Er hatte die Macht, dem Berater benötigte Informationen vorzuenthalten oder ihm den direkten Zugang zu Schlüsselpersonen im Entscheidungsnetzwerk zu verwehren. Das konnte eine Sekretärin sein, aber auch der Kunde selbst, der den Kontakt zu seinem Chef unterbinden wollte. An solche Leute musste man herankommen und sie dazu bringen, einem Tür und Tor zu öffnen.

Sobald wir herausgefunden hatten, wer bei der Entscheidung, uns den Zuschlag zu geben oder nicht, welche Rolle spielen würde, versahen wir die Namen der Betreffenden mit Rollenbezeichnungen und Angaben zu ihrer Einstellung uns gegenüber:

- Grün hieß, dass sie uns den Auftrag erteilen wollten.
- Orange hieß, sie waren neutral.
- Rot hieß, sie waren dagegen, uns zu beauftragen.

Als Nächstes sammelte der Projektmanager Informationen über alle Mitglieder des Entscheidungsnetzes auf dem so genannten »Influencing Chart«. Dieses deckte Hintergrundinformationen ab, Karriereziele, die Frage »Was habe ich davon, wenn gerade diese Beratungsfirma engagiert wird?« und ihre »Hot Buttons«, »Red Issues« und »Red Flags«.

Der Projektmanager musste während der Studienwochen dann so viele Elemente des Entscheidungsnetzes wie möglich mit grünen Markierungen versehen. Die Entscheidung, ob wir den Zuschlag bekamen, sollte schon gefallen sein, bevor wir die Frage stellten.

Um Ihnen eine Vorstellung davon zu geben, wie dieses Entscheidungsnetzmanagement-Verfahren funktionierte, will ich als Fallbeispiel anführen, wie mein Abteilungsleiter einem wichtigen Unternehmensbereich eines Schweizer Nahrungsmittelproduzenten ein Consulting-Projekt für 15 Millionen Euro verkaufen wollte. Der Projektleiter erstellte sein Influencing Chart mit genauen Angaben zu Hintergrund, Motivation und Einstellung der Schlüsselpersonen im Managementteam. Der CEO wurde darin als »ehrlich, uns gegenüber positiv eingestellt und bestrebt, bei seinem Ausscheiden in den Ruhestand ein gesundes Unternehmen zu hinterlassen« beschrieben, aber auch als jemand, der »seine Organisation als Manager nicht im Griff hat«. Einer der Geschäftsführer galt als Risikofaktor für unser Projekt, denn er war »von deutscher Wesensart, wusste alles besser und wollte McKinsey haben«. Der Finanz- und IT-Leiter galt als »hochpolitisch«, und unser Projektleiter wollte ihn »aus der Reserve locken – wahlweise durch Angst oder Begeisterung«. Weitere Entscheidungsträger galten als »verschlossen, konservativ oder auf den Ausbau des eigenen Einflussbereichs bedacht«, und es wurden entsprechende Strategien entwickelt, um sie für uns zu gewinnen oder kaltzustellen. Waren Manager strikt gegen uns und ließen sich nicht umdrehen, dann prangerten wir einfach alle Missstände an, die wir in ihren Bereichen entdeckten. Wir diskreditierten sie in jeder Beziehung, sorgten manchmal für ihre Versetzung oder notfalls sogar für ihre Entlassung.

Kapitel 7

Schrumpfende Märkte und erste Zerfallserscheinungen

Mitte der 1990er Jahre gab es mindestens drei maßgebliche Veränderungen in der Unternehmenswelt, die das weitere Wachstum der Managementberaterbranche gefährdeten.

Zunächst war in vielen westlichen Unternehmen eine neue Managergeneration an die Schaltstellen der Macht gelangt. Im Gegensatz zu vielen ihrer Vorgänger hatten diese Leute eine betriebswirtschaftliche Ausbildung genossen und fühlten sich daher nicht so sehr auf die Unterstützung von Beratern angewiesen. Ein erfolgreicher Unternehmer umschrieb diese Marktschrumpfung treffend mit seiner Antwort auf die Frage, ob er Berater einsetze: »Ich verschließe mich nicht vor einer externen Perspektive, die die Berater liefern können. Aber ich glaube, in der Vergangenheit war das für Marks & Spencer von Nachteil. Es wurde erwartet, dass es für alle Aufgaben Berater gab. Wir haben das Pendel ganz bewusst in die andere Richtung ausschlagen lassen.«[1]

Zweitens erzielten die westlichen Unternehmen Leistungssteigerungen, während die japanischen und asiatischen Volkswirtschaften in die Rezession abglitten. Die scheinbare Bedrohung durch die Tiger aus dem Fernen Osten schien zu schwinden.

Und drittens splitterte von vielen unserer Produkte wie Business Process Reengineering, Balanced Scorecard oder Business Transformation allmählich der Lack ab.

Doch inzwischen gab es Hunderttausende von Managementberatern, die in Projekten untergebracht werden mussten, um ihre Zeit abrechnen zu können. Die Alternative war, sie auf die Straße zu setzen – und dann hätten ihre Bosse die Ziele für ihre Prämien verfehlt. Im Grunde war es so, dass sich wohl zu viele Berater um zu wenig Geschäft stritten. Zwanzig Jahre lang hatten wir von einem wachsenden

Markt profitiert. Die neuen Zustände bedeuteten, dass der Druck, Minderleister unterzubringen, enorm wuchs: Ob der Kunde die Unterstützung der Berater oder das IT-System brauchte oder nicht, spielte dabei keine Rolle mehr. Die natürliche Folge war ein Verfall der Leistungsstandards und ein Verfall des Wertes, den die Beratungsfirmen für ihre Kunden darstellten. Gelingt es, einem Kunden ein Millionen-Dollar-Projekt zu verkaufen, das er gar nicht benötigt, dann kann das Projekt noch so erfolgreich sein – viel Wert wird dadurch nicht geschaffen. Der CEO eines Beratungsunternehmens sprach von »der Erfahrung der späten 1990er Jahre, als viele Beratungsfirmen sich vorwerfen lassen mussten, tolle Versprechungen zu machen, die sie dann nicht halten konnten«.[2] Ein weiterer führender Berater räumte ein, dass es in den 1990er Jahren »einen Trend gab, von einem fahrenden Zug auf den nächsten aufzuspringen, anstatt sich am tatsächlichen Bedarf der Unternehmen zu orientieren. Beratungs- und Systemintegrationsfirmen schufen also keinen echten Wert, und das führte zu mangelnder Glaubwürdigkeit.«[3]

Die Angst vorm Verpassen der E-Commerce-Welle

Die explosive Entwicklung des E-Business Mitte bis Ende der 1990er Jahre war für die Managementberater der Startschuss für einen potenziellen Goldrausch. Dieser hatte alle Voraussetzungen, mit dem durch die immense Popularität des Business Process Reengineering zehn Jahre zuvor ausgelösten Run gleichzuziehen oder ihn sogar zu übertreffen. Denken Sie nur daran, was uns damals die Experten über die Zukunft der Organisationen erzählten, als sie ihre eigenen Dienstleistungen propagierten:

»In der reibungsfreien Wirtschaft fassen neue Branchen, Produkte und Ideen in Rekordzeit weltweit Fuß. Nur schnelle Unternehmen werden dabei überleben.«

»Unternehmen können es sich nicht leisten, den Internethandel zu ignorieren. Sie müssen sich selbst neu erfinden – und zwar schleunigst.«

»Es entsteht eine neue Ordnung, die anderen Regeln gehorcht und alle Unternehmen zwingt, in einem anderen Rhythmus zu tanzen.«

»Das Internet löst so fundamentale Veränderungen aus, dass sich die Unternehmen neu erfinden müssen, um zu überleben.«

»In der neuen Informationswirtschaft werden Industrien rückgebaut, aber nicht zerstört. Die Unternehmen selbst werden nicht obsolet, wohl aber die gegenwärtige Definition ihres Geschäfts.«

Diese Experten haben uns gewarnt. Wer nicht in Cyber-Zeit ins Netz ging, sein Unternehmen auf E-Business einstellte und sein Geschäftsmodell neu erfand, der sei so gut wie tot. Mittlerweile sind ein paar Jahre vergangen und wir betrachten die Dinge heute etwas differenzierter. Nach dem Platzen der Technologieblase und den Milliarden an Shareholder-Value, die sich in Luft aufgelöst haben, klingen manche dieser Behauptungen vielleicht etwas übertrieben. Doch damals – und zum Glück für uns Managementberater – bereiteten diese Neuerungen den Kunden genügend Kopfschmerzen, um rasch bei uns Hilfe zu suchen.

Dabei gab es jedoch ein Problem: Die meisten der großen Beratungsfirmen kannten sich mit dem Internet überhaupt nicht aus, hatten keinerlei Erfahrung mit dem Aufbau eines E-Business und wussten kaum mehr darüber, wie man eine Organisation für das Internet fit machte, als ihre potenziellen Kunden. Wir hatten weder die Kompetenz noch die Beweglichkeit, um die fantastischen neuen Möglichkeiten beim Schopf zu packen, die sich durch das Wachstum des E-Business auftaten. Wie ein Journalist kommentierte: »Die großen Managementberatungen unterscheiden sich nicht von den großen Kunden, wenn es darum geht, zu versuchen, sich in Internet-Geschwindigkeit zu bewegen. Sie sind in einem Geschäftsmodell gefangen, dass sich über lange Zeit entwickelt hat und dessen Kontrollstrukturen Entscheidungsprozesse abwürgen.«[4] Ein anderer Branchenkenner zeichnete ein ganz ähnliches Bild von den Problemen, vor denen wir großen Beratungsfirmen standen: »Es ist nicht so, dass die traditionellen Beratungsunternehmen ihrer Zeit hinterherhinken. Es ist vielmehr so, dass ihre Geschäftsmodelle für die entstehende neue Online-Economy ungeeignet sind. Jedes Unternehmen mit 60 000 Mitarbeitern wird Probleme haben, wenn es um Reaktionsschnelligkeit geht. Und genau deshalb haben große herkömmliche Unternehmen Schwierigkeiten, mit den Dotcom-Start-ups mitzuhalten.«[5]

Beim Business Process Reengineering war es für die Beratungsfirmen leicht, auf den fahrenden Zug aufzuspringen und alle Vorteile mitzunehmen. Man suchte sich einfach einen Juniorberater oder College-Absolventen, drückte ihm ein Exemplar des Buches *Reengineering the Corporation* von Hammer und Champy (*Business Reengineering. Die Radikalkur für das Unternehmen*, Frankfurt/New York 1996) in die Hand, schickte ihn ein, zwei Tage auf eine Schulung über Prozessanalyse und – voilà – schon hatte man einen voll ausgebildeten und abrechenbaren Business Process Reengineer, den man für eine halbe Million oder mehr im Jahr auf die Kunden loslassen konnte. Mit diesem Ansatz stießen viele Beratungsfirmen quasi am Fließband Business-Process-Reengineering-Berater aus, wie andere Fabriken Schokoriegel oder Waschpulver. Aber beim E-Business lag die Sache anders. Die meisten traditionellen Beratungsfirmen verdienten ihr Geld und ihre Prämien, indem sie so viele Berater wie möglich so lange wie möglich an Projekten arbeiten ließen. Leider, um einen weiteren Kommentator zu zitieren, konnte »auch eine ganze Armee von Beratern nichts mehr ausrichten«.[6] Der neue Ansatz war dem, was wir zu tun gewohnt waren, diametral entgegengesetzt. Plötzlich galt es, kleine, reaktionsschnelle Teams loszuschicken, die viel Erfahrung hatten und in kürzester Zeit neue Geschäftskonzepte auf die Beine stellen konnten – nicht mehr Horden von Beratern, die unendlich lange und lukrativ an der bestehenden Organisation herumdokterten, wie es bei vielen der traditionellen Beratungsfirmen üblich gewesen war.

Da standen wir mit unserer Massenproduktion an unerfahrenen Beratern und sahen uns mit einem vollkommen neuen Umfeld konfrontiert. Die Kunden zahlten ihren erwählten Beratern zwar immer noch bereitwillig jede Menge Geld, doch sie wollten nur noch wenige echte Experten haben und nicht mehr Legionen unbedarfter Process-Reengineering-Klone. Wir Monstren der Beraterbranche mit unseren vielen Tausend Mitarbeitern hatten ein Problem: »Ernüchternder Lesestoff für die traditionellen Managementberatungen ist eine kürzlich veröffentlichte Studie, die belegt, dass globale Unternehmen sich in Sachen Online-Strategien lieber einer neuen Generation von Internet-Beratungsfirmen anvertrauen. Von den 50 befragten Beratungen setzen 76 Prozent ihre traditionellen Berater nicht für E-Business-Strategien ein. Eine drastische Schlussfolgerung des Berichts ›e-business strategy needs help‹ von Forrester Research lautet, dass ›Managementberatern die Internetkenntnisse fehlen‹.«[7] Fazit: Eine riesige neue Goldader war entdeckt worden und wir, die traditionellen Beratungsfirmen, hatten weder die Leute noch die Erfahrung oder die Werkzeuge, um uns mit in den Goldrausch zu stürzen und uns einen Anteil der Ausbeute zu sichern.

Die Folge war, dass sich die Kunden in allen Fragen, die nur entfernt mit dem Internet zusammenhingen, anderweitig orientierten. Das wiederum veranlasste die wenigen unserer Mitarbeiter mit Online-Kompetenz, rasch die Seiten zu wechseln und wie die Gadarener Schweine davonzujagen – allerdings nicht, um sich ins Meer zu stürzen, sondern um sich Anteile und Teilhaberschaften an wachstumsintensiven neuen Beratungsfirmen zu sichern, die Arbeit und Geld zu bieten hatten. Forrester Research beschrieb den raschen Aderlass an kompetenten Fachkräften, den die großen Managementberatungsfirmen erlebten, folgendermaßen: »Infolgedessen kam es zu einem signifikanten Abfluss von Know-how aus traditionellen Managementberatungsunternehmen hin zu E-Consulting-Firmen mit ansprechendem Namen, Aktienoptionsprogrammen, flacher Hierarchie und avantgardistischen Büros.«[8] Nach ein paar Monaten schien keiner unserer jungen, fitten, onlinefähigen Berater mehr übrig zu sein. »Leute mit E-Business-Kompetenz sind in Bezug auf ihre Arbeitgeber äußerst wählerisch. Sie wünschen sich ein flexibles Umfeld, das die traditionellen Beratungsfirmen nicht bieten können.«[9] Manche Beratungsunternehmen verloren im Zuge des Online-Rausches bis zu 20 Prozent oder sogar noch mehr ihrer Mitarbeiter – und zwar genau die 20 Prozent, die über das begehrte neue Online-Wissen verfügten. Zurück blieben Berater mit veralteten Kenntnissen, die nicht gewinnbringend einsetzbar waren.

Ein zweites Problem war, dass unsere wichtigsten Kunden ihre Anstrengungen und Ressourcen stark auf das Mithalten mit der Online-Welle konzentrierten – so stark, dass sie darüber das Interesse an den konventionelleren Themen verloren, die wir ihnen bislang verkauft hatten: Reengineering, ERP, immer neue Organisationskonzepte, Aufmöbelung der Logistikkette und Systemintegration. Unsere konventionellen Geschäftsfelder brachen zusammen, und wir standen da mit

Tausenden klassisch ausgebildeter Berater, für die es keinen Markt gab. Ein Beobachter fasste das Problem folgendermaßen zusammen: »Traditionelle Beratung und Systemintegration sind einfach aus der Mode gekommen.«[10] Hinzu kam, dass wir die E-Business-Chancen, die wir auftaten, wiederholt an die modischen neuen Online-Beratungen mit trendigen Namen und nachweisbarer Erfolgsbilanz verloren. Ein Journalist schrieb über unsere Probleme bei der Anpassung an die neuen Bedingungen: »Die traditionellen Beratungsfirmen haben ihre Kernkompetenzen in den letzten fünf Jahren auf ERP konzentriert. Sie haben sich nur langsam auf den E-Commerce eingestellt, weil sie weder die nötigen Kompetenzen noch die richtige Einstellung hatten.«[11] Wir traditionellen Berater hätten ein Problem: »Diese Unternehmen müssen einen interessanten und potenziell schmerzhaften Weg gehen – den gleichen schmerzhaften Weg, auf dem sie ihre Kunden begleiten müssen.«[12]

Natürlich war es weder unserem Management noch unseren großen Konkurrenten entgangen, dass man mit dem Buchstaben »E« Milliarden verdienen konnte. Verzweifelt wehrten wir Dinosaurier uns gegen die aggressiven Start-ups, die uns unsere besten Leute abspenstig machten und auch das, was wir als unser rechtmäßiges Erbe betrachteten – unsere größten Kunden. »Die großen Firmen lassen sich von der Online-Konkurrenz nicht tatenlos überrollen. Der Sektor erlebt eine Welle der Umstrukturierung und der technischen Bündnisse – von der Übernahme des Beratungsgeschäfts von Ernst & Young durch Cap Gemini bis zur Ausgliederung der Beratungssparte bei PricewaterhouseCoopers, der Ablösung von Andersen Consulting von Arthur Andersen und der Suche KPMGs nach Bündnispartnern durch Abgabe eines Teils seines Beratungsgeschäfts. Darin zeigt sich die Entschlossenheit, das nötige Kapital und die Erfahrung zu erwerben, um sich im E-Commerce zu behaupten.«[13]

Ich arbeitete damals für eine der großen Beratungsfirmen, die zu kämpfen hatte, um sich an das immense Wachstum des E-Business-Geschäfts und den ebenso umfangreichen Umsatzeinbruch bei traditionellen Beratungsprojekten zu gewöhnen. Weil ich im Vertrieb arbeitete und internationaler eingesetzt wurde als die meisten meiner Kollegen, hatte ich das Glück, unsere kühnen Versuche mitzuerleben, uns als E-Business-Experten auszugeben. Das war eine recht plumpe Angelegenheit – als würde ein schwerfälliger, übergewichtiger Dinosaurier versuchen, als leichtfüßiger Gepard durchzugehen.

Die ersten Gehversuche auf dem explodierenden E-Business-Markt waren Situationen, die an die berühmte Frage nach dem Huhn und dem Ei erinnerten. Man kam beim Kunden nur an, wenn man Referenzen vorweisen konnte, die bestätigten, dass man sich mit der Materie auskannte. Doch Referenzen als Erfolgsbilanz bekam man erst, wenn man schon ein paar E-Business-Projekte betreut und abgeschlossen hatte. Und lernen, wie man ein E-Business auf die Beine stellte, konnten die eigenen Leute nur, wenn sie die Gelegenheit dazu bekamen. Die Kunden aber waren inzwischen so schlau, ihre Projekte nach Möglichkeit nicht mehr an Firmen zu vergeben, die ganz offensichtlich nicht wussten, was sie taten. Wir und unsere traditionellen Konkurrenten mussten also zusehen, wie uns die neue Generation der Online-Beratungen vor unseren Augen um unser Geburtsrecht brachte. Dabei standen wir vor allem zwei Fragen gegenüber: erstens, wie wir zu einer Erfolgsbilanz kommen sollten, wo wir E-Commerce doch nur aus weiter Ferne kannten, und zweitens, woher wir geschulte, versierte Mitarbeiter nehmen sollten, die unsere Kunden betreuen konnten – denn das Gros der Belegschaft war auf technischem Gebiet so inkompetent, das es vermutlich zu Hause nicht einmal den Videorekorder bedienen konnte.

Wie man eine Erfolgsbilanz aufbaut

Wie unsere Mitbewerber auch fanden wir rasch einen Ausweg aus der Situation, dass wir keinerlei E-Commerce-Erfahrung hatten. In unserem Fall modelten wir einfach ein traditionelles Beratungsprojekt vom Typus »Tritt-in-den-Hintern« so um, dass es so aussah, als würden wir uns schon seit Urzeiten mit hochaktuellen E-Commerce-Fragen befassen. Auf dieser Basis versuchten wir, schnell ein paar echte E-Commerce-Projekte an Land zu ziehen, um auf Kosten unserer Kunden herauszufinden, was man in dieser aufregenden neuen onlinefähigen Welt der Chancen wirklich tun musste, und es dann an andere Kunden weiterzuverkaufen.

Glücklicherweise hatten wir damals gerade den Auftrag, einer der ersten neu gegründeten großen europäischen Internetbanken auf die

Beine zu helfen. Soweit ich weiß, haben unsere Berater nichts anderes als traditionelles Projektmanagement betrieben, also geplant, umgesetzt und geprüft, um den Kundenteams dabei zu helfen, ihre Meilensteine pünktlich zu erreichen. Ob es sich dabei um die Gründung eines fortschrittlichen E-Business oder den Aufbau einer weniger fortschrittlichen Fischzucht handelte, die Aufgaben waren mehr oder minder die gleichen. Man organisierte die Belegschaft des Kunden, unterstützte sie bei der Planung, drängte sie zur Umsetzung ihrer Pläne und räumte alle störenden organisatorischen oder politischen Hindernisse aus dem Weg. Wie ich meine, unterstützten andere, eher in Nischen angesiedelte Beratungsfirmen die Kunden mit wirklich reizvollen hochaktuellen Aufgaben wie der Entwicklung eines übergreifenden Geschäftskonzeptes, der Erstellung von Webseiten und dem Aufbau der technischen Infrastruktur. Doch das kümmerte uns nicht. Die Bank machte Schlagzeilen, und unser Name wurde im gleichen Atemzug mit einem Projekt genannt, das an vorderster Front der E-Commerce-Welle zu schwimmen schien. Durch unsere Arbeit für diese Internetbank, so glaubten wir, konnten wir uns nun als qualifizierte E-Business-Experten präsentieren. Und wir warben aggressiv um weitere Aufträge auf der Basis unserer vorgeblichen »Erfolgsbilanz«. Leider war da aber noch die unglückselige Kleinigkeit, dass wir Zehntausende von Mitarbeitern hatten und nur fünf oder zehn davon tatsächlich an der Gründung der Internetbank beteiligt gewesen waren. Erschwerend kam hinzu, dass die meisten dieser Online-Spezialisten vollauf damit beschäftigt waren, der Internetbank dabei zu helfen, zusätzliche Dienstleistungen wie Versicherungen, Aktienhandel und ein Investmentfondssortiment ins Angebot aufzunehmen. Meiner Ansicht nach konnte die Mehrheit derjenigen, die jetzt herumliefen und unseren Kunden mit unserer E-Commerce-Kompetenz imponieren wollten, E-Business nicht von einem Sack Kartoffeln unterscheiden.

Wie man erfahrene Profis auftreibt

Wir brauchten zwei Arten von Mitarbeitern, um unseren Kunden einen kompletten E-Business-Start-up-Service zu bieten. Unternehmensberater, die sich zur Realisierbarkeit der Vorstellungen des Kunden äußern und dabei helfen konnten, neue Marktchancen für den Kunden zu ermitteln, und Technikgenies, die superschicke, kundenfreundliche Webseiten erstellen konnten.

Die betriebswirtschaftlichen Berater mit angeblicher E-Commerce-Erfahrung waren leicht aufzutreiben. Unser Management wählte einfach ein paar Leute aus der Phase-I-Gruppe unseres strategischen Beratungsbereichs aus, in der ich arbeitete. Schließlich waren wir es aus der Phase-I-Gruppe der strategischen Beratung gewöhnt, die Kunden mit überzeugenden Verkaufsargumenten zu bearbeiten, noch bevor wir echten Einblick in ihre Organisationen und Geschäftsfelder erhalten hatten. Es bot sich daher an, uns mit unserer neuen Botschaft von unserer beispiellosen, fundierten Internet-Sachkenntnis auszuschicken.

Was die technische Seite betraf, so gründeten unsere Chefs einen neuen Unternehmensbereich mit einem aufregenden neuen Namen, der so ähnlich klingen sollte wie die der aufstrebenden neuen E-Consulting-Konkurrenten. Von unseren mehr als 30 000 IT-Leuten wurden zwischen 50 und 100 herausgepickt und diesem neuen Bereich zugeordnet. Indem wir so viele Mitarbeiter in diesen Bereich verlagerten, avancierten wir über Nacht zu einem der größten Anbieter auf dem Markt für Webseitendesign und -aufbau. Zu den ganz Großen der Branche gehörten wir jedoch leider nur nach den Mitarbeiterzahlen, nicht aber nach der Anzahl der lukrativen Verträge mit Kunden. Denn so sehr wir uns auch bemühten, diese blieben aus.

Nach noch nicht einmal zwei Jahren mussten wir die Initiative aufgeben und mit beträchtlichen Verlusten abschreiben. Unser Chief Operating Officer räumte in einem seltenen Akt der Selbstkritik mehr oder minder ein, dass unser Ausflug in den E-Commerce insgesamt ein Fiasko gewesen sei:

»›Die Entscheidung des Beratungsunternehmens, einen eigenständigen Bereich nur für E-Business zu schaffen, war ein Fehler‹, erklärt XY, Chief Operating Officer des internationalen Beratungsgiganten. Auf der Höhe des Dotcom-Rausches schuf das Unternehmen einen E-Business-Bereich für Kunden, die ihre Dienstleistungen und Produkte online anbieten wollten. Doch mit wachsender Größe des E-Business-Bereichs wuchsen auch die internen Konflikte mit anderen Bereichen. ›Wir haben einen Fehler gemacht‹, sagte Mr. XY gestern. ›Es wurden interne

Widerstände ausgelöst. Als der Internet-Hype nachließ, mussten wir uns neu aufstellen. Ende 1999 vernachlässigten wir den Dotcom-Markt, wofür wir uns seinerzeit ein wenig schämten. Wir interessierten uns nicht für Anteile an Dotcoms und wirkten dadurch etwas konservativer als unsere Konkurrenten.‹«[14]

Das Leben nach dem Platzen der Dotcom-Blase

Dann zerplatzte die E-Commerce-Blase mit einem lauten Knall. Millionen von Aktionären standen vor dem Nichts, und Tausende von Aktienoptionsmillionären waren bankrott. Doch für die großen Beratungsfirmen verhieß das leider nicht die Rückkehr zum »Business as usual«. Der Markt für Beratungsleistungen wandelte sich. Große Unternehmen reduzierten ihre Beratungsbudgets. Unsere Kunden waren in der Regel besser qualifiziert als noch ein paar Jahre zuvor. Es gab inzwischen mehr MBA-Absolventen. Auch zeigten sich die Kunden wählerischer, was die Art der Beratungsleistungen anging, die sie in Auftrag geben wollten. Die höchst profitablen Millionenprojekte für Legionen von Beratern, die so lange unsere Cash-Cows gewesen waren, wurden seltener. Das Serviceangebot der großen Beratungsfirmen glich sich immer mehr an. Infolgedessen spielte für viele Kunden der Preis als Auswahlkriterium eine größere Rolle als der Name.

Viele Beratungsunternehmen hatten die vom E-Business gebotenen Chancen offenkundig deshalb nicht wahrnehmen können, weil sie zu groß waren, enorm bürokratische Entscheidungsprozesse hatten und so konservativ waren, dass es ihnen an Unternehmergeist mangelte. Es war ein Glücksfall für diese Beratungsfirmen, dass das E-Business aufkam und wieder abtrat, bevor die Unternehmen nachhaltig und bleibend kommerziell geschädigt worden wären. Doch die Schwächen, die uns traditionelle Berater davon abgehalten hatten, auf die Chancen des Internets zu reagieren, hatten noch eine weitaus schwerwiegendere Konsequenz. Viele der großen Beratungsunternehmen konnten sich nicht an die tiefgreifenderen Veränderungen auf dem breiten Beratungs- und IT-Dienstleistungsmarkt anpassen. Und diesmal würden zu Tausenden wir Mitarbeiter zu leiden haben, wenn die riesigen Dinosaurier, für die wir arbeiteten, ahnungslos vor dem Aussterben standen, weil sich das Klima, in dem sie gediehen waren, fundamental veränderte.

Warum es so selten ein Happy End gibt

Wer so viele Managementberatungsfirmen in allen Stadien ihrer Entwicklung von außen und innen gesehen hat, erkennt allmählich ein Muster, nach dem sich Beratungsunternehmen herausbilden, entwickeln und dann oft verfallen. Es gibt Zeiten, da können Beratungsfirmen bei ihren Mitarbeitern echtes Engagement wecken und erfüllende Aufgaben bieten. Zu anderen Zeiten wird man regelmäßig durch die Mangel gedreht, wenn man nicht sehr gut aufpasst. Die meisten Beratungsunternehmen entstehen wohl unter Einwirkung von drei hauptsächlichen Faktoren: Man ist darauf aus, schnelles Geld zu machen, springt auf einen fahrenden Zug auf oder hat neue Leistungen zu bieten.

Das schnelle Geld

Manche Beratungsfirmen entstehen dadurch, dass ihr Gründer seinem früheren Arbeitgeber ein oder zwei Kunden abspenstig macht. Gewöhnlich nimmt er auch ein paar Berater und elektronische Kopien des gesamten Schulungsmaterials seiner früheren Firma mit, um sich die Neugründung zu erleichtern. Dann spuckt er einen Abklatsch vom Ansatz des früheren Brötchengebers aus, ohne auch nur die geringste Veränderung oder Neuerung hinzuzufügen. Mancher lässt sogar Referenzbriefe von Kunden mitgehen und kopiert sie aufs eigene Geschäftspapier. Dann wird der/werden die Gründer unverschämt und unverdient reich, ohne irgendetwas Neues entwickelt oder eine einzige eigene Idee gehabt zu haben – außer der, wie sich sein oder ihr Bankkonto möglichst schnell füllen lässt. Klopft eine solche Beratungsfirma an Ihre Türe, dann ziehen Sie sich bitte warm an. Sie ist aus dem Diebstahl der Ideen anderer entstanden. Sie ist reich geworden durch die endlose Wiederauflage eines bewährten Ansatzes, den andere entwickelt haben. Lassen Sie von solchen Beratungsfirmen lieber die Finger – es sei denn, Sie möchten unbedingt Ideen aus zweiter oder dritter Hand erwerben, mechanisch wiederholt, mit nur kleinsten Anpassungen an Ihre einzigartige Unternehmenssituation. Eine solche Firma wird Ihnen keine guten Dienste leisten, denn sie beherrscht nur ein oder zwei Disziplinen, die weder neu noch originell sind, sondern von anderen geliehen oder gestohlen wurden. Wie die Holzfäller beherrschen sie diese Disziplinen möglicherweise ziemlich perfekt. Doch Sie werden von ihnen kaum das bekommen, was Sie wirklich brauchen. Hinzu kommt, dass in solchen Beratungsunternehmen mit ihrem bewährten, gewinnorientierten Geschäftsmodell Innovation und kreatives Denken in Bezug auf die geschäftlichen Probleme eines Kunden gewöhnlich nicht gefördert werden.

Nur sehr schwache Manager engagieren Berater, die ausschließlich solche Ideen wiederkäuen und mechanisch umsetzen, die bereits bei Gründung des Unternehmens alt und abgestanden waren. Doch zum Glück für solche Beratungsfirmen gibt es viele schwache Manager auf der Welt.

Keinen Zug verpassen

Alle paar Jahre kommt ein neuer Managementtrend auf, der sich so gut verkauft, dass ein riesiger Markt entsteht für Menschen, die angeblich etwas anzubieten haben, das wie das Original aussieht, schmeckt und sogar ein bisschen danach riecht. Nie schießen so viele neue Beratungsfirmen aus dem Boden und nie wachsen die bestehenden Firmen, die sich rechtzeitig an die Spitze der neuen Bewegung setzen, so schnell, wie wenn ein solcher großer ungesättigter Markt für etwas entsteht, das der Kunde nicht begreift.

Der letzte große Verkaufsschlager war »E-Business«. Damals erzählten uns zahllose eigennützige Experten, dass sämtliche Unternehmen plötzlich das meiste Geschäft über das Internet abwickeln würden. Wer sich nicht anpasse, so orakelten die Gurus, werde zugrunde gehen. Milliarden wurden ausgegeben, um Organisationen »onlinefähig« zu machen. Für die Managementberater war das ein gefundenes Fressen. Wie die Pilze schossen neue Firmen mit hippen Namen aus dem Boden, die allein schon zeigten, wie sehr sie sich von den langweiligen und gierigen Großen der Branche unterschieden. Diese wiederum versuchten verzweifelt, eigene Online-Angebote zu entwickeln. Wer das Wort »Internet« auch nur buchstabieren konnte, verdiente plötzlich Geld ohne Ende. Manche wurden über Nacht zum Multimillionär. Doch dann platzte die Blase. Die Aktien der Internetfirmen brachen ein, und unter den modischen neuen Beratungsfirmen mit den hippen Namen kam es zu einer Welle von Konkursen. Die großen etablierten Beratungsfirmen, die bei der Ausbeutung der Online-Welle kläglich versagt hatten, stießen einen kollektiven Seufzer der Erleichterung aus, als die neue Konkurrenz dezimiert wurde und verstörte Kunden angelaufen kamen, um sich in sicherere Hände zu begeben.

Davor war es der Business-Process-Reengineering- (BPR-)Wahn gewesen. Doch wo E-Business zum Aufstieg und Fall vieler neuer Beratungsfirmen geführt hatte, kam es im Zuge von BPR zu explosivem Wachstum vieler ehemaligen Randfiguren auf dem Beratungsmarkt. Jahrelang hatten die großen Wirtschaftsprüfungsgesellschaften nicht expandieren können, weil es nur eine begrenzte Zahl zu prüfender Unternehmen gab. Viele hatten neidisch auf die satten Honorare und das scheinbar unbegrenzte Wachstum der Managementberatungen geblickt. Um sich ein Stück des Kuchens zu sichern, hatten die meisten größeren Wirtschaftsprüfungsunternehmen Bereiche für Managementberatung gegründet. Diesen fehlte jedoch ein gefragtes Produkt, sodass sie im Vergleich zum Prüfungsgeschäft meist klein blieben. Die für die Beratungssparte zuständigen Partner blieben so höchstens geduldete Newcomer und Bürger zweiter Klasse, die grundsätzlich hinter den etablierten Wirtschaftsprüfungspartnern zurückzustehen hatten. Mit BPR wurde das anders. BPR gab diesen Beratungsfirmen ein Produkt an die Hand, das leicht zu verstehen, leicht zu kopieren und leicht umzusetzen war. Man konnte Heerscharen unerfahrener Berater darauf ansetzen. Und die Kunden waren allem Anschein nach absolut unersättlich und rissen sich um diese Neuauflage von »Des Kaisers neue Kleider«. Die Wachstumsraten der meisten Beratungsfirmen, die sich in irgendeiner Form mit BPR befassten, waren atemberaubend. Die Beratungssparten der Wirtschaftsprüfer wuchsen mit phänomenaler Geschwindigkeit. Manche beschäftigten Zigtausende von Beratern. PwC hatte zum Zeitpunkt des Verkaufs an IBM rund 30000 Managementberater. Als der BPR-Wahn abflaute, waren viele dieser Beratungsunternehmen weit rentabler als ihre großen Muttergesellschaften im Wirtschaftsprüfungsbereich. Viele der Gesellschaften verdienten fünf- bis zehnmal so viel mit Beratungsleistungen wie mit Prüfungstätigkeit.

Neue Serviceangebote

Dann gibt es eine Gruppe von Beratungsunternehmen, die aufgebaut werden, weil ihre Gründer wirklich glauben, dass sie ihren Kunden einen neuen Service bieten können, den es auf dem Markt bisher noch nicht gibt. Sie müssen gewöhnlich weder Kunden noch Ideen stehlen, da sie in der Lage sind, eigene Ideen zu entwickeln. Ebenso wenig folgen sie einfach den entfesselten Massen, um auf den nächsten Zug aufzuspringen. Sie sind Pioniere. Sie schlagen eine eigene Richtung ein, weil sie leidenschaftlich davon überzeugt sind, dass sie etwas Neues anzubieten haben. Vermutlich ist es diese Leidenschaft, die sie von anderen Beratungsfirmen unterscheidet. Weil sie höhere Ziele haben als die Bestückung ihrer Bankkonten und originellere Ideen als die rasche Nachahmung dessen, was alle anderen tun, sind diese Beratungen fest davon überzeugt, für ihre Kunden wirklich zusätzlichen Wert zu generieren – und für sich selbst natürlich auch.

Für solche Beratungsunternehmen mag es im ersten Jahr oder auch etwas länger schwierig sein, Kunden dazu zu überreden, mutig etwas Neues auszuprobieren. Doch sobald die ersten Kunden an Bord sind, nehmen sie gewöhnlich rasch Fahrt auf. Solche Beratungsfirmen bewirken viel für ihre Kunden. Sie sind wie Missionare, die voller Elan ihre Botschaft verbreiten. Sie versuchen in der Regel, engagiert zu beweisen, dass ihr Ansatz wirklich wertsteigernd wirkt. Sie arbeiten rund um die Uhr, um ihren Kunden Ergebnisse zu präsentieren. Hinzu kommt, dass ihre Mitarbeiter mit Eifer bei der Sache sind. Sie werden motiviert vom Glauben an ihr Produkt, nicht nur von der Notwendigkeit, möglichst viel Arbeitszeit abzurechnen und dafür zu sorgen, dass die Honorare fröhlich weiter fließen. Die Familie gehörte viele Jahre lang zu dieser Sorte Unternehmen.

Da diese missionarischen Berater in der Regel zunächst eine überschaubare Größe behalten, haben sie genug damit zu tun, auf dem

Markt nur die tief hängenden Früchte abzuernten. Sie arbeiten also zunächst nur für die Kunden, die wirklich brauchen, was sie anzubieten haben. Erst wenn so ein Unternehmen größer wird und sein Angebot nicht mehr so neuartig ist, wird die Leidenschaft für exzellente Ergebnisse für den Kunden abgelöst von dem Druck, so viel wie möglich zu verkaufen.

Eine Gefahr bei diesen missionarischen Beratungsfirmen ist jedoch, dass die Nachfrage nach ihren Dienstleistungen ihre Kapazität zur Bereitstellung kompetenter Fachkräfte übersteigt. Dann müssen sie entweder Aufträge ablehnen oder in aller Eile neue Leute einstellen, die sie normalerweise nicht in die nähere Wahl gezogen hätten. Sie sind dann gezwungen, neue, kaum hinreichend ausgebildete Berater in Positionen einzusetzen, denen diese eindeutig nicht gewachsen sind. Im Beraterjargon bezeichnen wir das beschönigend als »Funktionsstretching«. Seien Sie also vorsichtig, wenn Sie es mit einer intelligenten neuen Beratungsfirma mit tollem, originellem Serviceangebot zu tun haben. Vielleicht kann sie wirklich etwas für Ihr Unternehmen tun. Sie sollten aber auf jeden Fall überprüfen, ob die Leute, die ein bestimmtes Projekt betreuen sollen, nicht erst seit ein paar Tagen für die Firma arbeiten. Und Sie sollten sicherstellen, dass diese die von der Beratungsfirma angebotenen Leistungen schon zumindest einmal erfolgreich erbracht haben.

Das Heer der orientierungslosen Berater

Was passiert aber mit Beratungsfirmen, die einen Trend reiten, wenn dieser zum alten Hut wird und nicht mehr gefragt ist? Sie haben eine riesige Geldmaschine aufgebaut. Sie haben eine Struktur, in der die Bosse ein Vermögen verdienen auf dem Rücken von Tausenden oder sogar Zehntausenden hart arbeitender Kulis, die oft nur eine ziemlich primitive Sache beherrschen – BPR zum Beispiel. Was fangen sie an, wenn die Kunden kein Vermögen mehr für Heerscharen von Business-Process-Reengineering-Fachleuten zahlen wollen? Als Erstes senken sie die Preise, um den Zuschlag für Projekte zu erhalten und ihre Leute in Lohn und Brot zu halten. Es ist ein ziemlich teurer Spaß, eine Truppe von beispielsweise 100 Beratern zu bezahlen, die jeder über 1000 Euro, Pfund oder US-Dollar pro Woche verdienen und keine Aufträge haben. Ein Branchenbeobachter schrieb in einem Artikel mit dem Titel *Consultants face their darkest hour*: »Viele Großkunden haben große Projekte auf Eis gelegt. Das hat dramatische Auswirkungen auf die Stundensätze, die Berater ihren Kunden in Rechnung stellen können. Bislang konnten sie problemlos bis zu 3500 Euro pro Tag abrechnen. Doch Insider haben berichtet, dass die Lage inzwischen so prekär ist, dass manche schon umsonst arbeiten.«[15]

Schwimmt eine Firma auf einer Modewelle, heißt das im Klartext, dass man plötzlich Hunderte oder sogar Tausende von hungrigen Mäulern zu stopfen hat, wenn diese Welle verebbt. Will man das Einkommensniveau halten, an das sich die wenigen Glücklichen an der Spitze der Pyramide gewöhnt haben, so muss man die Zeit dieser Leute irgendwie weiter abrechnen – ob ihre Dienste auf dem Markt gefragt sind oder nicht. Mit etwas Glück kommt rechtzeitig der nächste lukrative Managementtrend auf und schafft immense Nachfrage nach einer neuen Beratungsleistung. Dann kann man versuchen, seinen Leuten in aller Eile einen neuen Stempel aufzudrücken – etwa indem man scharenweise BPR-Spezialisten auf zweiwöchige E-Business-Schulungen schickt und sie dann als E-Business-Experten auf Kunden loslässt, die selbst keine Ahnung von E-Business haben. Wie der Personalleiter einer Beratungsfirma auf einer Managementkonferenz sagte, an der ich teilnahm, als gerade der BPR-Wahn abflaute und wir jede Menge BPR-Berater hatten, die wir nicht einmal kostenlos unterbringen konnten, geschweige denn gegen Bezahlung: »Wir müssen unseren Leuten einen neuen Anstrich verpassen, damit sie den Anforderungen entsprechen.«[16]

Kommt die nächste Mode aber zu spät, wird es schwer, Projekte aufzutreiben, die die Mitarbeiter beschäftigen und dafür sorgen, dass Geld in die Kasse kommt auf einem Markt, der immer weniger Interesse am Angebot der eigenen Firma hat. Dabei steht stets das Risiko im Raum, dass die eigenen Leute Millionen kosten, aber keine Millionen in Rechnung stellen können.

Eine Managementberatung zu leiten, erinnert manchmal an eine Tretmühle, die immer schneller wird und keine Bremse hat. Sobald man eine gewisse Geschwindigkeit erreicht hat, muss man immer schneller laufen, um nicht herausgeschleudert zu werden. Übertragen auf eine Beratungsfirma heißt das, sobald man eine bestimmte Größe erreicht hat, muss man seine Leute um jeden Preis für jede Aufgabe an den Mann bringen, um nicht unterzugehen. In diesem Stadium ist es der Firma egal, welche Probleme der Kunde hat oder wie man ihm am besten helfen kann. Sie ist nur daran interessiert, den Fuß in die Tür zu bekommen, irgendeine auch noch so bescheidene Leistung zu verkaufen, um sich in der Organisation des Kunden zu etablieren, und über diesen Brückenkopf immer mehr Mitarbeiter bei dem Kunden einzuschleusen. Berater sprechen gern über die Entwicklung langfristiger Beziehungen zu ihren Kunden. Logisch, dass sie solche Beziehungen anstreben. Schließlich liegt es im Interesse der Beratungsfirmen, einen zuverlässigen, sicheren Hafen zu haben, in den sie teure Berater entsenden können, für die es keine andere Verwendung gibt.

Doch was bedeutet das für die Kunden? Ist es in ihrem Interesse, im Rahmen dieser wundervollen langfristigen Beziehung jahrelang dieselbe Beratungsfirma im Haus zu haben? Wohl eher nicht – und das aus mehreren guten Gründen.

Eine Beratungsfirma, die wirklich etwas taugt, würde ihren Kunden helfen, ihre wichtigsten organisatorischen Probleme zu lösen, und wäre dann überflüssig. Je länger eine Beratungsfirma einen Kunden betreut, desto mehr ihrer Leute »bürgern sich ein«, indem sie die Denk- und Arbeitsweise des Kunden übernehmen. Und je ähnlicher der Berater dem Kunden wird, desto weniger wird es ihm gelingen, neue, frische Ideen und Impulse zu geben. Je länger eine Beratungsfirma bleibt, desto abhängiger werden die Manager des Kunden von den Beratern und desto eher überlassen sie ihnen schwierige Entscheidungen – eben den Beratern, die oft nur ein recht begrenztes Repertoire an Lösungen zu bieten haben.

Die gleichen Probleme stellen sich auch missionarischen Beratungsfirmen wie der Familie. Sie haben eine prima Idee, die sich gut verkauft, sie heuern Hunderte, ja manchmal sogar Tausende von Beratern an, und ihre Bosse scheffeln das ganz große Geld. Doch die bahnbrechende Idee, auf der ihr Wachstum beruht, verliert mit der Zeit an Frische und Spannung. Dann taucht jemand anderer auf, der neuere, innovativere

Theorien auf Lager hat, und schon wirken die eigenen leicht angestaubt. Doch wie die Trendfolger hat auch eine solche Firma viele Mäuler zu füttern. Die eigenen Ideen und Kompetenzen müssen folglich an den Mann gebracht werden, auch wenn sie schon veraltet sind. Und dieser Druck, das Einzige, was man kann, immer wieder zu verkaufen, macht unvoreingenommene, kundenorientierte Beratung unmöglich. Aus leidenschaftlichen Missionaren, die ihre Botschaft in die Welt hinaustragen, werden verzweifelte Produktverkäufer, die den Kunden pro Tag möglichst große Mengen aufdrängen wollen zu Stückkosten, wie sie der Kunde gerade noch toleriert. Sie sind dann wie der Kühlschrankvertreter, der in einer Stadt, in der jeder Haushalt bereits mindestens einen Kühlschrank hat, jedem Einwohner noch ein weiteres Gerät verkaufen will.

Anmerkungen

1 *The Times*, 23.8.2002
2 www.top-consultant.com, 30.6.2005
3 Ebd.
4 *Financial Times IT Review*
5 Ebd.
6 Ebd.
7 Ebd.
8 Ebd.
9 Ebd.
10 Ebd.
11 Ebd.
12 Ebd.
13 Ebd.
14 www.ft.com (Datum bitte beim Autor erfragen)
15 *The Sunday Times*, 1.9.2002
16 OPEC (Officer, Principal and Executive Consultant) Meeting, 29.11.2001

Kapitel 8
Der tiefe Fall

Als Berater für eine große internationale Managementberatungsfirma habe ich selbst den Übergang von der Phase, in der wir über ein großartiges, stark nachgefragtes Produkt verfügten, zu der Phase miterlebt, in der wir nur mehr ein weiterer der zahllosen Anbieter von Beraterklonen waren. Wir wurden allmählich zu einer von vielen Firmen in einer Meute von Beratern, die potenziellen Kunden die Türen einrannten, weil sie dringend Projekte für ihre Mitarbeiter brauchten.

In den Jahren zuvor hatten wir für verschiedene recht bedeutende Organisationen fantastische Turnaround-Projekte durchgeführt. Wir hatten eine Truppe fähiger und erfahrener Berater aufgebaut, um die man uns beneidete. Als ihr Bindeglied dienten der kollektiv empfundene Stolz auf die Qualität unseres Angebotes und die herausragenden Ergebnisse, die wir für unsere Kunden erwirtschafteten. Doch die Konkurrenz ahmte uns immer gekonnter nach, behauptete, das Gleiche zu können wie wir, und war dabei billiger. So wurde es zunehmend schwieriger, Aufträge an Land zu ziehen. Dadurch geriet unser Management unter Druck. Aufgrund persönlicher Gier und politischer Feigheit konnten die Herrschaften mit diesem Druck gar nicht gut umgehen.

Der Weg in den Abgrund

Sie reagierten panisch auf die schwierigere Auftragslage und überzogen Mitarbeiter wie Kunden mit einem solchen Zynismus, dass das Unternehmen darüber fast zugrunde ging. Indem sie unsere Berater behandelten wie austauschbare Wegwerfartikel – als wären sie Zahnbürsten oder Waschpulver –, zerstörten sie den Geist der Loyalität, der Teamarbeit und des Engagements, der uns groß gemacht und in die Lage versetzt hatte, Erstaunliches für unsere Kunden zu leisten. Sie versuchten, jedem beliebigen Kunden, den sie auftreiben konnten, um jeden Preis irgendetwas zu verkaufen, um ihre Leute zu beschäftigen. Die Folge war eine Reihe schlecht vorbereiteter und mangelhaft ausgeführter Projekte, die den guten Namen, den wir uns durch harte Arbeit erworben hatten, mehr oder minder ruinierten.

Im Folgenden will ich Ihnen zeigen, wie man – auf Kosten der eigenen Mitarbeiter und der Kunden – auf den Weg in den Abgrund geraten kann, wenn der Druck, Beraterzeit zu verkaufen, jeden Gedanken an Qualitätsstandards, die eigentlichen Bedürfnisse des Kunden, Fairness oder Professionalität verdrängt.

Hopp oder Top! – Wenn Menschen zur Ware werden

Als der Markt für unsere Dienstleistungen enger wurde und die Honorare unter Druck gerieten, stellte unsere Führungsriege eine sehr einfache Berechnung an. Sie rechnete sich aus, dass sie sich ihre bisherigen Gewinnspannen und Prämien sichern könnte, wenn sie nur die Gehaltskosten der Beratungsfirma drückte und gleichzeitig unsere wöchentlichen Honorarsätze beibehielt oder geringfügig verringerte. Doch natürlich konnte man nicht einfach seine Berater kürzer halten, während man selbst ganz offensichtlich Millionen scheffelte. Das hätte die Belegschaft sich wohl kaum gefallen lassen. Weil wir mindestens fünf Jahre lang rasant gewachsen und erfolgreich auf dem Markt gewesen waren, hatten wir inzwischen eine Beratertruppe, die über ein breites Spektrum an Wissen und Erfahrung verfügte. Diese Berater konnten natürlich mehr für den Kunden leisten als manche unserer Konkurrenten, die nur Legionen unerfahrener Anfänger einsetzten, die gerade einmal ihren ersten Consulting-Auftrag abwickelten – so grün hinter den Ohren, dass wir sie »Erbsen« nannten. In den Augen unserer Manager waren erfahrene Berater aber teure Berater, und das beeinträchtigte die Rentabilität der Projekte. Sie gelangten zu dem Schluss, dass ein raffinierter Vorwand her musste, um teure Berater gegen billigere einzutauschen. Mit unglaublichem Zynismus legten sie sich eine passende Geschichte zurecht: Um in einem Unternehmen mit dem Slogan »People

Matter« die Entwicklung der eigenen Leute voranzutreiben, sei es ihrer Ansicht nach am besten für alle Mitarbeiter, eine »Hopp-oder-Top-Politik« einzuführen.

Diese Politik war sehr einfach strukturiert. Unsere Vice Presidents beschlossen, dass jeder Berater nur eine gewisse Zeit auf einer Hierarchiestufe verbleiben dürfe. Wurde er innerhalb dieser Zeit nicht auf die nächsthöhere Stufe befördert, sollte er automatisch aus dem Unternehmen ausscheiden – einfach so, ohne Entschädigung, ohne Abfindung. Ein Associate Consultant hatte demnach zwei Jahre Zeit für den Aufstieg zum Consultant. Wurde er innerhalb dieser Frist nicht befördert, hieß das folglich, dass er entschädigungslos auf die Straße gesetzt wurde. Ein Consultant musste es in drei Jahren zum Senior Consultant bringen. Ein Senior Consultant hatte zwei Jahre Zeit, um die Stufe zum Managing Consultant zu erklimmen. Managing Consultants wiederum mussten sich innerhalb von drei Jahren zum Project Manager durchbeißen. Und Project Manager hatten fünf Jahre, um sich die Position eines Vice President zu sichern. Die Feststellung, dass es für unsere teuersten Leute, also unsere Vice Presidents, keine Beschränkung ihrer Amtszeit gab, erübrigt sich wohl. Immerhin waren sie es ja gewesen, die sich diese Politik ausgedacht hatten.

Unsere Vice Presidents behaupteten, Sinn und Zweck dieser »Hopp-oder-Top-Politik« sei »Personalentwicklung«, »Kompetenzerweiterung«, »optimale Nutzung des Mitarbeiterpotenzials des Unternehmens«, »ein Unternehmen zu sein, in dem es um die Menschen geht« und »die Erfüllung unserer Mission, innerhalb der Beraterprofession eine Führungsstellung zu erringen«.[1]

Die Entscheidung, fähige Berater wie austauschbare Einwegartikel zu behandeln, hatte verheerende Auswirkungen auf die Arbeitsmoral. Statt sich gegenseitig zu unterstützten, arbeiteten die Leute nun gegeneinander. Der Teamgeist und das Gemeinschaftsgefühl, das uns einst groß gemacht hatte, blieben auf der Strecke.

Doch noch schädlicher waren die Auswirkungen auf unsere Fähigkeit, unseren Kunden Qualität zu liefern. Unterschiedliche Beratungsfirmen haben naturgemäß unterschiedliche Stellungen auf dem Markt. Von manchen weiß man, dass sie die besten MBA-Absolventen anwerben und ihren Kunden bahnbrechende analytische Kompetenz bieten.

Andere verfügen über Scharen von Technologieexperten und können systembasierte Change-Programme für viele Millionen Euro durchziehen. Wieder andere senden Schwärme von Arbeitsbienen aus, die dazu ausgebildet wurden, akribisch die wenigen, begrenzten, doch effektiven Methoden und Verfahren umzusetzen, die ihre Chefs für das Nonplusultra hielten.

Unsere Nische war, dass wir nicht nur unser Wissen in die Unternehmen der Kunden einbrachten, sondern auch die Fähigkeit, unser Angebot speziell auf die Situation des jeweiligen Kunden zuzuschneiden und so gemeinsam und auf unnachahmliche Art und Weise maßgebliche Leistungssteigerungen herbeizuführen. Aus diesem Grund brauchten wir Berater mit praktischer Arbeitserfahrung und stellten gern Leute ein, die vor ihrem Wechsel in die Beraterbranche zwischen zwei und 20 Jahren in Linienmanagementpositionen zugebracht hatten. Ich selbst war im Vertrieb tätig und hatte kaum praktische Kenntnisse über irgendeinen der Bereiche, in denen ich Projekte verkaufen sollte – Stahlproduktion, Logistikketten von Pharmaunternehmen, Produktentwicklung, Herstellung von Raketensystemen, den Start von Satelliten, den Bau von Bohrinseln oder anderes. Für jemanden wie mich war es daher am einfachsten, einen Kunden davon zu überzeugen, uns mit einem Projekt zu beauftragen, wenn ich jemanden mit jahrelanger Erfahrung im spezifischen Geschäftsfeld des Kunden vorweisen konnte. Dann konnte ich dem Kunden versprechen, ihm Leute zu schicken, die schon in Organisationen aus fast allen vorstellbaren Tätigkeitsbereichen Performancesteigerungen zuwege gebracht hatten. Und dass die Person, die bei diesem Projekt eine Schlüsselrolle übernehmen würde, den größten Teil des Lebens in der Branche des Kunden gearbeitet hätte. Das war eine tolle Konstellation, die uns immer wieder zu sehr umfangreichen Projekten verhalf.

Die effektivste Unterstützung beim Verkauf eines Projekts war für mich folglich jemand, der vielleicht schon 20 Jahre in einer bestimmten Branche oder einem Dienstleistungssektor gearbeitet hatte, dessen Kinder erwachsen und aus dem Haus waren und der die letzten zehn oder 15 Jahre seiner Karriere als Berater tätig sein wollte, um ein bisschen Abwechslung in seinen Arbeitsalltag zu bringen und seine Altersvorsorge aufzubessern. Die Hopp-oder-Top-Politik stand logischerweise im vollständigen Widerspruch zu unserem Modell, durch erfahrene Mitarbeiter erfolgreiche Projekte auf die Beine zu stellen. Inzwischen interessierte unsere Bosse aber nur noch, wie viel sie einem Berater zahlen mussten, und nicht mehr, wie viel er für unsere Kunden tun konnte. Und welcher erfahrene Fachmann würde schon seinen sicheren Job im Linienmanagement an den Nagel hängen und zu uns kommen, wenn er wusste, dass er in ein paar Jahren automatisch gefeuert würde, sofern er nicht schnell genug aufstieg? Wie heißt es doch so schön: »Jede Armee braucht Leute, die ein Loch graben und geradeaus schießen können.« Nicht jeder kann General werden. Das Gleiche galt für Beratungsfirmen wie die unsere: Wir brauchten gute Leute mit soliden Erfahrungen, die für die Führungskräfte, das mittlere Management und die Leute, die die Arbeit machten, glaubwürdig waren und effektiv mit ihnen zusammenarbeiten konnten. Wir brauchten Leute, die eine gewisse Professionalität mitbrachten und denen es nichts ausmachte, jahrein, jahraus dasselbe zu tun, wenn sie dafür nicht zu verachtende 60000 bis 80000 Euro im Jahr verdienten. Der Einsatz einer Horde cleverer, ehrgeiziger und ungeduldiger Neulinge war nicht immer ein effektiver Weg, Ergebnisse zu erzielen. Und es war sicherlich nicht der Ansatz, dem wir unseren Erfolg verdankten. Für uns, die wir an der Front Projekte verkaufen und abliefern mussten, war diese Politik ein echtes Desaster.

Dabei ist Hopp-oder-Top nicht grundsätzlich verkehrt. Bei McKinsey, einem der weltweit führenden Beratungsunternehmen, wird es sehr effektiv praktiziert. Wer neu zu McKinsey kommt, weiß von vornherein, dass es nur einer von fünf zum Partner bringen wird. Alle übrigen werden früher oder später ihren Hut nehmen müssen. Doch bei McKinsey werden die Leute nicht einfach auf die Straße gesetzt, wie von unserem unsäglichen Management. Vielmehr bemüht man sich, sie in interessanten Positionen unterzubringen. Auf diese Weise baut McKinsey ein riesiges Netz ehemaliger Mitarbeiter auf, die McKinsey-Alumni, die ihrem ehemaligen Arbeitgeber positiv gegenüberstehen und loyal gesinnt sind. Dieses Alumni-Netz wird von McKinsey ständig gepflegt. Und viele dieser Alumni steigen in großen Unternehmen in Führungspositionen auf, in denen sie einen Markt für die Dienste von McKinsey schaffen können. Nebenbei wird dadurch das Wachstumspotenzial von McKinsey-Konkurrenten wie uns begrenzt. Unsere Vorstöße, den Zuschlag für Projekte zu erhalten, wurden nicht selten von Vorstandsmitgliedern abgeschmettert, die ehemals für McKinsey gearbeitet hatten.

Der Ruf nach der Kavallerie – Mangelhafter Kundenservice

Wie die Hopp-oder-Top-Politik die Beziehungen zwischen unserem Topmanagement und der Belegschaft belastete, so belastete unser verzweifeltes Bemühen, um jeden Preis etwas zu verkaufen, unsere Beziehungen zu unseren Kunden. Unsere Vice Presidents und Vertriebsleute standen unter dem Druck, mehr Kunden und mehr Projekte an Land zu ziehen, damit das Unternehmen und die Prämien der Führungsriege weiter wuchsen, während der Markt für unsere Dienstleistungen stagnierte. Infolgedessen versprachen sie fast jedem beinahe alles und überließen es dann uns Projektmanagern auf der mittleren Ebene, das Chaos zu ordnen, während sie sich zu irgendwelchen wichtigen internen Konferenzen nach Florida oder Cannes abmeldeten oder in Skiurlaub gingen. Etwa zwei Jahre meines Lebens verschwendete ich darauf, eine einzige Beratungsfirma aus einer Misere nach der anderen herauszuholen.

Die vorangegangenen Jahre hatte ich mit einigem Erfolg dazu beigetragen, größere Projekte zur Performancesteigerung zu verkaufen. Ich hatte befriedigt beobachten können, dass die mit den Projekten beauftragten Teams tatsächlich zu großen Teilen erfüllten, was wir Vertriebsleute unseren Kunden eingangs versprochen hatten. Das war eine tolle Zeit gewesen. Wir hatten Ergebnisse erzielt. Unsere Kunden waren oft begeistert und gaben uns weitere Aufträge. Sie waren auch bereit, potenzielle Neukunden bei sich zu empfangen. Sie führten stolz all die Verbesserungen vor, die wir gemeinsam in die Wege geleitet hatten. Unsere Kunden waren unsere besten Vertriebsmitarbeiter, wenn sie Besuchern aus anderen Unternehmen erzählten: »Ohne ... hätten wir das nie geschafft.« In unserer Firma gab es Leidenschaft und Begeisterung. Die Arbeit bereitete uns geradezu Vergnügen. Genau so sollte Managementberatung im Idealfall aussehen. Doch wie wir alle wissen, ist die Welt selten perfekt. Wir expandierten, unsere Führungsmannschaft fiel der Gier anheim, und die Konkurrenz wurde schlauer. Die Gewinnung neuer Kunden stellte eine immer größere Herausforderung dar und erforderte mehr Geschick und Raffinesse, als die meisten unser Vice Presidents besaßen. Im verzweifelten Versuch, eigene Vertriebserfolge verbuchen zu können, muteten sie uns Projektmanagern alle möglichen unausgegorenen Ideen zu, voller Hoffnung, dass wir zumindest die eine oder andere in klingende Münze verwandeln würden. Ich will Ihnen anhand von zwei Fallbeispielen demonstrieren, wie man Consulting-Projekte nicht verkaufen sollte.

Es war Montagmorgen. Ich hatte gerade einen Auftrag abgeschlossen und war zu Hause. Ich joggte eine Runde durch den Park, und als ich wiederkam, erwartete mich auf dem Anrufbeantworter eine Nachricht von meinem Chef aus der Beratungsfirma. Ich rief ihn zurück und erhielt die Weisung, unverzüglich zum Flughafen zu fahren und nach Oslo zu fliegen. Dort sollte ich um 17 Uhr an einem Start-up-Meeting für ein Projekt bei einem Neukunden teilnehmen. Auf die Frage, wieso sie erst jetzt erfahren hätten, dass das Projekt gestartet würde, erhielt ich eine konfuse und wenig überzeugende Erklärung. Ich fragte, wer der Kunde sei. Das konnte mir mein Chef nicht sagen. Ich fragte, was der Kunde mache. Auch das konnte mir mein Chef nicht sagen. Ich fragte, worum es bei dem Projekt gehen solle. Das konnte mir mein Chef ebenfalls nicht sagen. Da fragte ich nicht weiter.

Ich sprang schnell unter die Dusche, rief mir ein Taxi, fuhr zum Flughafen und rannte buchstäblich zum Flieger, der wenige Minuten später startete. Da ich kein Gepäck hatte, war ich bei der Ankunft in Oslo rasch aus dem Flughafen draußen, drängte mich an zahllosen höflichen, sozial eingestellten Norwegern vorbei an die Spitze der Taxischlange und traf um zehn vor fünf in unserem norwegischen Zentralbüro ein. Dort wurde ich praktisch direkt in einen Konferenzraum geführt. Der Leiter unserer norwegischen Beratungsniederlassung (wir wollen ihn Olaf nennen) kam herein und redete in einer Sprache, die wohl Norwegisch sein musste, auf zwei Herren ein. Bei diesen handelte es sich, wie sich herausstellte, um den Geschäftsführer und den Personalleiter des potenziellen Kunden. Wer der Kunde war oder was er tat, wusste ich immer noch nicht. Als Olaf ins Englische wechselte und mich vorstellte, erwähnte er den Namen des Kundenunternehmens. Klüger wurde ich daraus leider nicht, denn ich war noch nie in Norwegen gewesen und hätte die tragenden Säulen der norwegischen Unternehmenswelt nicht von einer konkursreifen Imbissbude unterscheiden können.

Wir gaben uns die Hand, nahmen Platz, und Olaf legte den Vertrag für das Projekt auf den Tisch und erzählte von den großartigen Dingen, die ich gemeinsam mit dem Kunden vollbringen würde. Da ich den Vertrag vorher nicht zu Gesicht bekommen hatte, versuchte ich, von gegenüber zu entziffern, worum es darin überhaupt ging – und vor allem, was Olaf diesem Kunden versprochen hatte.

Schließlich beendete Olaf das einführende Geplänkel und sprach das eigentliche Thema an – nämlich, wie ein von mir angeführtes Team innerhalb von fünf bis sechs Wochen die Chancen des Kunden ausloten sollte, seine Methoden beim Bau von Bohrinseln zu verbessern. Bohrinseln!, dachte ich. Davon verstand ich nicht die Bohne. Ich sah mich schon unter Horden sexuell frustrierter norwegischer Ölbohrer elend mitten in der Nordsee sitzen. Das klang weniger spaßig, als sich in Amsterdam die Zeit mit Rauchen und Witzeerzählen zu vertreiben oder sich im Fernen Osten zu verlustieren. Bedrückt dachte ich an die potenziell katastrophalen Folgen dieses Projektes für mein Privatleben. Mir schwirrte der Kopf im verzweifelten Versuch, möglichst intelligent zu formulieren, was ich persönlich zum effektiveren Bau von Bohrinseln beitragen könnte.

Die beiden Kunden sahen Olaf konsterniert an. »Wir hatten uns vorgestellt, dass Sie zwei Tage lang Gespräche führen und uns dann mitteilen würden, was wir unternehmen müssen«, sagten sie. Ganz offensichtlich war ich nicht der Einzige im Raum, der den Projektvertrag zum ersten Mal sah. Olaf wirkte leicht verstört. »Haben Sie denn die Vertragskopie nicht erhalten, die wir Ihnen zugefaxt haben?«, fragte er. Die Kunden schüttelten nur den Kopf.

Der Personalleiter (sagen wir mal, sein Name sei Wulf) griff nach dem Papier und begann wie ich, es zum ersten Mal zu lesen. Dabei hatte er noch Glück, denn er konnte den Text richtig herum halten und komplett durchlesen. Ich hatte nur die erste Seite sehen können, und das auch noch verkehrt herum. Was auf der zweiten Seite stand, entzog sich mir. Wulfs Augen wurden sichtlich größer, als er begriff, was Olaf ihm da unterjubeln wollte. »Wir wollen keine wochenlangen Studien«, sagte Wulf. »Wir wollen nur die Gespräche.«

Olafs gerade noch fröhliches Grinsen erstarb, als Wulf sein großartiges Projekt torpedierte – das Projekt, das Olaf dazu verholfen hätte, sein hoch gestecktes Umsatzziel zu erreichen und seine Prämie zu sichern. Doch Wulf war durchaus nicht unbarmherzig. »Nach den Gesprächen«, fügte er hinzu, »können wir entscheiden, ob Sie für uns noch mehr tun sollen.«

Olaf geriet kurzfristig ins Stottern. Viel kämpferisches Wikingerblut hatte er eindeutig nicht in den Adern. Aber mit diesem Gesprächsverlauf hatten wir wohl beide nicht gerechnet. Dann plötzlich hellte sich seine Miene auf in einem fantastischen norwegischen Geistesblitz. An mich gewandt, meinte er: »Neil, Sie sind doch der Experte auf diesem Gebiet. Wieso erläutern Sie nicht unseren Ansatz?« Dann lehnte er sich zurück und überließ mir die Bühne. Er hatte sich selbst eine peinlich tiefe Grube gegraben im verzweifelten Versuch, diesem Kunden etwas zu verkaufen – und ich sollte uns jetzt aus der Affäre ziehen. Und ich war dumm genug.

Pflichtschuldigst versuchte ich, den guten Olaf aus der Grube zu hieven, in die er gerade gesprungen war. Vorsichtig begann ich, all die wohlbegründeten Einwände zu entkräften, die der Kunde gegen Olafs Plan, das Unternehmen mit teuren und unerfahrenen Managementberatern zu überschwemmen, vorgebracht hatte. Es war nicht einfach, aber Schritt für Schritt gelang es mir, eine Brücke zu bauen. Auf der einen Seite stand der Kunde, der angenommen hatte, wir wären bereit, ein paar Tage lang Gespräche zu führen, die – wie Olaf versprochen hatte – die Frage nach dem Sinn des Lebens beantworten würden. Auf der anderen stand der unsägliche Olaf, der wohl irgendwie gehofft hatte, dass der Kunde mit einer ersten Arbeitsphase im Wert von 300 000 US-Dollar einverstanden wäre, die dann in ein Millionen Dollar schweres Consulting-Projekt münden und natürlich Olafs Einkommen und Prämie steigern würde.

Tatsächlich entwickelte sich die Sache ganz gut. Ich erläuterte, wieso wir uns nicht auf ein paar Tage mit Gesprächen beschränken konnten und welch ungeheuren Wert unsere Studien und Arbeiten am Entwurf eines Optimierungsprogramms für den Kunden haben würden. Der

Kunde erklärte sich schließlich einverstanden, und wir erhielten grünes Licht zum Start unseres Projektes – der fünf- bis sechswöchigen Phase I. Am Ende dieser ersten Phase gelang es uns, dem Kunden ein ziemlich umfangreiches Anschlussprojekt zur Steigerung der Unternehmensperformance zu verkaufen, und dann noch eins und noch eins. Zu verdanken war das der Unterstützung eines norwegischen Projektmanagers, der beim Kunden große Glaubwürdigkeit genoss, weil er – Glückes Geschick – die meiste Zeit seines Lebens für Zulieferer der Bohrinselindustrie gearbeitet hatte. Diesmal war es also gut ausgegangen. Der unsägliche Olaf hätte uns durch seinen ebenso zynischen wie stümperhaften Versuch, dieses Geschäft abzuschließen, teuer zu stehen kommen können.

Als gut vorbereitetes Projekt konnte man das beim besten Willen nicht bezeichnen. Doch es war immer noch viel besser und viel leichter zu retten als mein folgendes Beispiel aus eigener Erfahrung.

Als diese nächste Horrorgeschichte stattfand, leitete ich gerade eine Phase-I-Studie in einer Ölraffinerie irgendwo in Europa. In der Raffinerie lief alles nach Plan. Obwohl die weltweit führende Ölgesellschaft in der Vergangenheit selten größere Summen für Managementberatung aufgewendet hatte, sah alles so aus, als würden wir einen Auftrag über etwas mehr als eine Million Euro an Land ziehen. Während ich in der Raffinerie war, nutzte ich ein paar Augenblicke der Muße, um mich mit Kollegen kurzzuschließen, die an anderen Projekten arbeiteten. Ein Berater, der vorher schon einmal für mich gearbeitet hatte, war am Verkaufsgespräch zu einem Effektivitätssteigerungsprojekt beteiligt. Gegenstand des Projekts war die Produktentwicklung eines Unternehmens, dessen Produktpalette Produkte umfasste, die jeder mindestens zweimal im Leben braucht – Windeln für Kleinkinder und Inkontinenzvorlagen für Senioren. Der Berater vermittelte mir den Eindruck, dass das Projekt nicht richtig vorbereitet war und die Sache nicht rund lief.

Ich fragte bei meiner Vorgesetzten an, ob ich nicht ein paar Tage zu dem anderen Projekt wechseln könne, um meine Hilfe anzubieten. Doch da alle Vice Presidents sich nur um sich selbst kümmerten und alle anderen für sie unwichtig waren, sah die für mich zuständige Dame ihren Interessen am besten damit gedient, dass ich in der Raffinerie blieb. Angesichts der Tatsache, dass sie damals ein Verhältnis mit unserem Geschäftsführer hatte, wagte es in der Regel auch niemand, ihr zu widersprechen. Sie wollte einzig und allein, dass ich mich vor Ort darum bemühte, ihr Projekt unter Dach und Fach zu bringen. Um das Produktentwicklungsprojekt sollten sich andere kümmern.

Eine Woche später sprach ich erneut mit dem bewussten Berater. Wie es schien, stand es inzwischen noch schlechter um sein Projekt. Ich fragte erneut an, ob ich aushelfen dürfe, doch die Dame lehnte mein Anliegen wiederum rundheraus ab. In der folgenden Woche unterzeichneten wir einen Beratervertrag mit der Ölgesellschaft. Ein anderer Projektmanager, der für die Ergebnisphase zuständig war, löste mich ab. Hätte mich die verantwortliche Dame in Vice-President-Funktion noch ein paar Tage lang vor Ort belassen, um dem neuen Projektmanager die Einarbeitung zu erleichtern, hätte das die Rentabilität ihres Projekts gedrückt. Jetzt, da ihr spezielles Projekt in trockenen Tüchern war, war ich für sie so überflüssig wie ein Kropf. Folglich wurde ich vom Team abgezogen. Dass ich mir über einen Monat lang den Hintern aufgerissen hatte, um das Projekt an den Mann zu bringen, war nicht mehr von Belang. Zu diesem Zeitpunkt war Dankbarkeit in unserer Firma ein seltenes Gut. Außerdem – wer mit dem CEO der Firma schlief, der brauchte weiter keine Freunde.

Mir wieder eine neue Aufgabe zuzuteilen, lag in der Verantwortung des operativen Managers. Und ihn drückte ein Problem. Das Produktentwicklungsprojekt steckte tief in der Krise. Nach vier ergebnislosen Wochen und einer großen Präsentation, auf der die Berater dem Managementteam viel heiße Luft ins Gesicht geblasen hatten, hatte der Geschäftsführer des Kunden verkündet, dass er vom Fortgang sehr enttäuscht sei und sein Geld zurückfordern wolle. In unserer Firma ging die Angst um und die Kavallerie wurde alarmiert. Ich wurde nun unverzüglich für das Projekt abgestellt, um das ich mich schon seit Wochen hatte kümmern wollen. Ich sollte die Sache in Ordnung bringen und dem vergrätzten Kunden eine Phase II verkaufen.

Vor Ort überprüfte ich zunächst, was das Team im vorangegangenen Monat unternommen hatte. Das nahm nicht viel Zeit in Anspruch. Die Situation war eindeutig. Der Projektleiter hatte offensichtlich nie zuvor einen Produktentwicklungsprozess gesehen und war heillos überfordert. Sein Teammanager hatte sogar noch weniger Erfahrung. Und das Team – nun ja, das war im Dunst schlecht informierter Ignoranz ziellos umhergeirrt. Es waren viele Gespräche geführt worden. Es waren ein paar Geschäftsprozesse skizziert worden. Doch das alles war wenig zielgerichtet und vollkommen ergebnislos gewesen. Eine Stunde nach meiner Ankunft traf ich mich mit dem Geschäftsführer des Kunden. Er zeigte sich recht umgänglich und hilfsbereit, obwohl er allen Anlass hatte, mich ungespitzt in den Boden zu rammen. Doch er war ein Gentleman und hatte im Grunde Vertrauen zu uns. Hinzu kam, dass er sich ernsthaft umfangreiche Verbesserungen seiner Produktentwicklung wünschte. Er hoffte immer noch, dass wir das Geheimnis lüften könnten, wie man seine Leute dazu bringen konnte, ihre Projekte zumindest annähernd im ursprünglich veranschlagten Zeit- und Budgetrahmen zum Abschluss zu bringen.

Statt uns einfach davonzujagen und mit einem Prozess zu überziehen, was wir mehr als verdient gehabt hätten, bot uns der Geschäftsführer die Gelegenheit, uns zusammenzureißen und in den verbleibenden zwei Wochen etwas Nützliches zuwege zu bringen. Ich brauchte nicht lange, um zu erkennen, dass die Lösung des Problems ein klassischer Fall des Manövers war, »Schwächen als Stärken zu verkaufen«. Hätte ich die Arbeit, die das Team bisher geleistet oder eben nicht geleistet hatte, verteidigt, wäre ich sehr schlecht beraten gewesen. Wenn ich diesen Krieg gewinnen wollte, durfte ich mich nicht vor diese Leute stellen. Würde ich stattdessen unsere Schwäche als Stärke verkaufen und die Kultur des Kunden für unseren mangelnden Fortschritt verantwortlich machen, könnte ich unser unverzeihliches Versagen dem Kunden gegenüber als Druckmittel verwenden, um ihn dazu zu bringen, ein Projekt in Auftrag zu geben. Das Ganze lief folgendermaßen ab:

An meinem zweiten Projekttag ging ich wieder zum Geschäftsführer, um ihn darüber zu informieren, wie wir die Missstände beheben wollten. Als ich bei ihm war, entschuldigte ich mich zunächst für die Arbeit des Teams. »Es tut mir wirklich leid«, sagte ich, »aber meine Mitarbeiter sind in die gleiche Falle getappt wie Ihre eigenen Leute. Sie haben sich mit den Details des Produktentwicklungsprozesses verzettelt und dabei die Tatsache aus den Augen verloren, dass nicht wichtig ist, ob eine bestimmte Entscheidungsphase in Woche 13 oder 14 oder sonst wann erreicht wird oder welches Gremium welche Entscheidungen trifft. Was hier zählt, ist nicht die technische Seite, sondern die menschliche. Sie haben da einen vernünftigen Produktentwicklungsprozess. Er ist nicht besser oder schlechter als in anderen Unternehmen. Sie können ewig daran herumbasteln und werden nicht die Ergebnisse erzielen, die Sie erreichen möchten. Der Fehler liegt nicht im Prozess an sich, sondern im Verhalten der Menschen, die am Prozess beteiligt sind. Es wird zu viel Zeit für Analysen verwendet und zu wenig für Taten. Der Entscheidungsprozess ist langsam und schlecht organisiert. Die Kommunikation ist unzulänglich. Manche Schlüsselpersonen erledigen nicht die richtigen Aufgaben, was Engpässe bei bestimmten Kompetenzen hervorruft. Zwischen verschiedenen Projekten findet zu wenig Wissenstransfer statt. Verzögerungen und Problemen wird nicht rasch genug begegnet und so weiter und so fort ...«

Der Geschäftsführer nickte bald zustimmend. »Das stimmt«, sagte er, »wenn ich zur Arbeit komme, habe ich immer den Eindruck, dass die Leute reden und reden, aber nicht wirklich etwas tun.«

Innerlich konnte ich mir einen gewaltigen Seufzer der Erleichterung erlauben. Ich hatte Glück gehabt und auf den richtigen Knopf gedrückt. Bestärkt fuhr ich fort: »Es wäre ein schwerer Fehler, zu versuchen, Ihnen ein Projekt zur Verbesserung Ihres Produktentwicklungsprozesses zu verkaufen. Der Prozess ist so weit in Ordnung. Was Sie brauchen, ist ein Programm zur Schulung und Entwicklung Ihrer Manager und Führungskräfte in der Arbeitsplanung, im effektiven Management von Meetings, in persönlicher Effektivität sowie im Entscheidungs- und Projektmanagement. Das Programm, das hier benötigt wird, muss rein auf die Steigerung der Effektivität ihrer Mitarbeiter abzielen, statt an den Details des Prozesses herumzuschrauben, wie es Ihre Leute und mein Team die vergangenen vier Wochen über getan haben.«

Das muss ihm wohl gefallen haben, denn zwei Wochen später unterzeichneten wir einen Vertrag und begannen unverzüglich mit der Arbeit an einem Projekt für eine halbe Million US-Dollar zur Stärkung des Managements und zum Coaching und zur Entwicklung der Mitarbeiter in der Produktentwicklung. Das war zwar kein besonders spektakuläres Projekt, aber immer noch viel besser als die Alternative – die

Rückzahlung des Geldes und die Schädigung unseres Rufes im betreffenden Land durch einen Fehlschlag.

Was aber war mit dem Vice President, der für den katastrophalen Zustand dieses Projektes verantwortlich zeichnete? Wo war derjenige, der die dicke Prämie kassieren würde, wenn das Projekt in trockenen Tüchern war? Was hatte er unternommen, als die Sache den Bach hinunter ging? Wo war sein Beitrag zur Rettungsaktion? Man hätte annehmen können, er wäre vor Ort gewesen, bei seinem Kunden, und hätte rund um die Uhr mit dem Kunden und dem Projektteam daran gearbeitet, die Situation zum Guten zu wenden. Man hätte hoffen müssen, dass er seinen reichen Erfahrungsschatz einbringen würde, um jede Menge zusätzlichen Wert zu schaffen. Zumindest aber hätte man erwartet, dass er mir mehrmals täglich telefonisch Rat, Hilfe und Unterstützung geben würde. Hätte man meinen können ...

Doch unsere Managementberatungsfirma stand damals unter Druck, denn unser Produkt war kein Selbstläufer mehr. In unserer Firma gab es viele hoch bezahlte Leute, die sich mit empfindlichen Einschnitten in ihren Millionärs-Lebensstandard anfreunden mussten, wenn unsere Umsatzzahlen nicht besser wurden. In unserer Firma mussten schleunigst verschiedene reiche Hälse gerettet werden, wenn irgendetwas schief lief.

Kaum dass ich für das Projekt abgestellt worden war und dessen Schieflage erkannt hatte, hängte ich mich ans Telefon und sprach mit dem betreffenden, gut gelaunten, reichen und herablassenden Individuum. Er würde mir ja gern helfen, meinte er, aber er sei leider wirklich sehr beschäftigt. Außerdem gehe er eine Woche nach meiner Ankunft vor Ort mit seinem Sohn zum Skifahren und sei somit logischerweise nicht zu erreichen. Eine Änderung seiner Pläne stehe natürlich außer Frage!

Ich wies ihn darauf hin, dass das Projekt womöglich gestorben sein könne, bis er aus dem Skiurlaub zurück sei. Angesichts der schwachen Leistungen, die sein Team bislang gezeigt habe, werde das Projekt vielleicht nicht einmal so lange überdauern, doch mein tapferer, hilfsbereiter Vice President fand das Gespräch zunehmend lästig. Er gab mir knapp zu verstehen, ich solle mich doch an einen der jüngeren Vice Presidents wenden und dort um Hilfe bitten. Er müsse das Gespräch jetzt beenden, da er eine wichtige Sitzung habe. Weiter hörte ich nichts von ihm, bis das Projekt gerettet war. Er kam gerade rechtzeitig aus dem Skiurlaub zurück, um den Ruhm und die Prämie dafür einzufordern.

Anmerkungen

1 Vertrauliches internes Memo

Kapitel 9

Der große Schwindel mit Systemen

Massive Systems: Wie man ungestraft kassiert

Der Consulting-Markt wurde enger, was die Beratungsfirmen zwang, verstärkt fragwürdige Projekte zu verkaufen, um die überzähligen Mitarbeiter unterzubringen. Gleichzeitig führte der schärfere Wettbewerb auf dem Markt für IT-Systeme und Technologieberatung zu einer Fülle schlecht geplanter, dünn besetzter und mangelhaft ausgeführter IT-System-Implementierungen.

Leider war ich tief in ein großes Systemprojekt verstrickt, das vollkommen aus dem Ruder gelaufen war. Alle üblichen Merkmale eines Systemdesasters schienen vorhanden: indiskutables Projektmanagement, unklare Zuständigkeiten zwischen Zulieferer und Kunde, ein schlecht formulierter Vertrag und die groß angelegte Neuerfindung des Rades.

Bei dem betreffenden Kunden handelte es sich um ein multinationales Unternehmen mit rund 70000 Mitarbeitern in 220 Ländern und rund sechs Milliarden Euro Umsatz. Ein paar Jahre nach dieser Episode wurde das Unternehmen von einem deutschen Konzern übernommen. Im folgenden Kapitel werde ich beschreiben, wie eine große europäische Beratungsfirma, die gleichzeitig als Systemanbieter auftrat, dem Kunden vorgaukeln wollte, dass die Dinge nach Plan liefen. Wir wollten das Projekt auf diese Weise so schnell wie möglich zum Abschluss bringen und unser Team abziehen, bevor der Kunde uns verklagte. Diese Beratungsfirma nennen wir »Massive Systems«, denn genau das versuchten wir jedem Kunden zu verkaufen, den wir in die Finger bekamen. Die groß angelegten Systemimplementierungen von Massive Systems waren bei weitem nicht alle erfolgreich. Die meisten peinlichen Fehlschläge wurden rasch unter den Teppich gekehrt, und niemand außerhalb der Firma hörte je davon. Einige waren aber so gewaltig, dass unsere Kunden zum Anwalt gingen. Auch die Presse begann sich dafür zu interessieren. Eine große gemeinnützige Organisation in den USA stellte »400 schwerwiegende Probleme« an einem System fest, das wir entwickelt hatten. Das Projekt wurde schließlich abgeblasen, nachdem bereits zwölf Millionen US-Dollar geflossen waren.[1] Dieses Geld hätte man besser für gemeinnützige Zwecke ausgegeben als für uns und unser misslungenes Projekt. Für 62 Millionen Euro führten wir auch ein Projekt zur Entwicklung einer Research- und Tracking-Software für die französische Nationalbibliothek durch, das ähnlich katastrophale Ergebnisse zeitigte. Ein Reporter schrieb: »Die Bibliotheksverwaltung und die für Bibliotheksmitarbeiter zuständige Gewerkschaft hielten die von Massive Systems Inc. ausgeführten Arbeiten für die Hauptursache eines Streiks der Biobliotheksmitarbeiter. Die französische Regierung hat Massive Systems inzwischen von dem Projekt abgezogen.«[2]

Wenn ein Projekt ein verheerendes Ende nahm, hatten wir zum Glück ein paar knallharte Anwälte, die dafür sorgten, dass unsere Kunden unsere Inkompetenz nicht hinausposaunten. So hieß es in einem Zeitungsbericht in Bezug auf einen der oben angeführten Fälle, dass nicht etwa der Kunde uns für unsere mangelhafte Leistung mit einem Prozess überzogen habe. Vielmehr hätten unsere Anwälte gedroht, den Kunden zu verklagen, weil dieser die Angelegenheit nicht vertraulich behandelt hatte. Verständlicherweise musste die wohltätige Organisation angesichts solcher Aggression jeden Gedanken an Schadenersatz für das offenbar wertlose System, das wir geliefert hatten, fallen lassen. Wir kassierten also nicht nur zwölf Millionen US-Dollar von dem gemeinnützigen Auftraggeber für ein System, das dieser als nutzlos beurteilte, sondern drohten ihm auch noch mit einer Schadenersatzklage, falls er jemandem von seinen Erfahrungen in der Zusammenarbeit mit uns berichtete. Die erwähnten Katastrophen waren vermutlich nur die Spitze des Eisbergs – nämlich diejenigen, die ans Licht kamen. Die meisten fehlgeschlagenen Projekte wurden entweder von den Kunden vertuscht, die den Flop nicht publik machen wollten, oder von unseren Anwälten, die die Kunden knebelten, damit sie ihr Wissen über unsere Inkompetenz nicht enthüllten.

Wenn der Karren im Dreck steckt

In der Beratungsbranche sollten Sie stets höchst misstrauisch werden, wenn jemand plötzlich ungewöhnliches Interesse an Ihnen zeigt, dessen Einkommen Ihre Vorstellungskraft um das Fünf- bis Zehnfache überschreitet. Als der sonnengebräunte, silberhaarige Business Development Executive (BDE) – wie wir unsere Vertriebsleute nannten – vor meinem Schreibtisch stehen blieb, um sich nach meiner Gesundheit, meiner Familie und – vor allem – meiner Verfügbarkeit zu erkundigen, hätten bei mir sämtliche Alarmglocken schrillen sollen – und zwar stereo. Als sein Chef das Gleiche tat, hätte ich mir ein tiefes Loch suchen, hineinspringen, mich mit Erde zudecken und ein paar Tausend Jahre ausharren sollen. Doch Schmeichelei wirkt Wunder. Insbesondere bei von Natur aus naiven Zeitgenossen wie mir. Als mir diese beiden so hoch bezahlten Führungskräfte also erzählten, dass sie eine Aufgabe hätten, die jemanden von meiner Erfahrung und Kreativität erfordere, war ich dumm genug, auch noch Stolz zu empfinden, dass sie eine bescheidene Arbeitsbiene wie mich ausgewählt hatten, die aus der mittleren Ebene kam und 150 000 Euro im Jahr verdiente.

Nach einigen recht haarigen Einsätzen hatte ich mir einen gewissen Ruf erworben. Ich verfügte über das, was in dieser Beratungsfirma beschönigend »Kreativität« genannt wurde. Kreativität bezeichnete die Fähigkeit, die Firma aus den größten Dilemmas herauszumanövrieren, die andere – gewöhnlich übermäßig gierige Vice Presidents – angerichtet hatten. Bislang hatten meine Interventionen oder Rettungsaktionen jedoch in der Regel nur jeweils zwischen ein paar 100 000 Pfund, Euro oder US-Dollar und ein paar Millionen betroffen. Das Ausmaß der Katastrophe, in die ich nun stolpern sollte – möglicherweise über 30 Millionen Euro, die wir in den vorangegangenen vier Jahren mühelos vom Bankkonto eines Kunden abgezogen hatten –, überstieg jedoch meinen Fundus an Witz und Charme erheblich. So weit reichte die mir unterstellte »Kreativität« nicht.

Kurzum: Nichts, was ich bis dahin erlebt hatte, bereitete mich auf das vor, was mich nun erwartete. Es ging dabei um ein Fiasko von ungeheuerlicher Tragweite. Hätte der Kunde jemals die Wahrheit über die von uns geleistete Arbeit herausgefunden, hätte er jemals die Dokumente zu Gesicht bekommen, die auf magische Weise ohne jeden Vorsatz in meinen Besitz gelangten, und die Tonaufnahmen, die ich von einigen höchst sensiblen internen Meetings angefertigt hatte, er hätte den Anwälten von Massive Systems eine wohlverdiente Abreibung verpassen können.

Die Margen unseres Kunden waren durch den Erfolg eines schnell agierenden Konkurrenten unter Druck geraten. Da war ein Mitglied des Managementteams auf die Idee gekommen, dass das Unternehmen mehr verdienen könnte, wenn die Geschäftsprozesse europaweit harmonisiert würden und nicht mehr jeder nationale Manager nach seinen Vorstellungen schalten und walten könne. Meine Aufgabe war es, als Leiter eines achtköpfigen Beraterteams in ein paar Monaten die Prozesse zu ermitteln, die harmonisiert werden sollten, und herauszufinden, wie das zu bewerkstelligen wäre und welche finanziellen Vorteile es bringen würde. Meine Chefs stellten sich vor, dass diese kurze Studie in ein längeres und viel teureres Projekt münden würde, im Zuge dessen wir dem Kunden helfen würden, die neuen harmonisierten Geschäftsprozesse zu implementieren. Nebenbei würden wir daran mehrere Millionen verdienen. Alles in allem also ein ganz normales Consulting-Vertriebsprojekt – so dachte ich jedenfalls unbedarft, als ich mein Team auf den Einsatz vorbereitete.

Die ersten paar Studientage verliefen ziemlich glatt. Wir führten jede Menge Gespräche, stellten Berechnungen an und analysierten die Wertschöpfungskette, um festzustellen, wo Verbesserungspotenzial bestand. Gegen Ende der ersten Woche flog ich in die Firmenzentrale nach Brüssel, um mit dem neu ernannten European Change Manager zu sprechen. Wir wollen ihn Mad Mike nennen. »Mike«, weil das ein häufiger Name ist, und »Mad«, weil er buchstäblich vor Wut schäumte. Wenn wir ein Projekt verkaufen wollten, war Mad Mike als European Change Manager die Schlüsselfigur, die wir überzeugen mussten. Entsprechend groß war mein Interesse, ihn möglichst bald kennen zu lernen und herauszufinden, wo wir ansetzen mussten, damit er in acht bis zehn Wochen seine Unterschrift auf die gepunktete Linie setzte.

Schon als ich sein Büro betrat, war deutlich zu erkennen, dass ich Mad Mike nicht willkommen war. Tatsächlich wäre er vermutlich lieber dem Teufel begegnet als einem Mitarbeiter von Massive Systems, wie ich bald feststellen musste. Als ich sein Büro betrat, stand er auf und schaute auf mich herunter. Mad Mike war groß. Aber er war schließlich Holländer, und viele Holländer sind groß. So sauer wie Mad Mike sind sie allerdings in der Regel nicht. Mad Mike gab mir nicht die Hand und ich konnte von Glück sagen, dass er mir auch nicht an den Hals ging. »Wie können Sie es wagen? Wie können Sie es wagen, hier bei mir aufzutauchen?«, legte er los, noch bevor ich mich vorstellen konnte. Seine Stimme zitterte vor unverhohlener Wut. »Sie sind Kriminelle. Wir sollten Sie eigentlich verklagen, statt mit Ihnen zu sprechen. Sie haben über 30 Millionen US-Dollar von uns kassiert – und uns nichts dafür geliefert. Wir haben fünf Jahre mit Ihnen vergeudet. Und jetzt ist uns unser größter Konkurrent um Jahre voraus. Wenn es nach mir ginge, würden wir Sie vor Gericht bringen…« In diesem Stil ging es weiter. Und zwar eine ganze Weile. Auch ein Mensch wie ich, der nicht mit besonderer Auffassungsgabe gesegnet ist, konnte erkennen, dass es schwierig werden würde, diesem Gesprächspartner Beratungsleistungen für ein hübsches Millionensümmchen zu verkaufen.

Schließlich ging Mad Mike die Puste aus und sein Zorn ließ etwas nach – vor allem, als er merkte, dass ich keine Ahnung hatte, wovon er sprach. Das war meine Chance, ihm unsere tollen Ideen für ein Beratungsprojekt mitzuteilen und all die fantastischen Vorteile zu schildern, die es ihm bringen würde. Auch konnte ich ihm versichern, wie sehr wir uns darauf freuten, eng mit ihm zusammenzuarbeiten. Ein kaum weniger ungehaltener Mike machte mir klar, dass er keinesfalls die Absicht habe, mit uns zusammenzuarbeiten, und dass er mich nie wieder sehen wolle!

An dieser ganzen Angelegenheit war eindeutig etwas faul. In den kommenden Wochen versuchte ich eifrig, den Kunden dazu zu bringen, uns einen fetten Auftrag zu erteilen. Gleichzeitig stellte ich ein paar Nachforschungen an, sprach mit Leuten, die nicht zitiert werden möchten, und kam »zufällig« in den Besitz mehrerer streng vertraulicher interner Berichte, die nie jemand hätte zu Gesicht bekommen sollen. So setzte ich mir Stück für Stück ein Bild zusammen, das – aus Gründen, die mehr als offensichtlich waren – alle Beteiligten unter den Teppich zu kehren versucht hatten, in der Hoffnung, es würde sich in Luft auflösen. Aber das tat es nicht. In Wirklichkeit schwärte es wie eine eiternde Wunde, die nicht verheilen wollte und immer schwerer zu behandeln war, bis schließlich eine große Operation erforderlich wurde.

Die Lage, in die mich mein ach so moralischer, fürsorglicher Arbeitgeber gebracht hatte, war so unbeschreiblich schrecklich, dass ich gar nicht weiß, wo ich anfangen soll. Ich will daher zweierlei tun. Ich werde zunächst kurz umreißen, warum Mad Mike, vermutlich zu Recht, so wütend auf uns war. Dann will ich beschreiben, mit welchen Machenschaften das Management von Massive Systems in den nachfolgenden zehn Wochen zu vermeiden versuchte, vor Gericht vorgeladen zu werden und diesem Kunden Schadenersatz in Höhe von 30 bis 100 Millionen Euro zu zahlen.

Der Hintergrund

Etwa vier Jahre zuvor hatte der IT-Bereich von Massive Systems diesem Kunden ein riesiges Systementwicklungs- und -beratungsprojekt verkauft. Die Arbeiten hatten sich über rund vier Jahre hingezogen, uns Millionen eingebracht und – wenn überhaupt – kaum sichtbare Ergebnisse erzielt. Das lag an vielen Faktoren, unter anderem an einem schlecht formulierten Vertrag, unserem ausgesprochen miserablen Projektmanagement, mangelnder Unterstützung durch den Kunden und einer falschen Projektorganisationsstruktur. Die ganze Zeit über wurden offenbar zwar Systemmodule entwickelt, doch es wurde nichts implementiert. Als ich auf der Bildfläche erschien, hatte der Kunde nach über vier Jahren Arbeit also fast keine Resultate vorzuweisen, uns aber ordentlich dafür bezahlt. Währenddessen veröffentlichte sein größter Rivale Artikel darüber, wie genial er seine neuen IT-Systeme eingesetzt hatte, um Kundenbetreuung und Wettbewerbsfähigkeit zu verbessern.

Irgendwann wurde unser Kunde verständlicherweise ungeduldig und muss wohl die Frage aufgeworfen haben, ob es nicht angemessen sei, dass meine Chefs die erhaltenen Honorare erstatteten und womöglich noch Schadenersatz zahlten. Angesichts des drohenden Fiaskos zog unser Geschäftsführer den Projektmanager ab und schickte stattdessen zwei andere Projektmanager hin, die die Angelegenheit in Ordnung bringen sollten. Währenddessen wurde ein Mitglied der Unternehmensleitung losgeschickt, um den Kunden zu besänftigen und die Anwälte so lange aus dem Spiel zu halten, bis wir einen Ausweg aus dem Schlamassel gefunden hatten.

Die beiden neuen Projektmanager stellten schnell fest, dass die ganze Sache zum Himmel stank und uns in größte Schwierigkeiten bringen konnte. Vorsichtig formulierte, streng vertrauliche E-Mails, die Euphemismen wie »riskant« und »volatil« und »defensiv« enthielten, gingen in der Firma hin und her, und es wurden hastig zahlreiche von Panik geprägte Konferenzgespräche organisiert. Als die Chefetage begriff, wie groß die potenzielle Katastrophe war, beschloss man, die beiden neuen Projektmanager dafür sorgen zu lassen, dass nur ein Teil des neuen Systems in einem so genannten »Pilotland« implementiert würde. Falls wir den Kunden dazu bringen konnten, anzuerkennen, dass es dort funktionierte, wären wir juristisch in einer weitaus stärkeren Position, könnten mit dem Kunden abschließen und einen Prozess vermeiden. Intern galt das als unsere »Verteidigungs- und Ausstiegsstrategie«. Nur ein paar Jahre zuvor war unser größter Konkurrent in einen großen Rechtsstreit um IT-Systeme verwickelt gewesen, die versprochen, aber – nach Aussage des Kunden – nicht geliefert worden waren. Unser Konkurrent hatte sich damit verteidigt, dass zwei Prototypen (oder Pilotprojekte) fertig gestellt worden seien und die Klage des Kunden somit »vollkommen unbegründet« sei.[3]

Wie es aussah, wollten wir auf die gleiche Art versuchen, uns aus dieser unangenehmen Lage herauszuwinden. Unser Geschäftsführer machte uns unmissverständlich klar (stets telefonisch, niemals schriftlich), dass er diesem Kunden auf keinen Fall Geld zurückgeben wolle. Unsere Firma wollte ihre Finger da herausziehen – und zwar schnell! Einer unserer Direktoren fasste in einer Konferenz in Worte, wie die Firma aus dieser Sache herausgehen wollte: »Wir müssen aufpassen, dass unser Kopf nicht in einer Schlinge landet. Wir wollen, dass die Partnerschaft vertragsgemäß endet.«

Abgesehen vom offensichtlichen Wunsch unseres Managements, so viel Geld des Kunden wie möglich zu behalten, erfuhr ich später, dass es noch andere Gründe gab, weshalb unsere Führungsriege verlangte, dass wir aus dieser Kundenbeziehung ohne negative Presse oder finanziellen Verlust herauskamen. Wir befanden uns seinerzeit in der ersten

Verhandlungsphase über den Kauf einer anderen Beratungsfirma. Jede schlechte Publicity oder Verringerung unserer Rentabilität hätte sich auf unseren Aktienkurs ausgewirkt und damit auf unsere Fähigkeit, die geplante Übernahme zum Abschluss zu bringen. Diese sollte nämlich in erster Linie durch die Übertragung eines dicken Pakets unserer Aktien an jeden der Partner der anvisierten Beratungsfirma finanziert werden. Jedenfalls sollte eine Auseinandersetzung unter allen Umständen verhindert und auch kein Geld zurückgezahlt werden. Ob das System je funktionierte oder nicht, spielte inzwischen keine Rolle mehr.

Nach meiner festen Überzeugung war diese Strategie extrem zynisch und moralisch fragwürdig – und zwar aus mindestens drei Gründen. Erstens war der Nachweis, dass das System in einem Land funktionierte, kein wirklicher Beleg dafür, dass es auch erfolgreich auf 50 oder 100 Länder ausgeweitet werden konnte. Ich habe in vielen Fällen erlebt, dass Computersysteme in kleinen, sorgfältig kontrollierten Testumgebungen funktionierten, doch vollständig zusammenbrachen, wenn sie alltäglichen Betriebsvolumina und -bedingungen ausgesetzt wurden. Zweitens war, da das Geschäft unseres Kunden auf internationalen Aktivitäten beruhte, das System so gut wie nutzlos, wenn es nur in einzelnen Ländern funktionierte und nicht über das gesamte globale Netz hinweg. Und schließlich hatte der Hauptkonkurrent unseres Kunden offensichtlich bereits die Funktionalität erreicht, die unser System unserem Kunden erst in ein paar Jahren bieten würde – falls überhaupt.

Das größte Problem war aber, dass das System aufgrund all unserer Verzögerungen vermutlich bereits veraltet sein würde, lange bevor es genutzt werden konnte. Eine unserer letzten internen Revisionen enthüllte viele Mängel unserer Arbeit. Dazu gehörte auch der Umstand, dass es bedingt durch die Konstruktionsweise des Systems fünf bis neun Jahre dauern würde, bis es auf den gesamten Betriebsbereich des Kunden ausgedehnt wäre. Damit hätte das System eine Entwicklungs- und Implementierungszeit von zehn bis 15 Jahren und wäre im Endeffekt obsolet und müsste ersetzt werden, lange bevor es überhaupt in Betrieb war und richtig funktionierte. Wie einer der Ersatz-Projektleiter in einem Konferenzgespräch sagte: »Aufgrund der Verzögerungen, die wir hatten, wird das System potenziell bereits veraltet sein, wenn wir so weit sind, dass wir es einsetzen können.« Nicht gerade der Idealfall!

Zu dem Personenkreis, der etwas über die unglückselige Geschichte des Projektes wusste, gehörte auch mein Coach im Managementberatungsbereich der Firma. Er hatte zuvor im IT-System-Bereich gearbeitet, nachdem er in einem von vielen unterhaltsamen Machtkämpfen von einem langjährigen Rivalen ausgestochen worden war. Eines Tages traf ich ihn im Büro und fragte ihn, ob er etwas über dieses unglückselige Systemprojekt wisse. Lachend räumte er ein, dass er eine ganze Menge darüber wisse. Er erzählte mir, dass er Leiter des Geschäftsbereichs gewesen war, der das Projekt verkauft hatte, und dass er an den ersten Sitzungen des Projektsteuerungsgremiums teilgenommen hatte. Schon damals, ganz am Anfang, hatte er gesehen, dass das Projekt schlecht gemanagt wurde und dass der Projektmanager ein unmöglicher Zeitgenosse war. Damals hatte er beschlossen, sich von diesem Projekt möglichst fern zu halten, da für ihn abzusehen war, dass es sich zu einem Fiasko entwickeln würde.

Natürlich war sein Bericht angesichts der nachfolgenden Ereignisse und seiner allgemeinen Verachtung für seine früheren Kollegen im IT-System-Bereich vermutlich nicht ganz objektiv. Wie der Bericht jedoch zeigte, war schon lange bekannt, dass dieses Projekt in Schwierigkeiten steckte, man auf diese aber aus internen politischen Gründen erst reagiert hatte, als es viel zu spät war.

Auf jeden Fall steckten wir jetzt ganz tief drin – nach dem Mitschnitt eines meiner Gespräche mit unserem Geschäftsführer mit über 30 Millionen Euro. Unsere allerobersten Unternehmenslenker hatten nun also beschlossen, dass uns nur ein Ausweg blieb: Sie wollten gerade so viel abliefern, wie unbedingt nötig war, um einen Prozess zu verhindern, das ganze Geld des Kunden zu behalten und unseren Hintern aus der Schusslinie zu bringen. Den beiden Ersatz-Projektmanagern wurden interessante Beförderungen versprochen (die später auch erfolgten), wenn sie es schafften, uns da herauszuwinden, ohne dem Kunden Geld erstatten zu müssen. Beide avancierten zu sehr hoch angesiedelten und hervorragend bezahlten Führungskräften bei Massive Systems.

Obwohl Mad Mike keinen Zugang zu den Informationen hatte, die ich ausgraben konnte, und den höchst vertraulichen Bericht, der mir in die Hände fiel, wohl nie zu sehen bekommen würde, lag er offensichtlich im Großen und Ganzen instinktiv richtig. Wir hatten versagt, wir waren die Hauptverantwortlichen dafür, dass das System, so es denn jemals in Gang gebracht würde und funktionierte, ziemlich nutzlos wäre. Uns schwammen die Felle weg und es lag wohl im ureigenen Interesse unseres Kunden, gegen uns zu prozessieren. Doch wir hatten Glück. Trotz Mad Mikes wohlbegründeten Verdachtsmomenten und Zornausbrüchen wusste der CEO des Kunden nicht, was ich wusste, und ging offenbar davon aus, dass der für die Beziehung zuständige Manager und die beiden neuen Projektmanager nunmehr wirklich im Interesse des Kunden handelten. Nach meiner unmaßgeblichen und laienhaften Meinung taten sie das sicher nicht.

Blinder Eifer schadet nur

Angesichts dieser kritischen und potenziell explosiven Situation ist die Frage verzeihlich, wie in aller Welt unsere Firma sich zu dem Versuch versteigen konnte, eben diesem Kunden ein großes internationales Millionen-Euro-Projekt zu verkaufen – einem Kunden, der uns unter Umständen auf Rückgabe von zig Millionen Euro für nicht funktionsfähige Systeme und viele Millionen Schadenersatz wegen Geschäftsschädigung verklagen konnte.

Ich stelle mir vor, dass sich Folgendes abgespielt hat. Ein paar Monate zuvor hatte unser Beratungsbereich eine Studie zur Optimierung der Arbeitsabläufe in mehreren der Lager unseres Kunden in einem seiner wichtigsten Länder durchgeführt. Mit dem misslungenen IT-System-Auftrag hatte dieses Projekt überhaupt nichts zu tun. Der Abnehmer dieser Studie, ein lokaler Landesmanager, war von unserer Arbeit angetan und interessierte sich für ein Projekt zur Entwicklung und Verbreitung operativer Best Practices, um die lagerwirtschaftliche Effizienz im betreffenden Land zu steigern. Aus verschiedenen Gründen – vor allem aufgrund einer rigorosen Kürzung der Beratungsetats – hatte das Projekt aber kein grünes Licht erhalten.

Ein paar Monate nach dem Beratungseinsatz verkündete der CEO auf einer globalen Managementkonferenz, dass er ein Projekt zur Harmonisierung der Geschäftsprozesse anstoßen wolle, damit die einzelnen Länder einheitlicher und dadurch rationaler und profitabler arbeiteten. Der Ländermanager, für den unsere Firma bereits tätig gewesen war, hinterfragte die Entscheidung des CEO und wollte wissen, ob diese Harmonisierung der Geschäftsprozesse die vom Unternehmen benötigten Rentabilitätssteigerungen tatsächlich herbeiführen könne. Der CEO stimmte einer Vertagung des Projektes zu und übertrug dem betreffenden Ländermanager die Aufgabe, herauszufinden, ob es sich lohnte, die Geschäftsprozesse zu harmonisieren, und wie ein entsprechendes Programm beschaffen sein könne. Da seine lokalen Ressourcen nicht ausreichten, um die Studie durchzuführen, wandte er sich mit der Bitte um Unterstützung an unseren Vertriebsbeauftragten. Dieser war natürlich erfreut über die Aussicht auf weitere Aufträge und unterschrieb rasch einen Vertrag mit dem Kunden.

Das kleine Projekt ließ sich schwierig an. Als ich ankam, erfuhr ich, dass wir nur rund 100 000 US-Dollar und einen einzigen Standort zur Verfügung hatten, um zu einer Einschätzung zu gelangen. Es ist schwierig, eine paneuropäische Studie durchzuführen, wenn man sich nicht mehr als einen halben Kilometer vom Büro entfernen soll. Ich brachte meine Bedenken zum Ausdruck. Doch den Vertriebsmann juckte das nicht. Er hatte erfolgreich ein Projekt an den Mann gebracht. Wenn ich zu dumm oder zu unfähig war, es zu managen, dann war das mein Problem, nicht seins. Zum Glück war unser Kunde recht vernünftig. Nach verschiedenen Gesprächen konnte ich das Team, den Umfang und das Budget so stark erweitern, dass wir fünf oder sechs Länder abdecken konnten. Wir einigten uns darauf, dass wir in rund zehn Wochen die wichtigsten Geschäftsprozesse des Kunden analysieren würden, und zwar zunächst in Europa. Dann sollten wir Verbesserungsvorschläge unterbreiten und erläutern, in welchem Maß die Prozesse länderübergreifend harmonisiert werden sollten.

Möglicherweise war der Vertriebsbeauftragte über die Probleme mit dem IT-System-Projekt nicht im Bild. Vielleicht hat er auch einfach ignoriert, wie kritisch es werden konnte, wenn der Kunde unserer Systemsparte bereits zig Millionen Euro zur Entwicklung von Systemen auf der Basis der aktuellen Geschäftsprozesse gezahlt hatte und wir Berater dann ankamen und darauf hinwiesen, dass es bessere Möglichkeiten gab, er seine bisherigen Verfahrensweisen größtenteils über Bord werfen und ganz anders vorgehen könnte. Was unseren Vice Presidents offenbar hauptsächlich Sorge bereitete, war die Möglichkeit, dass Kritik gerechtfertigt, aber vertraglich riskant sein könnte. Und falls die Kritik an bereits getaner Arbeit von unseren eigenen Leuten käme, könnten die Folgen noch viel verheerender sein.

Es gelang mir nicht, herauszufinden, wie viel unser BDE wirklich wusste. Jedes Mal, wenn ich ihn fragte, erhielt ich eine andere, eher ausweichende und vage Antwort. Zur Verteidigung des Vertriebsmannes sollte ich allerdings vorbringen, dass er das enorme Risiko, das wir mit dem Einstieg in das neue Projekt eingingen, vermutlich nicht erkennen konnte, da das Ausmaß der potenziellen Katastrophe, vor der unsere Systemsparte bei diesem Kunden stand, aus naheliegenden Gründen nicht allgemein bekannt war.

Der Weg durchs Minenfeld

Die anschließenden zehn Wochen glichen einem Marsch durch ein Minenfeld mit ein paar Dutzend Atomsprengköpfen in jeder Hand. Irgendwie mussten mein Team und ich es schaffen, die Arbeit unserer Systemleute in jeder Hinsicht zu loben, aber dem Kunden gleichzeitig immense Verbesserungen aufzuzeigen, die erreicht werden könnten, wenn er uns Beratern noch ein paar Millionen extra zahlte. Einer meiner Vorgesetzten schlug vor, wir sollten bei der Analyse jeden von den IT-Leuten berührten Geschäftsprozess grundsätzlich absegnen und jeden Prozess, der von unserem IT-Projekt nicht einbezogen wurde, in der Luft zerreißen. Da sich unser IT-Projekt auf die meisten wichtigen Geschäftsprozesse des Kunden erstreckt hatte, war dieser Vorschlag (wie so viele aus der Führungsetage) unbrauchbar. Mein Projekt entwickelte sich wie folgt:

Woche 1

Wir führten verschiedene Gespräche und erstellten Studien, und ich hatte mein anregendes Gespräch unter vier Augen mit Mad Mike in Brüssel.

Als unsere Systemleute mitbekamen, dass wir da plötzlich auftauchten und die Geschäftsprozesse des Kunden analysierten, waren sie, wie mir zugetragen wurde, ebenso verblüfft wie aufgebracht. Da versuchten sie, Massive Systems aus einer höchst explosiven Situation zu retten, und nun kamen wir und riskierten die Destabilisierung ihres vorsichtigen Rückzugs, der von unserem CEO angeordnet worden war. Die erste Reaktion unserer großen, ehrenhaften Führer war, wie ich hörte, dass wir meinen Teil der Arbeiten unverzüglich abbrechen sollten. Dann erkannte unser Management aber, dass es das Misstrauen des Kunden erregen könnte, wenn wir den Vertrag, den unser Vertriebsmensch bereits unterzeichnet hatte, nicht erfüllten. Es wurde daher beschlossen, dass wir Managementberater unsere Arbeit fortsetzen sollten – allerdings unter den scharfen Augen des Managements.

Rasch wurde ein Treffen zwischen den beiden Projektleiterteams arrangiert. Daran nahmen vier Leute teil – meine Wenigkeit und die beiden Ersatz-Projektmanager aus unserem Systembereich (wir wollen sie Clint und Arnie nennen). Clint war ruhig und besonnen und blieb auch unter Druck gelassen. Arnie war größer, sprach mit unüberhörbar mitteleuropäischem Akzent und war sehr aufbrausend. Dann war da noch eine Führungskraft aus der mittleren Managementebene unserer Firmenzentrale (er soll Brian heißen), der mir rasch zur Unterstützung (oder Bespitzelung?) zugeteilt worden war, als man ganz oben allmählich begriff, in welch eine Misere wir uns da gestürzt hatten.

Das Treffen war kurz und emotional. Clint und Arnie standen unter solchem Druck, dass sie Mühe hatten, ruhig zu bleiben. Mir war damals nicht ganz klar, was überhaupt los war. Ich blieb daher relativ gelassen, trotz meines Zusammenstoßes mit Mad Mike. Nach den ersten Gesprächsminuten machte ich eine meiner Ansicht nach humorvolle Bemerkung über die Leistungsfähigkeit der IT-Systeme von Clint und Arnie. Da explodierte Arnie, stampfte wütend aus dem Zimmer und musste von Clint beruhigt und zurückgeholt werden. Brian sagte kaum etwas. Endlich trat wieder ein wenig Ruhe ein. Wir tauschten verschiedene Informationen aus – doch viel war das nicht. Clint und Arnie waren ausgesprochen zurückhaltend, wenn es um ihre genauen Absichten ging.

Später hörte ich dann, dass Clint und Arnie direkt im Anschluss an unser Gespräch zu ihren Vorgesetzten liefen und Alarm schlugen. Sie behaupteten, wir Berater seien vollkommen außer Kontrolle geraten und würden die gesamte Ausstiegsstrategie unserer Firma aufs Spiel setzen, weil wir den Ernst der Lage nicht begriffen hätten, nicht kooperativ seien und nicht mit ihnen kommunizierten. Schnell beraumten unsere Bosse ein Gespräch an, bei dem sie feststellen wollten, wie man gleichzeitig unseren Beratervertrag erfüllen und dabei schnell und unbeschadet aus dem Systemprojekt herauskommen könne.

Woche 2

Es wurde ein Treffen anberaumt, an dem der CEO unseres Beratungsgeschäfts und ein paar sehr hohe Führungskräfte der Systemsparte teilnahmen, die es vermutlich bevorzugt hätten, dass ihre Namen mit dieser unglückseligen Affäre nie in Verbindung gebracht worden wären.

Aus irgendeinem Grund wurde ich zu diesem hochkarätigen Treffen nicht hinzugebeten. Doch da ich davon wusste, tauchten Brian und ich einfach unangemeldet auf, und so konnte man uns schlecht verbieten, an einer Sitzung teilzunehmen, die unser Projekt betraf. Und es war wirklich gut, dass wir da waren, denn es sollte sich herausstellen, dass Clint und Arnie die Gelegenheit nutzen wollten, um mir und nötigenfalls auch Brian das Messer in den Rücken zu stoßen – vor allem aber mir. Clint und Arnie sahen in meinem Team und mir recht nützliche Sündenböcke für den Fall, dass es ihnen nicht gelänge, unsere Firma aus dem IT-System-Desaster herauszuwinden. Entsprechend erpicht waren sie darauf, den Boden für die eigene Entlastung zu bereiten, indem sie mein Team und mich nach Gutdünken verunglimpften.

Zu Beginn des Gesprächs wurden Clint und Arnie von ihrem Chef gefragt, worin denn das Problem überhaupt bestehe. Arnie meldete sich als erster zu Wort und redete eine ganze Weile zusammenhanglos um den heißen Brei herum. Schließlich hatten Clint und Arnie nicht damit gerechnet, dass Brian und ich auftauchen würden, und wagten daher nicht, ihre schwerwiegenden Behauptungen vor uns zu wiederholen, weil sie wussten, dass wir ihnen widersprechen würden. Nach wenigen Minuten brach Arnie seinen richtungslosen Diskurs ab. Doch noch immer war unklar, wo eigentlich das Problem lag. Wie schon gesagt, kannten wir Managementberater anfangs das wahre Ausmaß der Schieflage mit dem IT-System nicht.

Eine Weile herrschte peinliches Schweigen. Dann sagte ein Mitarbeiter des Systembereichs die Worte, die mir bis zu meinem Tod im Gedächtnis bleiben werden. »Es gibt da ein kleines Problem«, meinte er und räusperte sich, »Sie laufen herum und drehen Steine um, um zu sehen, was darunter ist, während wir versuchen, sie mit Sand zu bedecken.« Er bezog sich selbstredend auf den unglücklichen Umstand, dass es Ziel der Beratungsarbeit war, zu beweisen, dass der Kunde seine Geschäftsprozesse verbessern musste und zu diesem Zweck ein großes Beratungsprojekt bei uns in Auftrag geben sollte. Währenddessen betonte unsere Systemsparte, dass die Prozesse und das künftige IT-System zu ihrer Unterstützung uneingeschränkt fantastisch seien und sie ihre Versprechungen alle erfüllt hätten. Nicht ganz unproblematisch, das Ganze.

Das Gespräch ging hin und her. Clint und Arnie wollten die Zuständigkeit für sämtliche Arbeiten für diesen Kunden, einschließlich des Beratungsprojekts, an sich ziehen. Mein CEO lehnte das ab. Er merkte, dass die IT-System-Leute ganz schrecklich in der Patsche saßen, und wollte nicht, dass sie uns mit in den Abgrund rissen. Am Ende wurde ein Kompromiss gefunden. Wir einigten uns auf eine übergreifende Strategie, der zufolge wir die Geschichte zum Abschluss bringen würden, ohne dass uns der Kunde wegen der Probleme mit dem IT-System verklagte. Mein Beratungsteam sollte also seinen Auftrag erfüllen, doch nicht versuchen, dem Kunden Anschlussprojekte zu verkaufen. Außerdem wurde ich angewiesen, Clint und Arnie über alles auf dem Laufenden zu halten, was wir unternahmen, und sämtliches von uns erstelltes Präsentationsmaterial von ihnen überprüfen (und gegebenenfalls abändern) zu lassen, bevor es der Kunde zu Gesicht bekam.

Während meine Aufmerksamkeit von den Vorgängen auf übergeordneter Ebene abgelenkt war, machte mein Projektteam unter der Leitung eines ausgesprochen fähigen Teammanagers, der uns kurz darauf verließ, tatsächlich recht beachtliche Fortschritte. In der zweiten Woche erfasste uns ein irrationaler Optimismus und wir fragten uns allen Ernstes, ob wir nicht vielleicht – entgegen der Anweisung, unsere Aufgabe zu erfüllen und zu verschwinden – unsere Beratungsleistungen nutzen konnten, um die Beziehungen zu diesem Kunden zu kitten und tatsächlich weiterhin für ihn tätig zu bleiben. Wie schon erwähnt, ging uns das wahre Ausmaß der Katastrophe nur allmählich auf.

Woche 3

Währenddessen schlugen die Wellen der Angst und der Besorgnis in unserem Unternehmen hoch, da immer mehr Mitarbeiter erfuhren, was vor sich ging. Unserem Konzernchef kam zu Ohren, dass wir verrückten Berater tatsächlich daran dachten, ein Consulting-Projekt zu verkaufen. Er übermittelte uns erneut die unmissverständliche Botschaft, dass wir Schadensbegrenzung betreiben und uns ohne finanziellen Verlust aus der Affäre ziehen sollten – und keine, wiederhole, keine weiteren Verträge mit diesem Kunden abschließen sollten. Gleichzeitig stand der CEO unserer globalen Beratungssparte in laufendem Kontakt mit dem CEO des Kunden. Er sollte unseren ungeordneten Rückzug vernebeln, indem er über die langfristigen Beziehungen unserer beiden Unternehmen sprach und über all die tollen Projekte, die wir künftig zusammen in Angriff nehmen würden. Wie Clint uns erklärte, waren der Kunde und unser CEO »privat eng befreundet«. Der CEO des Kunden traute unserem CEO. Doch wie sagt man: »Wer solche Freunde hat, braucht keine Feinde mehr.« Ich verfolgte ungläubig das Netz von Lügen, Tricks und Betrügereien, das da um mich herum gesponnen wurde.

Schließlich dämmerte uns Beratern, dass es für das Beratungsteam in diesem Fall kein positives Ergebnis geben konnte. Trotz hoffnungsfroher Botschaften an unser Management in Bezug auf unsere Fortschritte gab es klare Anweisungen, dass wir kein Beratungsprojekt verkaufen durften. Dennoch mussten wir eine Arbeit präsentieren, deren Qualität den Kunden zufrieden stellen würde. Das war ein ziemlich schwieriger Balanceakt.

In dieser Woche kauten Brian und ich die Situation immer wieder aufs Neue durch. Brian, der viele Jahre im Systembereich gearbeitet hatte, vertraute mir an, dass er noch nie so ein Schlamassel erlebt habe. Immer wieder schüttelte er den Kopf und konnte einfach nicht begreifen, wie wir in solche Schwierigkeiten kommen konnten. Für mich war Brian die Rettung. Er hatte in der Unternehmenszentrale gearbeitet, kannte die Machtspiele und die Schlüsselfiguren und konnte mir raten, wie ich mit der Situation umgehen sollte. Er durchschaute auch die Spielchen von Clint und Arnie und half mir dabei, unserem besorgten Management ein ausgewogenes Bild der Lage zu vermitteln.

Woche 4 bis 10

Das war für mein Team und mich selbst eine verwirrende und deprimierende Zeit. Wir konnten das Projekt nicht einfach fallen lassen, denn dann wäre der Kunde misstrauisch geworden und hätte vermutet, dass da etwas nicht mit rechten Dingen zuging. Gleichzeitig mussten wir so viel erreichen, dass unser Kunde zufrieden war und das Gefühl hatte, etwas für sein Geld zu bekommen. Andererseits mussten wir bei jeder Äußerung und jeder Präsentation übervorsichtig sein und durften nicht zu heftig auf ein Anschlussprojekt drängen, das die Qualen, unter denen unser Unternehmen in Bezug auf diesen Kunden litt, noch in die Länge gezogen hätte.

Währenddessen versuchten Clint und Arnie verzweifelt, dem Kunden eine unterschriebene Bestätigung zu entlocken, dass zumindest ein Teil der von uns entwickelten Systeme funktionierte. Wenn ich mich recht erinnere, sollte das System zunächst als Pilotprojekt in Deutschland eingeführt werden, einem der wichtigsten Operationsgebiete des Kunden. Doch Clint und Arnie bekamen kalte Füße bei dem Gedanken, dass unser IT-System mit einem Geschäftsvolumen von der Größenordnung, wie es in Deutschland bestand, vielleicht überfordert wäre. Mit viel Geschick gelang es ihnen, den Kunden zu überzeugen, dass Dänemark und andere Teile Skandinaviens als Standorte für ein Pilotprojekt viel besser geeignet seien. Ich weiß nicht, was sie dem Kunden erzählten, doch Clint erklärte mir, dass das Dänemark-Geschäft des Kunden verschwindend gering sei – etwa 5 Prozent des Geschäftsvolumens in Deutschland. Daher bestehe eine gute Chance, die grundlegenden Teile des Systems dort recht schnell zum Laufen zu bringen, sich die Funktionstüchtigkeit vor Ort von einem Angehörigen des mittleren Managements (der es nicht besser wusste) schriftlich bestätigen zu lassen und dann den schnellen Abgang zu machen. Auf meine Frage nach der Skalierbarkeit und danach, ob das System jemals in einem größeren Operationsgebiet des Kunden funktionieren könne, lächelte Clint nur und meinte, wenn wir unsere Karten klug ausspielten, wäre das nicht sein Problem.

Etwa in Woche sieben oder acht bekam ich einen Anruf von Clint. Er habe tolle Neuigkeiten, meinte er. Er komme gerade von einem Treffen mit dem CEO des Kunden in Brüssel. Sie hätten sich darauf geeinigt, das absolute Minimum des Systems als Pilotprojekt zu implementieren, das Projekt dann auslaufen zu lassen und unser Engagement zu beenden. Die Erleichterung bei Massive Systems war ganz enorm. Clint und Arnie wurden sehr großzügig dafür belohnt, dass sie uns so elegant aus der Affäre gezogen hatten. Alles, was mein Team und ich noch zu tun hatten, war, unseren Teil des Vertrags zu erfüllen und abzutreten, ohne dem Kunden noch ein anschließendes Implementierungsprojekt zu verkaufen.

Letztendlich nehme ich an, dass diese Angelegenheit eine Art Antiklimax war. Wir beendeten die beiden letzten Arbeitswochen, legten die Präsentation vor, die unser Kunde bei einer globalen Managementkonferenz halten wollte, packten unsere Sachen und machten uns davon. Ein Anschlussprojekt gab es logischerweise nicht.

Fazit

Wieso hat uns der Kunde nicht aggressiver zur Rechenschaft gezogen, da wir unseren Vertrag doch offensichtlich nicht erfüllt hatten? Er hatte zwar keinen Zugang zu unseren vertraulichen internen Dokumenten, doch es gab schließlich jede Menge Belege dafür, dass wir für die vielen zig Millionen, die man uns gezahlt hatte, keinen echten Gegenwert geliefert hatten. Ich bin dem CEO des Kunden und den Mitgliedern seines Managementteams ein paar Mal begegnet und vermute, dass man in der Chefetage das ganze IT-System-Debakel schlicht satt hatte. Sie hatten ein Unternehmen zu leiten und wollten nicht in endlose, ressourcenintensive juristische Auseinandersetzungen mit uns verwickelt werden. Darüber hinaus stand zu befürchten, dass wir, wenn sie versucht hätten, uns wegen Nichtlieferung des Systems zu verklagen, Gegenklage wegen Nichterfüllung ihrer vertraglichen Verpflichtungen eingereicht hätten. Also schrieben sie das Geld, das sie an uns verschwendet hatten, einfach ab und gingen zur Tagesordnung über – was uns vor einem potenziell verheerenden und kostspieligen Skandal bewahrte.

Ich sollte später immer wieder erleben, dass Kunden ihre Managementberater oder IT-System-Lieferanten so gut wie nie verklagten, wie schlecht ihre Leistungen auch waren. Und wenn sie es doch taten, hatten sie selten Erfolg damit. Die meisten großen Beratungsfirmen haben sehr gute Anwälte mit einiger Erfahrung darin, wie man unzufriedene Kunden ins Bockshorn jagt.

Anmerkungen

1 *International Herald Tribune* (Datum bitte beim Autor erfragen)
2 Ebd.
3 UOP, Kläger, gegen Andersen Consulting, Beklagter, Superior Court, Gerichtsbezirk Stamford/Norwalk in Stamford, CD950144480s. Zitiert nach: James O'Shea, Charles Madigan, *Dangerous Company. The Consulting Powerhouses and the Businesses They Save and Ruin*, London 1997 (deutsche Ausgabe: *Berater mit beschränkter Haftung: Macht und Einfluß der Consulting-Firmen*, München 1998)

Kapitel 10

Der Kollaps

Bis zum Jahr 2000 hatte die Managementberaterbranche nur Wachstum gekannt – meist im zweistelligen Bereich. In einem rasch expandierenden Markt Geld zu verdienen, ist nicht so schwer. Das Platzen der Technologieblase, der Börsencrash und die folgende Quasi-Rezession trafen die Branche schwer. Mehrere renommierte Beratungsfirmen gingen in Konkurs.[1]

Ein Jahr später, kurz nach der Entlassung von 15 000 eigenen Mitarbeitern, kaufte IBM für 3,5 Milliarden US-Dollar (davon 2,7 Milliarden bar auf die Hand) 30 000 Berater von PwC.[2] Der Wert eines Beraters wurde folglich bei rund 100 000 US-Dollar angesetzt – ein Zehntel des von Cap Gemini gebotenen Preises bei der großzügigen Übernahme von 10 000 Ernst-&-Young-Beratern.

In dieser Zeit (2002 bis 2004) hatten viele Beratungsfirmen zu kämpfen. Manche entließen auch Leute. Ein Unternehmen kündigte im Lauf von 18 Monaten über 10 000 Mitarbeitern, und viele mussten zusehen, wie ihre Honorarsätze schrumpften. Angesichts dieser Bedrohung für ihren Gewinn und ihre Prämien konzentrierten sich die Teilhaber der Beratungsfirmen auf das, was sie am meisten interessierte – ihr eigenes Vermögen. Allem Anschein nach reagierten sie auf sinkende Honorare, indem sie auf Kosten ihrer Mitarbeiter die eigenen Pfründe sicherten. Das geschah auf zweierlei Art: Es wurde etwa die Hälfte all der Mitarbeiter abgebaut, die keine Honorare einbrachten, und gleichzeitig die Zahl der Berater verringert, die zum Teilhaberstatus aufsteigen durften. Wie der Berufsverband Management Consultants Association berichtete, »wurde ganz offensichtlich radikal der Rotstift bei Verwaltungs- und solchen Kosten angesetzt, denen keine Honorareinnahmen gegenüberstanden«. Und: »Die Teilhaber teilen sich die Ausbeute mit einem kleineren Kreis von Partnern und gleichen so eventuelle Einnahmerückgänge aus, die durch sinkende Spannen verursacht werden.« Für Loyalität und Solidarität blieb da wenig Spielraum.

Einschlägige Fachblätter sprachen von einer angespannten Marktlage. Dabei hätten es viele Wirtschaftsunternehmen nicht als sonderlich dramatisch empfunden, für einen Mitarbeiter, für den sie 2002 das Achtfache seiner Vergütung in Rechnung gestellt hatten, jetzt noch ungefähr das Fünffache berechnen zu können. Angesichts des Abwärtszyklus auf dem Markt und der großen Fusionen, die implementiert werden mussten, standen die Manager der Beratungsfirmen nun tatsächlich unter dem Druck, ein paar der Managementkompetenzen zu beweisen, für deren Unzulänglichkeit sie ihre Kunden kritisierten. Doch eine der verheerendsten Episoden ebenso bodenloser wie unverständlicher Managementinkompetenz, die ich während meiner langen Karriere, die mich durch viele Unternehmen führte, erlebt habe, betraf nicht etwa ein Kundenunternehmen. Es betraf die Unternehmensleitung einer Management- und IT-Systemberatung mit über 50 000 Mitarbeitern. In kaum mehr als zwölf Monaten stümperhafter Pfuscherei schaffte sie es, eine Managementberatungsfirma mit mehreren Tausend Mitarbeitern, die über 20 Jahre lang große Bedeutung in der Branche gehabt hatte, in Grund und Boden zu stampfen und den Aktienkurs der Unternehmensgruppe um über 90 Prozent zu drücken. Rückblickend kommt mir die Implosion dieses Unternehmens so vor, als würde man eine Massenkarambolage in Zeitlupe beobachten. Ich sehe mich auf einer Kreuzung stehen und von verschiedenen Seiten einen Hochzeitszug und drei Laster auf mich zukommen, die einander nicht bemerken. Alle treffen gleichzeitig auf der Kreuzung ein. Das Ergebnis ist ein fürchterlicher Zusammenstoß mit immensen Sach- und Personenschäden. Und natürlich auch kein besonders vielversprechender Start in die Ehe.

In unserem Fall ging es um die Ehe unserer Konzernmutter, die das ehrgeizige Ziel verfolgte, sich zum global führenden Anbieter von Beratungsleistungen und IT-Systemen aufzuschwingen, mit einer Gruppe von Beratern. Diese wollte eine Wirtschaftsprüfungsgesellschaft schnellstens loswerden, der Amerikas finanzwirtschaftlicher Wachhund, die Securities and Exchange Commission (SEC), auferlegt hatte, ihre Prüfungsleistungen von den Beratungsleistungen abzukoppeln, die sie den

Kunden ihrer Prüfungssparte anbot. Die drei Laster, die auf der Kreuzung auf die Hochzeitsgesellschaft stießen, standen für den Zusammenbruch des Technologiebooms im Jahr 2000, den Umstand, dass große Fusionen und Übernahmen notorisch schwierig zu managen sind, und den unverhohlenen Geiz und die Gier der Teilhaber und Topmanager unseres Unternehmens.

Der Bräutigam: Auf Siegeszug rund um die Welt

Die Beratungsfirma, um die es ging, hatte lange Jahre zu einem riesigen IT-System-Konzern mit Zehntausenden von Mitarbeitern gehört, die ungleichmäßig über die ganze Welt verteilt waren. Jahrelang hatten die Mitarbeiter davon profitiert, dass das Konzernmanagement und die gegenseitige Verachtung die Leute aus Beratungs- und Systemsparte auf Distanz gehalten hatten. Nur wenn ein Kunde eine Mischung aus Beratungsleistungen und Systemen brauchte, waren sie zusammengespannt worden. Solange die Beratungssparte der Unternehmensgruppe ein operatives Bruttoergebnis in ausreichender Höhe einbrachte, hielt sich die Einmischung aus den Rängen der zentralen Entscheider in Grenzen. Wenn sie sich denn einmischten, war das dem Wachstum der Beratungssparte meist förderlich. Die Konzernführung, die es nicht verstand, organisches Wachstum herbeizuführen, betrieb Expansion durch Zukauf anderer Managementberatungen. Das Management der Beratungssparte wurde regelmäßig per E-Mail darüber informiert, dass die übergeordnete Ebene gerade wieder an die 100 zusätzliche Berater in Deutschland ins Unternehmen geholt hatte, dann wieder 50 in Skandinavien, ein paar in Südafrika, weitere 500 in Frankreich, eine größere Gruppe in Südamerika, eine Hand voll in Großbritannien, und so weiter.

Doch obwohl die Beratungssparte ordentliche Gewinne abwarf, kann ich beim besten Willen nicht behaupten, dass alles in Ordnung war. Der Markt verlor allem Anschein nach das Interesse am Angebot der Firma, die Konkurrenten hatten sich viele ihrer Tricks abgeschaut, und innovative Ideen waren schon seit Jahren Mangelware. Doch man versuchte immer noch, die Honorarsätze im oberen Spektrum des Branchenüblichen zu halten. Hinzu kam, dass das Amerika-Geschäft drei oder vier Jahre zuvor von mehreren Hundert Beratern auf unter 100 geschrumpft war und man in Asien mit Wachstumsproblemen kämpfte. Dabei konnte man sich schlecht als Global Player bezeichnen, wenn man in Europa ein paar Tausend Mann sitzen hatte und anderswo nur ein paar Einzelkämpfer. Es musste etwas geschehen.

Die Unternehmensgruppe war mit über 40 000 Technikexperten und ein paar Tausend Beratern alles andere als klein. Doch der Unternehmensleitung war das zu wenig. Sie wollte weltweit in der obersten Liga mitspielen und in Konkurrenz zu den echten Branchenriesen treten – Accenture und IBM. Dazu bedurfte es allerdings der nötigen Größe in den USA und Europa und einer vernünftigen Präsenz im Fernen Osten. In den USA hatten die Wachstumsinitiativen der Firma trotz wiederholter, breit publizierter, doch vergeblicher Sanierungsversuche keinen Erfolg gehabt. Wie böse Zungen hinter vorgehaltener Hand erzählten, war einer dieser Versuche zum Teil deshalb fehlgeschlagen, weil unser CEO sich nicht engagiert genug darum gekümmert hatte. Er hatte seinerzeit gerade ein Verhältnis mit einer um einiges jüngeren Projektleiterin, die in Südafrika eingesetzt war. Daher verbrachte der betreffende Herr ebenso viel (wenn nicht mehr) Zeit mit »Geschäften« in der südafrikanischen Niederlassung, wo die Firma nicht einmal 30 Berater hatte, wie in den Vereinigten Staaten mit der Sanierung des US-Geschäfts. Und dort hätte die Beratungsfirma mehrere Tausend Berater haben sollen.

Nach jahrelangen vergeblichen Versuchen, den Anschluss an die drei bis vier größten Beratungsunternehmen und IT-Dienstleister zu schaffen, beschloss man exakt auf dem Höhepunkt des Börsenbooms, sich die Marktanteile zu kaufen, die das Unternehmen an die Spitze katapultieren würden.

Die Braut: Wirtschaftsprüfer am Tropf der Beraterbranche

Damals beäugte die SEC in den USA immer argwöhnischer den Trend der großen Wirtschaftsprüfungsgesellschaften, ihren Kunden auch Beratungsleistungen zu verkaufen. Wachstum war für die Wirtschaftsprüfer schon seit langem nur schwer zu erreichen. Schließlich ist die Zahl der zu prüfenden Unternehmen begrenzt. Die Prüftätigkeit lässt sich also nur ausweiten, indem man sich gegenseitig Marktanteile wegnimmt. Und das taten sie auch. Doch durch den intensiven Wettbewerb gerieten die Prüfungsgebühren unter Druck. Die Dienstleistung entwickelte sich zu einer Art Ware. Die Prüftätigkeit war zwar immer noch lukrativ, doch so viel Geld, wie viele Teilhaber großer Wirtschaftsprüfungsgesellschaften nach eigenem Dafürhalten verdienen sollten, ließ sich damit nicht verdienen.

Wollten Wirtschaftsprüfer also den großen Reibach machen, mussten sie mehr tun als nur prüfen. Und was konnte das sein? Die Antwort lag natürlich nahe: Sie konnten Beratungsleistungen verkaufen – und zwar in rauen Mengen. Durch ihre privilegierte Rolle als Wirtschaftsprüfer hatten die großen Wirtschaftsprüfungsgesellschaften einzigartigen Zugang zu den Büchern und Unternehmen ihrer Kunden. Sie wussten alles über die Stärken und Schwächen ihrer Kunden. Das versetzte sie in die beneidenswerte Lage, zielgenau planen zu können, welche Beratungsleistungen sie verkaufen konnten, wem sie sie verkaufen konnten und wie viel sie dafür berechnen konnten. Während wir reinen Managementberater um Gelegenheiten kämpfen mussten, potenziellen Kunden unsere Waren feilzubieten, hatten die glücklichen Wirtschaftsprüfer per Gesetz Zugang zu allem, was wir so gern gehabt hätten. Auf diese Weise konnten die Wirtschaftsprüfer riesige Beratungssparten aufbauen. Eine Studie weist darauf hin, dass viele der weltweit größten Unternehmen ihren Wirtschaftsprüfern allein fünf- bis zehnmal so viel Geld für Beratungsleistungen zahlten wie für Prüfungsleistungen.[3] Ein führender Unternehmer beschrieb diesen Run auf die Beratung folgendermaßen: »In den vergangenen 20 Jahren haben sich die meisten großen Wirtschaftsprüfungsgesellschaften auch auf Beratungstätigkeit verlegt. Sie hatten wohl genug davon, sich um Prüfungsaufträge zu rangeln, bei denen der Kunde seine Rechnung der von den Erbsenzählern aufgewendeten Zeit gegenüberstellen konnte. Sie sahen, wie leicht es stattdessen war, für meisterhafte schwarze Beratungslöcher abzukassieren. Versuchen Sie doch mal, eine Rechnung daraufhin zu überprüfen, wie viele Geistesblitze sie enthält. Sie haben keine Chance.«[4]

Unglücklicherweise gab es für die Wirtschaftsprüfer unter Umständen ein kleines, wenn auch nicht gänzlich unbedeutendes Problem mit der Quelle ihrer neu erschlossenen Reichtümer. Ein Wirtschaftsprüfer wird zwar vom Kunden bezahlt, ist jedoch in erster Linie den Aktionären, Finanzinstitutionen und anderen externen Gruppen verpflichtet, da er im Rahmen seiner Prüfung bestätigen soll, dass die Bücher des Kunden ein »den tatsächlichen Verhältnissen entsprechendes Bild« der finanziellen Situation der geprüften Unternehmen wiedergeben. Erwirtschaftet eine Wirtschaftsprüfungsgesellschaft in Wirklichkeit das Gros ihres Gewinns mit dem Verkauf von Beratungsleistungen an ihre Prüfkunden, so könnte man ihre so genannte Objektivität infrage stellen. Wie gern eröffnet der Wirtschaftsprüfer einem Kunden wohl, dass dessen Bücher eher an einen Fischmarkt an einem heißen Sommertag erinnern als an ein solides finanzwirtschaftliches Zahlenwerk, wenn derselbe Wirtschaftsprüfer an diesem Kunden vielleicht 30 Millionen für diverse interessante und lukrative Beratungsleistungen verdient und nur drei Millionen an der weit weniger rentablen drögen Buchprüferei? In den USA stand mit Andersen eine der einstmals größten Wirtschaftsprüfungsgesellschaften innerhalb weniger Monate vor dem Aus. Einer ihrer wichtigsten Kunden, Enron, ging als einer der größten Konkurse aller Zeiten in die Wirtschaftsgeschichte ein. Auch mehrere andere Großkunden von Andersen gerieten ins Wanken, als sich herausstellte, wir kreativ sie ihre Bücher geführt hatten. Ein leitender Enron-Manager, der vorgeladen worden war, um über den Zusammenbruch des Unternehmens auszusagen, beging allem Anschein nach Selbstmord. Das Topmanagement wurde mit einer Sammelklage von Mitarbeitern überzogen. Viele von ihnen hatten ihre Ersparnisse und ihre Altersversorgung verloren, nachdem sie auf Anregung der Topmanager kurz vor dem Kollaps noch Aktien des Unternehmens gekauft hatten. 2000 erhielt Andersen von Enron 25 Millionen US-Dollar an Prüfungsgebühren und weitere 27 Millionen US-Dollar an anderen Gebühren, den so genannten Non-Audit-Fees.[5] Bis zu 100 Mitarbeiter von Andersen arbeiteten nur für Enron.[6] Mehrere hochrangige Enron-Manager, unter anderem der Chief Accounting Officer, waren ehemalige Andersen-Mitarbeiter. Es hieß sogar, dass Andersen zum Teil auch die interne Revision für Enron durchführte und parallel dazu die öffentlichen Berichte für das Audit Committee des Unternehmens prüfte.[7] Ein

Kommentator beschrieb die potenziellen Interessenkonflikte zwischen der Prüfungs- und Beratungstätigkeit wie folgt: »Im Endeffekt arbeitete die Gesellschaft auf der einen Seite an den Buchführungssystemen und -kontrollen und bestätigte auf der anderen Seite die Richtigkeit der damit produzierten Zahlen.«[8] Währenddessen wurden in Europa ziemlich peinliche Fragen dazu gestellt, wie den Wirtschaftsprüfern des italienischen Mammutkonzerns Parmalat entgangen sein konnte, dass in den Büchern mindestens sechs Milliarden US-Dollar fehlten.

Manche Wirtschaftsprüfer merkten, woher der Wind nun wehte, und beschlossen, ihre Beratungssparten abzustoßen, solange das Geschäft noch florierte und die Preise hoch waren. Sie wollten nicht warten, bis es zu spät war und sie von einer Regulierungsbehörde zu einem Notverkauf zu jedem Preis gezwungen wurden. Dadurch bekam die Unternehmensgruppe, für die ich damals tätig war, die Gelegenheit, von einer der größten internationalen Wirtschaftsprüfungsgesellschaften Tausende von Beratern zu übernehmen und dadurch zu einem der fünf größten Beratungs- und IT-Dienstleister weltweit aufzusteigen.

In unheiliger Ehe vereint

Die Trauung fand also statt, die Eheversprechen wurden ausgetauscht, und nebenbei wechselten mehrere Milliarden Dollar und ein Haufen Aktien den Besitzer. Das glückliche Paar feierte ein Fest und schwirrte ab in die Flitterwochen. Unsere Topmanager konnten sich gegenüber der Finanzpresse damit brüsten, dass wir aus der zweiten Liga den Sprung an die Spitze der Oberklasse geschafft hatten. Sicher kamen sie sich dabei toll vor – knallhart, entschlossen, strahlende Siegertypen. Ein Finanzjournalist, der den Zusammengang nach einem Jahr noch einmal beleuchtete, meinte allerdings: »(...) wieder mal ein Beleg dafür, dass eine Fusion, die in den Chefetagen gezimmert wird, nicht unbedingt eine Ehe ist, die im Himmel geschlossen wurde.«[9] Unsere Konzernlenker konnten nun stolz durch die Welt ziehen und ihr immens vergrößertes Imperium begutachten. Manche von uns, die wir vor Ort die Drecksarbeit erledigten, waren aber gar nicht glücklich. Unsere großen Bosse hatten entschieden, Milliarden von Dollar für die Übernahme

Tausender von Beratern auf den Tisch zu legen. Wir dagegen konnten uns schon vorstellen, wessen Prämien hergenommen werden würden, um für diese kleine unternehmerische Extravaganz zu bezahlen.

Natürlich ist eine Ehe nicht immer eitel Freud' und Sonnenschein. Prüfstein für die Stabilität einer Partnerschaft und die Fähigkeit der Partner zu einer konstruktiven Beziehung ist, ob sie nicht nur in guten, sondern auch in schlechten Zeiten hält. Unsere obersten Bosse hatten da nicht so viel Glück. In ihrem Fall kamen die ersten schlechten Zeiten schon kurz nach der kirchlichen Trauung, noch bevor man sich sinnenfroh zur Hochzeitsnacht ins Ehebett zurückziehen konnte. Die Zeremonie war gerade beendet und der erste Teil der Mitgift überreicht (einige Milliarden Dollar in bar und Aktien). Da kippte plötzlich die Konjunktur, die die vorangegangenen zehn bis 15 Jahre über so großartig mitgespielt hatte. Die Dotcom-Aktien brachen ein, der Nasdaq fiel ins Bodenlose, und selbst Blue Chips verloren auf einen Schlag 30 Prozent oder noch mehr. Für den glücklichen Bräutigam und die strahlende Braut war aber noch viel dramatischer, dass die Nachfrage nach ihren Dienstleistungen versiegte. Wie ein Kommentator feststellte: »Der Zeitpunkt war denkbar ungünstig.«[10]

Ein weiteres Problem betraf die lieben Leute in der Wirtschaftsprüfungssparte, zu der die vielen Tausend neuen Berater vor der Übernahme durch unsere Chefs gehört hatten. Ihre Prämien orientierten sich vormals am Volumen der von ihnen generierten Managementberatungsleistungen, die sie ihren Tausenden Kollegen und Kolleginnen aus der für Beratung zuständigen Schwestergesellschaft zuschanzten. Diese sprudelnde Quelle für Beratungsaufträge versiegte jedoch mit dem Tag, an dem die Berater zu uns überwechselten. Von ihren Fesseln an die Managementberater befreit, boten die Wirtschaftsprüfer ihren Kunden an, selbst die Beratungsarbeit zu übernehmen. Nach ihren Geschäftsbedingungen durften sie ihre Tätigkeit nicht als »Beratung« bezeichnen. Sie nannten sie stattdessen einfach »Professional Services«. Jedenfalls hatten sie nun so viel zu tun, dass der Chairman der »Professional Services«-Firma berichtete, das Jahr nach der Übernahme ihrer Tausenden von Beratern durch uns sei »eines ihrer arbeitsreichsten überhaupt« gewesen.[11] Der auf jeden Teilhaber entfallende Gewinn stieg kräftig an – sehr zur Freude der Partner, die im betreffenden Jahr zwei

Weihnachtsgeschenke bekamen: einen Teil der Dollarmilliarden, die wir ihnen bar für ihre Berater gezahlt hatten, und einen Auftragsboom, weil sie die Projekte selbst übernahmen, die sie vorher an die Berater weitergereicht hatten. Tatsächlich lief es für die Wirtschaftsprüfungsgesellschaften so gut, dass viele Hundert der Berater, die wir so teuer eingekauft hatten, gleich wieder zu ihrem alten Arbeitgeber zurückwechselten, um in Konkurrenz zu uns »Professional Services« anzubieten.

Auf unsere geschäftliche Situation hatte die Übernahme dagegen unmittelbar katastrophale Auswirkungen. Während die Wirtschaftsprüfer Konfetti warfen, wenn sie ihre Kontoauszüge abholten, standen wir mit Tausenden teurer Mitarbeiter da, die bezahlt werden mussten. Dabei war noch gar nicht offenbar geworden, dass sich niemand so richtig Gedanken darüber gemacht hatte, wie wir ihre Dienste nun an den Mann bringen sollten, da ihnen die Arbeit nicht mehr von den Wirtschaftsprüfern zugeschoben wurde. Hätte das Wirtschaftswachstum angehalten, wäre das verkraftbar gewesen. Die Nachfrage wäre gestiegen, und wir hätten die neu erworbenen Ressourcen lukrativ in die richtigen Kanäle leiten können. Doch von Wirtschaftswachstum konnte bald keine Rede mehr sein. Und wir hatten Tausende gut bezahlter Mäuler, die gestopft werden wollten. Die vielen Teilhaber darunter verdienten wenigstens 600 000 Euro im Jahr. All das brachte uns unvermittelt in eine höchst prekäre Lage. In den USA sah es noch schlechter aus. Die Auslastung unserer dortigen Berater, die im Idealfall zwischen 60 und 70 Prozent betrug, fiel auf 30 Prozent. Schließlich hatten wir vor der Übernahme nur sehr wenige Leute in den USA gehabt und verfügten daher nicht über die nötige Infrastruktur, um die vielen Tausend Neuzugänge auf den Gehaltslisten in Projekten unterzubringen. In vielen europäischen Ländern war unser Geschäftsvolumen deutlich größer. Aber auch dort sank die Auslastung auf nur rund 40 Prozent. Das hieß, über die Hälfte unserer Leute generierten keine Honorareinnahmen. Für ein Unternehmen wie unseres war das eine Katastrophe. Und ich glaube, auch im Fernen Osten sah es nicht gerade umwerfend aus.

Als unseren Herren in der Chefetage allmählich dämmerte, welch kapitalen Bock sie mit dem Einkauf Tausender teurer, aber im Grunde nutzloser Berater geschossen hatten, begannen sie, panisch herumzuzappeln wie Fische an der Angel. Sie schnappten nach Geld wie die Fische nach Sauerstoff und zerrten und rissen, um von dem Haken loszukommen, den sie sich selbst geschmiedet hatten.

Wir wurden umstrukturiert. Dann wurden wir ein zweites Mal umstrukturiert und schließlich noch ein letztes Mal. Viel gebracht hat das nicht. Unsere Auslastung hielt sich hartnäckig unter 50 Prozent. Wir verloren Geld – jede Woche viele Millionen –, das eigentlich in die Taschen unserer Bosse fließen sollte. Währenddessen sackte unser Aktienkurs um 90 Prozent ab. Kein Wunder also, dass unsere Chefs nicht sehr glücklich waren.

Da begannen sie, uns dazu anzutreiben, mehr zu verkaufen. Sie überfluteten uns mit E-Mails, in denen sie uns vorwarfen, dass wir uns nicht genug anstrengten und uns hinter der Ausrede versteckten, dass der Markt schrumpfe. Zu erleben, dass einer von ihnen losging und einen Auftrag beschaffte, war uns nicht vergönnt. Sie waren stets viel zu sehr mit internen Sitzungen beschäftigt, auf denen sie die nächste Umstrukturierung planten, als dass sie ein Geschäft generieren konnten, von dem ihre fetten Gehälter und großzügigen Spesen bezahlt würden.

Als Umstrukturierungen und Ermahnungen nichts fruchteten, verlegten sie sich aufs Drohen. Wenn wir unsere Gewinnziele nicht erreichten, dann, orakelten sie ominös, bekämen wir keine Prämien. Wir lachten nur. Der Markt brach zusammen, unser Serviceangebot war abgenudelt, und wir konnten nicht einmal unser Stammpersonal unterbringen – geschweige denn Tausende von zusätzlichen Kräften. Was unsere Prämien anging, so hatten wir jede Aussicht, unsere jährlichen Gewinnziele auch nur annähernd zu erreichen, angesichts der vielen Tausend Gehälter, die monatelang ohne Gegenleistung geflossen waren, längst in den Wind geschrieben. Indem sie unsere gewinnabhängigen Prämien infrage stellten, demonstrierten unsere Topmanager einmal mehr, wie wenig sie begriffen hatten, was draußen auf dem Markt wirklich vorging.

Als auch diese Strategie keine Ergebnisse zeitigte, brüteten unsere obersten Unternehmenslenker etwas aus, das ihnen als wahrhaftiger Geniestreich erschienen sein muss. Sie erkannten, dass sie das Auslastungsniveau steigern konnten, indem sie Leute entließen. Nachdem wir erst viele Tausend Berater zugekauft hatten, um zu expandieren, zahlten wir ihnen nun Abfindungen, um sie wieder loszuwerden. Insgesamt entließ unsere Unternehmensgruppe in den zwölf Monaten nach der Übernahme meines Wissens rund 6 000 Leute. Die Kündigungen allein schlugen mit Hunderten Millionen an Euro, Dollar, Pfund und allen möglichen anderen Währungen zu Buche.

Sich selbst der Nächste

Als das Unternehmen noch eine Beratungsfirma mit ein paar Tausend Mitarbeitern war, bestand einer seiner größten Wettbewerbsvorteile in einer Kultur, die von Teamgeist, Wissenstransfer und gegenseitiger Unterstützung geprägt war. Bei jedem neuen Auftrag für einen Kunden konnte die Firma innerhalb weniger Stunden ein funktionstüchtiges Team zusammenstellen, dessen Mitglieder aus verschiedenen Unternehmensbereichen und sogar aus verschiedenen Ländern kamen. Es gelang ihr mühelos, zur Unterstützung des Teams ein Expertennetz aufzubauen, das einschlägiges Wissen und Erfahrung beisteuern konnte. Alle Berater wussten, dass der Erfolg eines jeden Teams dem ganzen Unternehmen zugute kam. Folglich griffen wir, auch wenn wir selbst mit einem anderen Projekt beschäftigt waren, so gut es ging jedem anderen Berater, der Unterstützung benötigte, unter die Arme – in jedem Winkel der Erde.

Doch als wir zu einem monströsen Gebilde aus Zigtausend Mitarbeitern angeschwollen waren, schienen viele leitende Manager nur mehr auf ein Ziel hinzuarbeiten: Sie sorgten dafür, dass ihre Leute ihre Zeit den Kunden in Rechnung stellten, damit sie ihre persönlichen Prämienziele erreichten. Was aus dem Unternehmen wurde, scherte sie nicht. Eine Kultur des Teilens und der gegenseitigen Unterstützung wurde ersetzt durch eine Mentalität, die sich mit folgendem Motto beschreiben lässt: »Hauptsache, mir geht's gut. Was aus euch wird, kratzt mich nicht.«

Als sich rasch herauskristallisierte, dass wir beim übergreifenden Konzernergebnis unsere Ziele nicht erreichen würden, verschärfte sich diese Einstellung noch. Vice Presidents, die wussten, dass sie den am gesamten Unternehmensgewinn orientierten Anteil ihrer Prämien nicht erhalten würden, legten noch mehr Wert darauf, dass ihr spezifischer

Bereich seine individuellen Gewinnziele nicht verfehlte. So konnten sie zumindest einen Teil der eigenen Prämie sichern.

Der Effekt auf unseren Vertrieb war katastrophal. Unmittelbar nach der Fusion kam es zu einer Erscheinung, die ein Vice President als »Landraub« bezeichnete: Jeder Vice President eines Unternehmensbereichs versuchte, die zahlungskräftigsten Kunden an sich zu reißen. Wenn ein Kunde Interesse an einer Zusammenarbeit zeigte, so behielt das der Manager, der als erster davon erfuhr, nach Möglichkeit für sich und bot dem Kunden nur die Leistungen an, die seine eigenen Leute liefern konnten.

Statt den Kunden zuzuhören und ihnen maßgeschneiderte Lösungen für ihre organisatorischen Probleme anzubieten, musste in unserem Unternehmen nun verkauft werden, was unsere Vice Presidents verkaufen wollten – nicht, was der Kunde erwerben wollte. In einem rasch wachsenden Markt, in dem die Kunden alles mitnahmen, was einigermaßen modisch klang, wären wir damit vielleicht durchgekommen. In einem schnell schrumpfenden Markt führte unsere Weigerung, auf die Wünsche der Kunden einzugehen, in die Katastrophe. Und je stärker der Umsatz einbrach und je mehr Leute Däumchen drehten, desto eifriger schottete jeder Vice President auf Kosten des Gesamtunternehmens seinen eigenen Bereich ab. Unter solchen Bedingungen kam es immer wieder vor, dass ein Vice President für ein paar Hunderttausend Euro seine eigenen Leute losschickte, statt einen anderen Unternehmensbereich ins Spiel zu bringen, der demselben Kunden ein Millionenprojekt verkaufen könnte.

Wir Insider erkannten, dass diese neue, egozentrische Kultur der Gier das Unternehmen zerstörte. Tatsächlich stand es innerhalb von sechs Monaten nach Beginn der so genannten »Integration« so schlecht um uns, dass auch Außenstehende unsere beträchtlichen Probleme wahrnahmen. So schrieb zum Beispiel ein Finanzjournalist: »Die gestern veröffentlichten geprüften Zwischenergebnisse bestätigen den dramatischen Verlust an Dynamik nach der Fusion. Das Wachstum war vermutlich negativ: Das Ergebnis zählte zu den schwächsten in der Branche. Der Personalumschlag stieg aufs Jahr gerechnet auf 25 Prozent ... Das spricht nicht nur für eine vorübergehende Störung, sondern für bleibende Schäden.«[12]

Wie aus Integration Auflösung wurde

Theoretisch gab es gute Gründe für die Übernahme der vielen Tausend Berater. Es bestanden geografische Synergien zwischen ihrer starken Position in den USA und Asien und unserer in Europa. Auch beim Serviceangebot gab es Synergien, da wir über einen großen IT-Bereich verfügten, aber unser Beratungsgeschäft nicht ausdehnen konnten. Sie besaßen dagegen viele Tausend Berater, doch nur geringe IT-Kapazitäten. Theoretisch verfügten wir daher über eine maßgebliche Consulting-Präsenz in aller Welt. Damit konnte das neue Unternehmen nun in allen Märkten mit Fug und Recht behaupten, seinen Kunden das komplette Serviceangebot von High-End-Strategie über Prozessoptimierungsberatung bis hin zu sämtlichen IT-Fragen anzubieten. Doch was sich in einer Pressemitteilung an die Finanzwelt so eindrucksvoll liest, ist keinen roten Heller wert, wenn das Management nicht in der Lage ist, es auch umzusetzen.

Wir hatten nun zwar Tausende von Beratern, aber auch dreimal so viele IT-Leute. Allein durch ihre Zahl besetzten daher die IT-Vice Presidents die meisten Schlüsselpositionen im Management. Und es stellte sich bald heraus, dass sie zwar fähige Systemspezialisten sein mochten, doch größtenteils nichts davon verstanden, wie man eine große Fusion erfolgreich über die Bühne brachte. Sie gingen allem Anschein nach an die Sache heran, als wollten sie ein Computersystem mit Zigtausend jederzeit austauschbaren Komponenten zusammenbauen – nicht ein Unternehmen aus vielen Tausend Menschen, deren Loyalität und Kooperationsbereitschaft man sich durch Führungsqualitäten verdienen musste. Uns Beratern, deren tägliches Brot es war, Kunden bei Fusionen und Übernahmen zu beraten, kam es vor, als würde unser eigenes Management entschlossen alles falsch machen, was man nur falsch machen konnte.

Nachdem unsere Top-Manager uns mit einer Organisationsstruktur beschenkt hatten, die unsere Wettbewerbsfähigkeit in einem rückläufigen Markt beeinträchtigen würde, konzentrierten sie sich auf die Ausarbeitung der nötigen Managementkontrollsysteme, um das unförmige und missgestaltete Monstrum zu steuern, das sie da geschaffen hatten.

Wir Berater waren daran gewöhnt, in einem kaum reglementierten

Umfeld zu arbeiten, in dem es mehr darauf ankam, auf wandelnde Kundenbedürfnisse schnell zu reagieren als auf interne Verfahren und Kontrollen. Natürlich hatten wir eine Organisationsstruktur und mehrere Managementebenen. Doch entscheidend war, dass schnell Teams gebildet werden konnten, die effektiv zusammenarbeiteten und nach einem Auftrag wieder aufgelöst wurden, um sich für das nächste Kundenprojekt neu zu formieren. Die betriebswirtschaftlichen Lehrbücher bezeichnen so etwas wohl als »Adhocratie«. Wir konnten flexibel Adhoc-Teams zusammenstellen, die überall auf der Welt für jedes Problem einsetzbar waren, ohne dass sich die Leute Gedanken machten, in welchem Unternehmensbereich der durch ihre Arbeit generierte Umsatz am Monatsende verbucht wurde. Mit sturen Kollegen, die sich weigerten, fremde Projekte zu unterstützen, weil der damit erzielte Umsatz nicht ihrer Abteilung zugerechnet wurde, hätten wir einpacken können. Die Zigtausend zugekauften Berater waren ebenfalls an ein derartiges, auf schnelles Reaktionsvermögen ausgerichtetes Umfeld gewöhnt. Um im Beratungsgeschäft Erfolg zu haben, waren solche fließenden Organisationsstrukturen unabdingbar.

Die IT-Leute hatten dagegen eine vollkommen andere Kultur. Sie hatten seit jeher in einem ausgesprochen bürokratischen Umfeld gearbeitet, beladen mit einem Berg formeller bürokratischer Prozesse und Verfahren. So liefen sie zum Beispiel unter Nummern, nicht unter Namen. Und sie mussten für jeden Tag Zeitnachweise ausfüllen, aus denen genau hervorging, wie viele Stunden und Minuten sie für welchen Kunden gearbeitet hatten. Für jeden Kundenauftrag gab es eine Projektnummer. Man durfte erst dann an einem Projekt arbeiten, wenn eine solche Projektnummer vorlag – selbst wenn der Kunde drängte. Bis sie erteilt wurde, vergingen manchmal mehrere Wochen. Die Manager ließen ihre Leute erst an Projekten arbeiten, wenn eine offizielle schriftliche interne Vereinbarung unterzeichnet war, die genau festlegte, wie viel des von einem Mitarbeiter verdienten Honorars auf den Bereich entfallen würde, der den Auftrag beschafft hatte, und wie viel auf den Bereich, dem der Mitarbeiter angehörte. Bis so eine Vereinbarung ausgehandelt war, konnte es Wochen dauern. Internationale Projekte durften die Mitarbeiter erst in Angriff nehmen, wenn zwei Manager ein so genanntes Inter-Company Agreement unterzeichnet hatten. In diesem wurde vereinbart, wie das Honorar zwischen dem Land, aus dem die Mitarbeiter kamen, und dem Land, in dem sie arbeiten würden, gesplittet werden sollte. Während die IT-Leute also aus einem extrem bürokratielastigen Umfeld kamen, war der Beratungsbereich bislang auf der Basis von Vertrauen und wechselseitiger Unterstützung gemanagt worden.

Sechs Monate nach Beginn der Integration der drei Organisationen glaubten unsere Unternehmenslenker, dass die ungelenke Organisationsstruktur vollständig und erfolgreich implementiert sei. Prompt verkündeten sie, dass die Berater auf das Verwaltungssystem umgestellt würden, das sich zur Kontrolle der IT-Leute so gut bewährt hatte. Die Protestschreie der vielen Tausend Berater verhallten ungehört. Währenddessen lief das Unternehmen langsam, aber sicher auf Grundeis. Manche der bürokratischen Probleme waren eigentlich banal. Sie zu überwinden, war Zeit- und Energieverschwendung. Andere wirkten sich jedoch auf die Grundlagen erfolgreicher Beratungsarbeit aus und verhinderten schlicht, dass wir uns auf einem Markt mit zunehmend schärferem Wettbewerb behaupten konnten.

So konnten Mitarbeiter Kundentermine nicht wahrnehmen, weil sie die Reisespesen nicht genehmigt bekamen. Die einzelnen Bereiche teilten ihre Ressourcen nicht mehr und die Manager verstrickten sich zunehmend in interne Verhandlungen darüber, wie die Leistungen ihrer Leute verrechnet werden sollten, statt sich um ihre Kunden zu kümmern. Der Auslastungsgrad sank bei manchen Mitarbeitern auf klägliche 15 Prozent, weil sie so viele interne Sitzungen besuchen mussten. Unser Leiter des Bereichs Strategische Beratung stellte plötzlich fest, dass er alle zwei Wochen über 300 »Zeit- und Kostennachweise« abzeichnen musste. Damit war er zwar gut beschäftigt, doch mit einer Aktivität, die im Grunde nutzlos war. Ein weiteres Problem war, dass wir unsere Leute nicht bei Projekten einsetzen konnten, die wir an Land gezogen hatten, weil es sich über Wochen hinzog, bis die internen Projektnummern vorlagen. Und dass wir für die Angebotsverfahren keine Spitzenteams zusammenstellen konnten, da viele Bereichsmanager ihre besten Leute zurückhielten, wenn abzusehen war, dass der Auftrag von einem anderen Bereich gesteuert und daher auch diesem zugerechnet würde. Diese Spitzenkräfte sollten lieber für von ihnen initiierte Projekte zur Verfügung stehen. Die Erfolgsquote bei Angeboten ging ebenso zurück wie die Auslastung. Viele unserer besten Leute wurden laufend von ihren eigenen Linienmanagern daran gehindert, an Aufträgen zu arbeiten, für die sie von immensem zusätzlichem Wert gewesen wären.

Eine funktionsuntüchtige Organisationsstruktur, eine lähmende Bürokratie – das allein hätte schon genügt, um die meisten Unternehmen in den Untergang zu treiben. Doch es wurde beim Integrationsprozess noch ein weiterer folgenschwerer Fehler begangen. Niemand hatte sauber zu Ende gedacht, wie wir unser deutlich breiteres Serviceangebot verkaufen sollten. Und wenn die Entscheider viel Zeit mit internen Integrationsprojekten verbringen, die Vice Presidents einander die Zusammenarbeit verweigern, die Moral von einer Kultur des Eigennutzes untergraben wird, die Reaktionszeit durch unnötigen Papierkram verlängert wird und man obendrein noch seine Produkte nicht verkaufen kann – dann ist es nur noch eine Frage der Zeit, bis man aus dem Geschäft ist.

Viele Mitarbeiter wurden zu Account-Managern ernannt, obwohl sie noch nie zuvor einen Kunden betreut hatten und von Haus aus technische IT-System-Projektmanager waren. Nicht nur, dass sie nicht wussten, wie man das Entscheidungsnetz eines Kunden managte – sie verstanden auch wenig oder gar nichts von dem riesigen Serviceangebot, dass sie verkaufen sollten. Infolgedessen konnten sie die Kunden nicht überzeugen und bekamen keine Aufträge. Weil viele der so genannten Vertriebsmitarbeiter noch nie zuvor etwas verkauft hatten, hatten sie keine Erfahrung im »Prospecting« – der Auslotung der Organisation eines Kunden nach Verkaufschancen. Auch vom »Networking« verstanden sie wenig – der Kunst, nützliche Kontakte mit großen Kundenorganisationen aufzubauen und zu pflegen. Ein wichtiger McKinsey-Kunde im Siemens-Konzern beschrieb das Networking, das zur Geschäftsbeziehung mit McKinsey geführt hatte, folgendermaßen: »Man geht zusammen Mittag essen. Man geht zusammen Abend essen. Und dann ergeben sich Projekte. Eine Ausschreibung findet häufig gar nicht statt.«[13] Doch unsere Leute wussten einfach nicht, wie man das anstellte. Und die Account-Manager, die Beratungsleistungen verkaufen sollten, hatten größtenteils kaum Kenntnisse über Systemarchitektur, Outsourcing, Anwendungsentwicklung und ähnliche Themen, mit denen drei Viertel unserer Mitarbeiter befasst waren. Folglich mieden sie alle technischen Themen. Das führte am Ende dazu, dass wir bei vielen Kunden gar keine Systemleistungen mehr propagierten.

Das bittere Ende

Im ersten Betriebsjahr der großen neuen integrierten Organisation betonte unser CEO immer wieder mit starken Worten, was für ein tolles neues Beratungs- und IT-Service-Powerhouse er da geschaffen habe.

»Ich bin überzeugt davon, dass das neue Unternehmen sich einen Namen für Innovation und Führung machen wird. Wir werden ebenso flexibel wie global und ebenso wissens- wie technologiebasiert agieren. Wir werden uns mit aller Kraft auf Leistung ausrichten und engagiert ein ideales Umfeld schaffen, in dem wir leben und lernen können. Es wird eine Organisation werden, die all jenen, die mit uns als Kollegen, Kunden und Stakeholder zusammenarbeiten wollen, echte Chancen bietet.«[14]

Doch in Wirklichkeit funktionierte das tolle neue Unternehmen nicht. Uns gingen am laufenden Band Aufträge durch die Lappen, und die auf die Fusion folgenden Downsizing-Wellen, von denen insgesamt an die 15 000 Mitarbeiter betroffen waren, ließen sich nicht nur aufs Marktgeschehen zurückführen, sondern zumindest ebenso sehr auf die Führungsschwäche unseres Managements. Statt drei Organisationen zu einer zu verschmelzen, waren wir in Auflösung begriffen.

Als sich die verhängnisvolle Abwärtsspirale enttäuschender Ergebnisse, verlorener Aufträge und entlassener Kollegen immer schneller drehte, ergriffen viele meiner Kollegen aus der Strategieberatung verzweifelt die Flucht. Die E-Mail eines sehr angesehenen Projektmanagers verdeutlicht das Gefühl der Hoffnungslosigkeit, das im Unternehmen um sich griff:

»Wer mich kennt, den wird nicht überraschen, dass ich heute gekündigt habe und die Firma Ende August verlasse. Dies ist also meine Abschiedsbotschaft an eine ganze Reihe von Menschen, die ich in den letzten fünf Jahren näher kennen lernen durfte. Und es ist ein Abschied in zweierlei Hinsicht. Ich verabschiede ich mich nicht nur von der Firma XXX Consulting, bei der ich über vier Jahre lang einen schöne, anspruchsvolle und erfüllende Aufgabe wahrgenommen habe, sondern auch von der neuen Unternehmensgruppe. Es ist also einerseits ein trauriger Abschied von

- der Zusammenarbeit mit Menschen, die zu den tüchtigsten, engagiertesten und teamfähigsten gehörten, die mir in meiner Laufbahn begegnet sind,
- dem Engagement für unsere Arbeit und von dem Gefühl, etwas zu bewirken,
- dem am wenigsten von Machtgerangel und Reglementierungen beeinflussten Umfeld, in dem ich je gearbeitet habe,
- der Umsetzung der eigenen Werte im Alltag,
- der Freude, der Leidenschaft und dem Spaß an der Arbeit.

Gleichzeitig ist es aber auch ein freudiger Abschied von dem, was an die Stelle all dieser Dinge getreten ist:

- der Arbeit mit aufgeblasenen Teilhabern und kriecherischen Untergebenen,
- vom Verschachern von Mitarbeitern anstelle der Projektarbeit,
- von mehr Regeln und Bestimmungen, als es in den sechziger Jahren in der DDR gab,
- von Machtspielen anstelle von Leidenschaft,
- davon, unter der Nummer 448684643537 zu laufen,
- davon, nicht mehr wirklich zu einem Team zu gehören.

Die ›Fusion‹ hat XXX Consulting und alles, wofür dieses Unternehmen stand, zerstört. Für mich ist es höchste Zeit, zu gehen. Ich danke euch für mehr als vier tolle Jahre. Es war mir eine Ehre und ein Vergnügen.«

Die meisten der Leute, mit denen ich im Laufe der Zeit zusammengearbeitet habe, sind weg. Die Büros, in denen wir gearbeitet haben, gibt es nicht mehr. Der Name des Unternehmens, für das wir gearbeitet haben, ist Geschichte. Und auch die Art, wie wir gearbeitet haben, ist Vergangenheit. Über die Jahre hat diese Beratungsfirma ihren Bossen viele viele Hundert Millionen eingebracht. Etwas mehr als ein Jahr nach der großen Übernahme und Integration hatten sie die Gans geschlachtet, die so viele Jahre lang goldene Eier gelegt hatte. Vor kurzem traf ich einen früheren Kollegen und hörte, dass das Management die Idee inzwischen verworfen hat, alle Mitarbeiter in eine riesige Organisation zu integrieren. Mittlerweile versucht man, die Organisation wieder in drei relativ eigenständige Bereiche aufzuteilen – Beratung, IT-Systementwicklung und IT-System-Outsourcing. Man sei bald wieder dort, wo man angefangen habe – mit gleichen Mitarbeiterzahlen wie vor der Übernahme, doch um mehrere Milliarden Dollar ärmer und mit einem Aktienkurs, der bei rund 10 Prozent dessen herumdümpelt, was er vor der Fusion betragen hatte.

Ungefähr in die gleiche Zeit fiel übrigens der Rücktritt des CEO der Unternehmensgruppe. Dieser stand jedoch offiziell in keinerlei Zusammenhang mit den verheerenden Folgen der Fusion. Unsere PR-Abteilung wies jede Verbindung zurück. Er habe, so erklärte die Firma der Finanzpresse, schon immer beabsichtigt, sich im Alter von 60 Jahren zurückzuziehen und mehr Zeit mit seiner Familie zu verbringen.

Anmerkungen

1 www.top-consultant.com, 30.4.2002
2 www.top-consultant.com, 1.8.2002
3 *The Sunday Times*, 27.1.2002
4 *The Sunday Times*, 31.5.1998
5 *The Sunday Times*, 6.1.2002
6 *Business Week Online*, 28.1.2002
7 »Accounting in Crisis«, *Business Week Online*, 28.1.2002
8 »Wrong mate at the wrong time«, *Business Week Online* (Datum bitte beim Autor erfragen)
9 *Daily Telegraph* (Datum bitte beim Autor erfragen)
10 *Business Week Online* (Datum bitte beim Autor erfragen)
11 *Financial Times Management*, 5.10.1994
12 *Financial Times* (Datum bitte beim Autor erfragen)
13 *Business Week Online*, 8.7.2002
14 E-Mail an alle Mitarbeiter, Mai 2000

Kapitel 11

Wozu man Berater braucht

Welche Art von Organisationen beauftragt Beratungsfirmen? Ist es ein Zeichen für gutes Management, wenn Berater engagiert werden, oder spricht das für Unfähigkeit und Versagen? Ist es nicht eigentlich die Aufgabe des Managements, das Unternehmen zu managen? Werden nicht diese Leute genau dafür bezahlt? Wozu also noch Berater einsetzen? Und warum geben so viele Kunden offensichtlich bereitwillig Millionen oder sogar zig Millionen für Berater aus, die ihnen helfen sollen, ihre Unternehmen zu managen? Tatsächlich ist es gar nicht so leicht festzustellen, wie viel Geld viele Managementteams für Beratungsleistungen ausgeben. Nur im öffentlichen Sektor gestalten sich solche Untersuchungen leichter. Nicht nur wegen der Aufsicht durch die Rechnungshöhe, sondern auch weil die politische Opposition stets versucht, die Schwächen der regierenden Partei bloßzustellen. So wissen wir – um ein deutsches Beispiel zu nehmen – relativ genau, was die niedersächsische SPD-Landesregierung in den 1990er Jahren an die Münchner Unternehmensberatung Roland Berger gezahlt hat. Dafür seien viele der von Bergers Beratern gelieferten Arbeiten Gefälligkeitsgutachten von zweifelhaftem Wert gewesen, so der Vorwurf von Stefan Wenzel, finanzpolitischer Sprecher der Grünen im niedersächsischen Landtag.[1] Solche Recherchen sind in der Privatwirtschaft so gut wie unmöglich: Die Beraterhonorare können in vielen verschiedenen Bilanzposten untergebracht werden. Es gibt keine gesetzlichen Vorschriften, die Unternehmen zwingen, in ihren Jahresabschlüssen anzugeben, wie viel sie an Berater zahlen. Und kein Topmanager käme je auf die Idee, ehrlich zuzugeben, wie viel er für externe Hilfe ausgegeben und was er dafür bekommen hat. Das bleibt sein wohl gehütetes Geheimnis. Die Gründe liegen auf der Hand.

Viele Kunden halten es – möglicherweise zu Recht – für ein Zeichen eigener Managementschwäche, wenn sie das Geld ihrer Aktionäre Beratern in den Rachen werfen. Ich weiß, dass wir auf Wunsch vieler Kunden Verschwiegenheitsvereinbarungen unterzeichnen mussten, die verhindern sollten, dass wir jemandem über unsere Zusammenarbeit mit ihnen berichteten. Bei sehr erfolgreichen Projekten fanden wir es amüsant, wenn ein uns bekannter Manager in Presseinterviews den Ruhm für die Leistungen einheimste, die in Wahrheit wir erbracht hatten.

Forschungsarbeiten aus den USA und Großbritannien zeigen, wie viel große Unternehmen ihren Wirtschaftsprüfern für prüfungsfremde Leistungen gezahlt haben. Ein Teil dieser Beträge entfällt vermutlich auf steuerliche Beratung, aber der Löwenanteil auf Consulting. So ergab eine US-amerikanische Studie über 563 Unternehmen, dass den Wirtschaftsprüfern fast dreimal so viel Geld für Beratungsleistungen wie für die Prüfungstätigkeit gezahlt wurde. Bei manchen war das Ungleichgewicht noch extremer – Marriott International etwa zahlte an Andersen etwas mehr als eine Million US-Dollar für Prüfungsleistungen, aber über 30 Millionen für IT- und sonstige Dienstleistungen.[2] Ähnlich verhielt es sich beim Medienriesen Walt Disney, dessen Jahresabschlüsse PricewaterhouseCoopers erstellte: »Für das entsprechende Testat erhielten die Prüfer bescheidene 8,6 Millionen US-Dollar, während das Beratungshonorar stattliche 32 Millionen US-Dollar ausmachte.«[3]

Die an sich schon enorm hohen Zahlen sind zweifellos nur die Spitze des Eisbergs, denn sie beziehen sich ja nur auf die Beratungsleistungen, die von den Wirtschaftsprüfern der Unternehmen erbracht wurden. Die Leistungen anderer Managementberater sind irgendwo anders in den Büchern vergraben.

Während der ganzen Zeit, in der ich an fast 100 größtenteils sehr bekannte Unternehmen in mehr als 15 amerikanischen, europäischen und asiatischen Ländern Beratungsprojekte verkauft habe, schlug ich mich ständig mit der Frage herum, ob wir für unsere Kunden wirklich Wert erwirtschafteten. Halfen wir guten Managementteams tatsächlich dabei, noch besser zu werden? Versuchten wir vergeblich, den Niedergang von Unternehmen zu verzögern, die in Schieflage geraten waren, weil sich ihre Managementteams übernommen hatten? Nahmen wir leicht verdientes Geld, indem wir unseren Kunden pseudowissenschaftliches Brimborium andrehten, weil sie nicht clever genug waren, unsere gut einstudierten Geschichten zu durchschauen?

Es gab natürlich ein paar Erfolge, an denen ich Anteil hatte und auf die ich wirklich stolz bin. Diese betrafen meist solche Organisationen, die für einen begrenzten Zeitraum Berater engagierten, um eine bestimmte Aufgabe zu erledigen. War das geschehen, verließen die Berater das Unternehmen wieder. Jede Managementberatung kann ein paar Fallstudien als Referenz für die fantastischen Ergebnisse vorweisen, die sie erzielt hat. In diesen Fällen arbeiteten wir mit Managementteams zusammen, die sich wirklich für ihre Unternehmen engagierten und uns mit aller Kraft dabei unterstützten, trotz aller Widrigkeiten das scheinbar Unmögliche zu vollbringen und das Ruder herumzureißen.

Die meisten Unternehmen, mit denen ich zu tun hatte, schienen jedoch förmlich abhängig von Managementberatung. Häufig beschäftigten sie parallel mehrere große Beratungsfirmen und gaben Jahr für Jahr Millionen für Berater aus – wie der führende internationale Geschäftsmann Lord Hanson meinte, aus »unternehmerischer Feigheit«.[4] In diesen Fällen drängte sich mir der Eindruck auf, dass zu viele Managementteams quasi den Kontakt zu ihren Leuten verloren hatten und – vielleicht aus Unfähigkeit oder Desinteresse an der Kommunikation mit den eigenen Mitarbeitern – viel Zeit darauf verwandten, im ruhigen Hinterzimmer mit ihren Managementberatern Pläne auszuhecken. Unter dem Strich lag das Grundproblem dieser Organisationen meiner Auffassung nach in der Unzulänglichkeit, der Gier oder der Kurzsichtigkeit ihrer Managementteams. Und wir Berater nahmen ihr Geld nur zu gern. Dabei war uns vollkommen klar, dass wir die Risse nur vorübergehend übertünchten und – sofern wir das Pech hatten, irgendwann wieder gehen zu müssen – vermutlich alles wieder auseinander fallen würde. Viele dieser Managementteams wollten, wie es mir schien, ihr eigenes Überleben sichern, indem sie ihren favorisierten Beratern immer weiter Geld in den Rachen schoben, damit diese die Aufgabe übernahmen, für die sie selbst bezahlt wurden. In den meisten Fällen kamen sie damit durch und konnten entweder in Ehren in den Ruhestand gehen oder wurden häufig sogar befördert, ohne dass jemand die Wahrheit über ihre mangelhaften Leistungen herausgefunden hätte.

Ab und zu begegneten uns die Namen unserer Kunden aber auch in renommierten Wirtschaftspublikationen, wo sie verdient dafür an den Pranger gestellt wurden, dass es ihnen unübersehbar und dauerhaft nicht gelang, ihre so gut bezahlte Position auszufüllen. Gerade weil ich so tiefe Einblicke in so viele Unternehmen bekam, weiß ich, wie schwierig es für Außenstehende wie Journalisten sein kann, die tatsächlichen Vorgänge in einem großen Unternehmen oder in einer Behörde herauszufinden. Dennoch verschafft es mir zumindest ein wenig Genugtuung, wenn ich lese, dass Großabnehmer von Beratungsleistungen Schlagzeilen machen. Manchmal kommt die Wahrheit eben zumindest teilweise ans Licht. Diese Schlagzeilen vermitteln auch ein ungefähres Bild von dem erbärmlichen Zustand der Managementteams mancher unserer größten und (für uns Berater) profitabelsten Kunden.

Sehr aufschlussreich ist zum Beispiel der Vergleich zweier Listen, die in Großbritannien veröffentlicht wurden. Eine enthält die 20 Unternehmen, die ihren Wirtschaftsprüfern die meisten Beratungsleistungen abkaufen.[5] Die andere ist eine Studie, die die großen Unternehmen nach Vergütung und Leistung ihrer Chief Executives in vier Gruppen einteilt – »die Großartigen«, »die Guten«, »die Schlechten« und »die Miserablen«.[6] »Die Miserablen« waren die Unternehmen, deren Shareholder-Value deutlich dezimiert wurde, während ihre Chief Executives häufig weit mehr verdienten als die erfolgreicher Unternehmen.

Unter den »Großartigen« war keines der Unternehmen zu finden, die zu den Großkonsumenten von Beratungsleistungen gehörten; unter den »Guten« waren drei der 20 größten Abnehmer von Beratungsleistungen. Unter den »Schlechten« waren es dagegen vier und unter den »Miserablen« fünf. Dieser kurze Vergleich ist sicher weder wissenschaftlich noch statistisch repräsentativ. Er deutet aber darauf hin, dass es wohl eher ein Indiz für wenig leistungsfähige, überbezahlte Führungskräfte mit einem Hang zur Vernichtung von Shareholder-Value ist, über viele Jahre hinweg zig Millionen an Beraterhonoraren zu zahlen, als für starkes, wertschöpfendes Management. Hinzu kommt, dass die schlechten Ergebnisse der Unternehmen, die die meisten Beratungsleistungen in Anspruch nahmen, den eigentlichen Wert all dieser Beratung infrage stellten, die sich die »Schlechten« und die »Miserablen« leisteten. Wenn die Arbeit der Berater wirklich von Wert war, wieso erschienen ihre Kunden dann in der Presse in so negativem Licht?

Wenn ich auf all die eher fragwürdigen Managementteams zurückblicke, mit denen ich zu tun hatte und die meistenteils Beratungsleistungen für Millionen von Dollar, Pfund und Euro bezogen, drängt sich mir folgender Eindruck auf: Es gibt vier Hauptkategorien von Situationen, in denen das Topmanagement und seine Berater nicht im Interesse der Aktionäre oder Stakeholder agieren, sondern die Unternehmen mehr oder weniger in ihre Gewalt bringen und sie behandeln, als wären sie persönliches Eigentum und könnten nach Gutdünken herabgewürdigt und geplündert werden. Diese vier Konstellationen könnte man folgendermaßen betiteln:

1. Für die Reichen gelten eigene Gesetze
2. Den Lohn nehmen, die Verantwortung abwälzen
3. Management als Modetrend
4. Es ist ja nicht unser Geld

Im vorliegenden Kapitel werde ich eine Vielzahl bekannter Namen von mächtigen Organisationen und Personen nennen. Das Risiko, in einer Prozessflut zu ersticken, ist ziemlich hoch. Folglich werde ich mich bei Aussagen über Kunden, die jede Menge Beratungsleistungen und riesige IT-Systeme von uns und unseren Mitbewerbern gekauft und doch ganz offensichtlich wenig bis gar nichts erreicht haben, darauf beschränken, bereits veröffentlichte Informationen zu zitieren. In vielen Fällen mögen meine Kollegen und ich in eine Vielzahl weiterer absolut zutreffender und schockierender Informationen über bestimmte Unternehmen und Personen eingeweiht sein, die jedoch kaum zu veröffentlichen sind. Ich bitte daher schon jetzt um Verzeihung dafür, dass ich aus naheliegenden juristischen Gründen keine Aussagen über Unternehmen und Personen machen werde, die nicht bereits von unseren gelehrten Freunden aus der juristischen Profession sorgfältig geprüft und daher auch schon anderswo publiziert wurden.

Für die Reichen gelten eigene Gesetze

Ich habe viele Managementteams erlebt, die erbarmungslos Kosten und Ausgaben kontrollierten, wenn es um ihr Personal ging. Die Kürzung von Budgets und die Entlassung von Mitarbeitern waren häufig schmerzliche alljährliche Rituale. Wenn es jedoch um das Überleben, das Wohlergehen und die Bequemlichkeit des Topmanagements selbst oder seiner bevorzugten Berater ging, kannte die Großzügigkeit derselben Unternehmen offenbar keine Grenzen. Meine Kollegen und ich lebten davon sehr gut, obwohl es uns manchmal schwer fiel, unseren Abscheu über das Verhalten bestimmter Topmanager zu verbergen.

»BT zahlt Ex-Chef 700 000 Pfund fürs Nichtstun«[7]

Das größte Einzel- und reine Beratungsprojekt, dass eine große amerikanische Beratungsfirma in Großbritannien je durchführte, war meines Erachtens das so genannte »Transformation Programme«, das wir der privatisierten Telekommunikationsgesellschaft British Telecom (BT) verkauften. Ziel des Programms war die »Transformation« eines ineffizienten, bürokratischen, nationalisierten Monopols in ein marktwirtschaftlich orientiertes Unternehmen, das in einer deregulierten Branche wettbewerbsfähig sein würde, die verschiedene höchst aggressive neue Wettbewerber anzog. Unser Honorar lag meines Wissens deutlich über 20 Millionen Pfund, vielleicht sogar bei an die 40 Millionen Pfund. Seinerzeit belief sich das durchschnittliche Projektvolumen nur auf rund ein bis zwei Millionen Pfund, sodass der BT-Auftrag für uns ein dicker Brocken war. Das Programm führte zu eindeutigen Ergebnissen. Nach dem Eindruck, den mir an dem Projekt beteiligte Berater vermittelten, trug es dazu bei, dass rund 100 000 Mitarbeiter ihre Jobs verloren. Dass unsere Arbeit ein großer Erfolg war, ist jedoch nicht so eindeutig. Schließlich wurde beschlossen, dass der Manager, der offensichtlich der treibende Keil bei dem Projekt gewesen war, nicht lange nach dessen Abschluss das Unternehmen verlassen sollte. »Der 52-jährige Hepher verließ BT in gegenseitigem Einvernehmen im Rahmen einer Umbildung der Unternehmensleitung.«[8]

Trotz des veritablen Massakers unter den einfachen BT-Angestellten zeigte sich BT anscheinend gegenüber seinem scheidenden Chief Executive ebenso großzügig wie gegenüber uns Beratern. Wenn die Berichterstattung in der Presse zutrifft, so erlitt der betreffende Manager durch seinen Abschied keine finanziellen Einbußen, da er nach seinem Weggang noch ein ganzes Jahr lang seine vollen Bezüge erhielt, obwohl er beinah unverzüglich einen neuen Posten bei der Investmentbank Charterhouse antrat, der ihm deutlich mehr als eine Million US-Dollar im Jahr einbrachte. »BT erklärte sich bereit, Hepher bis zum Ende seines Vertrags am 5. August 1997 ein Gehalt von 686600 Pfund zu zahlen. Daneben erhält er weitere Leistungen im Wert von bis zu 57000 Pfund wie die Bereitstellung eines BT-Firmenwagens mit Fahrer und private Telefoneinrichtungen, medizinische Versorgung und Finanzberatung. Diese Vergünstigungen laufen aus, wenn Hepher am 1. Juli 1996 zu Charterhouse wechselt. Das BT-Gehalt wird er jedoch (noch ein Jahr lang) weiter beziehen.«[9]

Der Kommentator war eindeutig der Ansicht, dass das Arrangement, jemanden noch ein Jahr nach dem Ausscheiden aus dem einen Unternehmen und obendrein ein Jahr nach der bereits erfolgten Arbeitsaufnahme in einem neuen Unternehmen weiterzubezahlen, nicht unbedingt im Interesse der BT-Aktionäre lag. »Die Aktionäre und Kunden von BT dürften von einem Paket dieser Größenordnung für jemanden, der nicht mehr für das Unternehmen arbeitet, kaum erbaut sein.«[10]

Darüber hinaus war Hephers Nachfolger als Chief Executive offensichtlich wenig begeistert von den Ergebnissen, die sein Vorgänger und unser umfangreiches Beraterteam, das über Jahre dort tätig war, vorzuweisen hatten. »Als Bonfield übernahm, stellte er auch klar, dass bei BT ein Kulturwandel stattfinden müsse. Obwohl die Privatisierung des Unternehmens bereits zwölf Jahre zurückliege, funktioniere es immer noch mehr wie eine Behörde als wie ein Wirtschaftsunternehmen. Er hat mir auch gesagt, dass ihn seine beabsichtigte Fusion mit dem amerikanischen Betreiber MCI Sprint ebenso sehr der Wirkung wegen anspreche, die es hätte, wenn die MCI-Sprint-Mitarbeiter wie Sturmtruppen durch die Palastwache von BT fegten, wie wegen des substanziellen Werts fürs Geschäft.«[11]

Als es auch mit dem neuen Chief Executive offensichtlich nicht wunschgemäß lief, zeigte sich BT bei seinem Ausscheiden erneut bemerkenswert großzügig. »BT-Chef Sir Peter Bonfield wird das Unternehmen vorzeitig verlassen. Der Abschied wird ihm durch die sofortige Auszahlung von fast 1,5 Millionen Pfund versüßt. Außerdem steht ihm für die folgenden drei Jahre ein erfolgsabhängiges Aktien- und Prämienprogramm zu, das zum heutigen Kurs 1,3 Millionen Pfund wert ist. Zusätzlich werden Pensionsbeiträge für ein Jahr in Höhe von 350 000 Pfund in seine Altersversorgung fließen.«[12]

Trotz dieses generösen Finanzpakets, das für diesen neuen CEO geschnürt wurde, vertraten zwei anerkannte Kommentatoren die Ansicht, dass er nicht übermäßig erfolgreich gewesen sei. Einer schrieb: »Die Entscheidung, das Unternehmen zu verlassen, kommt nach mehreren mageren Jahren, in denen der Kurs der BT-Aktie von einem Hoch bei 1 358 Pence auf ein Tief bei 305 Pence abgesackt war. (...) Im letzten Mai strich BT die Dividende und wies eine Milliarde Pfund Verlust aus.«[13] Unter der Überschrift »Der arrogante Bonfield zählt den Lohn für seinen Misserfolg« stellt ein anderer Kolumnist fest: »Nach nahezu jedem Maßstab, den man anführen kann, war Sir Peter Bonfields Amtszeit als Chief Executive ein Misserfolg. Als er das Ruder 1996 übernahm, war BT noch der unangefochtene Riese der britischen Telekomindustrie und erhob legitime Ansprüche auf den Titel eines Global Player im Telekomgeschäft. Im Juli dieses Jahres kämpfte das Unternehmen um sein Überleben und war zum Notverkauf vieler seiner Filetstücke gezwungen, um sich die Banken vom Hals zu halten.«[14]

Der Journalist verglich anschließend noch, wie viel Geld die Aktionäre erhalten hatten und wie viel der scheidende CEO: »Auch für die Aktionäre war das ein ziemlich schlechtes Geschäft. Unter Bonfields Führung hatte die Gesamtrendite ihrer Kapitalanlagen 94 Prozent betragen. Bei Orange betrug die Gesamtrendite für denselben Zeitraum 882 Prozent, bei Vodafone 311 Prozent. Folglich werden nur wenige den Weggang Bonfields betrauern, dessen vorzeitiger Abschied, der heute bekannt gegeben wurde, auf diesen Seiten bereits vor Monaten angekündigt wurde. Zum damaligen Zeitpunkt wurde das allerdings – wie üblich – vom Unternehmen heftig dementiert. Ebenso typisch ist, dass er jetzt mit einer Extraportion Dickfelligkeit und Arroganz noch eine Schubkarre voller Geld mitnimmt.«[15]

Wir sprechen hier über ein Unternehmen, das rund 100 000 Mitarbeiter entlassen hatte, um Kosten zu reduzieren, aber bei Zahlungen an seine Chief Executives und ihre Managementberater äußerst spendabel verfuhr. Dabei handelte es sich in diesem Fall glücklicherweise um die Beratungsfirma, für die ich damals tätig war. Unsere Prämien waren in jenen Jahren besonders hoch. Für die Reichen gelten eben eigene Gesetze.

»Zank ums Geld bei Corus«[16]

Eine in gewisser Hinsicht ähnliche Situation scheint es beim europäischen Stahlunternehmen Corus gegeben zu haben. An Corus habe ich das größte Projekt meiner Laufbahn verkauft. Die erste Phase kostete rund sechs Millionen Euro, und mit Anschlussaufträgen verdienten wir mehrere Millionen hinzu. Außerdem verkaufte ich dem Kunden noch drei kleinere Projekte, die insgesamt mit etwa vier bis fünf Millionen Euro zu Buche schlugen. Auch andere Kollegen aus der Vertriebsabteilung unserer Beratungsfirma schlossen mit diesem Kunden millionenschwere Verträge.

Nicht lange nach Abschluss unserer Tätigkeit für Corus geriet das Unternehmen ins Visier der Presse. Anlass war seine offensichtliche Großzügigkeit gegenüber Ex-Managern zu einer Zeit, als die Personalkosten äußerst streng kontrolliert wurden. »Corus, ehemals British Steel, ließ verlauten, dass das Grundgehalt von Chairman Sir Brian Moffat 2001 um 130 Prozent auf 558 846 Pfund angehoben wurde. Im selben Zeitraum entließ das Unternehmen angesichts der Belastung durch Verluste von einer Milliarde Pfund 6 000 Mitarbeiter. Die Bezüge der verbleibenden Mitarbeiter von Corus in Großbritannien wurden im selben Zeitraum um lächerliche 2 Prozent angehoben. Davon war die eine Hälfte vertraglich festgelegt, das andere Prozent wurde als Prämie bezahlt.«[17]

Natürlich war der eine oder andere von dieser Unternehmenspolitik, die von den eigenen Gesetzen der Reichen beeinflusst war, weniger angetan. »Die Gewerkschaften, die die Stahlarbeiter von Corus mit ihrem durchschnittlichen Jahreseinkommen von 30 000 Pfund vertreten, reagierten mit Empörung auf die Gehaltserhöhung von Sir Brian. »Sein Gehaltszuwachs ist absolut unhaltbar«, meinte ein Sprecher der Gewerkschaft ISTC. »Es ist rundweg verabscheuungswürdig, dass sich die Topmanager selbst bedienen, während unsere Mitglieder auf die Straße gesetzt werden.«

Wie bei solchen Organisationen üblich, wies das Unternehmen jede

Kritik an seinem Vorgehen zurück. »Corus verwahrte sich gegen die Kritik der Gewerkschaften mit dem Argument, dass Sir Brian für zwei gearbeitet habe, nachdem er im Vorjahr die Ämter von Chairman und Chief Executive auf seiner Person vereint hatte.«

Den Lohn nehmen, die Verantwortung abwälzen

Ein weiteres gemeinsames Merkmal der Managementteams, für die wir tätig waren, war ihre Fähigkeit, die ideelle und die ganz erhebliche finanzielle Anerkennung mitzunehmen, wenn das Geschäft gut lief, doch sich nach Möglichkeit aus der Verantwortung zu stehlen, wenn es Probleme gab. Das habe ich bei vielen Kunden erlebt. Zu den Kunden, deren diesbezügliches Verhalten ich ansprechen kann, weil es bereits in der Presse enthüllt wurde, gehören Railtrack und AIB (Allied Irish Banks). Railtrack, Eigentümer und Betreiber des britischen Eisenbahnnetzes, erntete zweifelhaften Ruhm dafür, dass seine Topmanager großzügige Leistungsprämien erhielten, während durch unzureichende Wartung des Eisenbahnnetzes, für die an sich das Unternehmen verantwortlich sein sollte, Zugunfälle verursacht wurden, bei denen so viele Menschen getötet und verstümmelt wurden wie selten zuvor. Im selben Jahr zahlte Railtrack übrigens auch 400 Millionen Euro an Berater und freiberufliche Mitarbeiter[18] – etwa 15 Millionen Euro davon meines Erachtens an uns für ein Programm zur Verbesserung des Projektmanagements.

»AIB-Überprüfung enthüllt Laxheit und Selbstgefälligkeit«[19]

Vielleicht eines der bekanntesten Beispiele dafür, wie ein »schwarzes Schaf« unter den Tradern durch verheerende Investmententscheidungen eine Bank zu Fall bringen kann und sich das Management dann wegduckt und aus der Verantwortung stiehlt, war der durch Nick Leesons Verluste in Höhe von 830 Millionen US-Dollar ausgelöste Bankrott von Barings. Einer der leitenden Manager der Bank räumte ein, »dass [die Verantwortlichen] von den von Nick Leeson generierten falschen Gewinnen und den Aussichten auf enorme Prämien so geblendet waren, dass sie seine Trading-Aktivitäten nicht genauer unter die Lupe nahmen«. Nach der Übernahme von Barings durch die holländische Bank ING blieben dieselben Manager, die für das Wohlergehen von Barings hätten sorgen müssen, nicht nur in Amt und Würden, sondern drohten sogar damit, die ING zu verklagen, wenn sie ihnen ihre Prämien nicht zahlte. Währenddessen beschrieb Nick Leeson das Management von Barings als »stümperhafte Trottel« und »Idioten«.[20] Während Leeson ins Gefängnis gesteckt wurde, gelang es honorigen Zeitgenossen wie den Wirtschaftsprüfern von Coopers & Lybrand, die Barings' Abschlüsse Jahr um Jahr abgesegnet hatten, ihre Zulassung zu behalten, obwohl ihre Firma Gläubigern 100 Millionen Euro zahlen musste.

Einer unserer Kunden, Allied Irish Banks (AIB), hatte augenscheinlich ein ähnliches Problem wie Barings. Ich war am Verkauf unseres ersten Projekts an AIB beteiligt, das wir als so erfolgreich erachteten, dass zwei unserer obersten Topmanager es in einem Buch abhandelten. AIB erlebte allem Anschein nach ein eigenes Barings-Fiasko »en miniature«. Ein Trader, John Rusnak, der für Allfirst arbeitete, eine der US-Töchter der AIB, häufte durch Devisengeschäfte über fünf Jahre unbemerkt Verluste in Höhe von 735 Millionen US-Dollar an. Doch trotz eines belastenden Berichtes schien das Topmanagement auch hier mit heiler Haut davonzukommen – und mitsamt den dicken Gehältern und Prämien.

Angesichts des Drucks zur Erklärung der Verluste gab die AIB einen Bericht über die Vorgänge in Auftrag. Ein Wirtschaftsjournalist schrieb dazu: »Es tut weh, das zu lesen. Ludwigs Untersuchung zeigt klar, dass Rusnak ungehindert fünf Jahre lang weitermachen konnte – nicht, weil er so genial war, sondern weil die Kontrollen und das Risikomanagement bei Allfirst und AIB so lax waren, dass sie an eine Farce grenzten.«[21]

Bei der Tochtergesellschaft mussten ein paar Mitarbeiter gehen, doch von den Schlüsselpositionen im Management wurde keine einzige umbesetzt. Dieses Beispiel dafür, wie das leitende Management sich vor der Verantwortung drückt, erregte den Unmut mancher Wirtschaftsjournalisten. »Äußerst beunruhigend ist die unverhohlene Selbstgefälligkeit, mit der Chief Executive Michael Buckley und sein Dubliner

Team im letzten Mai auf die ersten Warnungen reagierten. Statt an Nick Leeson und andere betrügerische Trader zu denken und Wirtschaftsprüfer und Mitglieder der Unternehmensleitung loszuschicken, um die Angelegenheit zu überprüfen, verließen sie sich auf die Mitarbeiter vor Ort, die jetzt entlassen wurden. Das war unangemessen. Die Firmenleitung hätte Buckleys Rücktritt entgegennehmen und Allfirsts Chief Executive Susan Keating entlassen müssen, die in den letzten paar Monaten die zuständige Linienmanagerin war. Den nun erfolgten eher plumpen Versuch, sich rein zu waschen, sollten die Investoren dringend hinterfragen.«[22]

Management als Modetrend

Eine dritte Konstellation, die uns und unseren Konkurrenten viel Arbeit bescherte, lag vor, wenn ein CEO oder ein Managementteam dem neuesten Managementtrend erlag – Business Process Reengineering (BPR), die Implementierung neuer Computersysteme, die Einrichtung eines internen Marktes, der Einstieg in einen neue Wachstumsbranche, Outsourcing oder was immer auch sonst. In solchen Fällen neigten die Topmanager gern zu der Ansicht, dass nur sie und natürlich ihre Berater clever genug waren, um die Zeichen der Zeit zu erkennen. Nur sie hatten ein klares Bild von den Veränderungen, die im Unternehmen vorgenommen werden müssten. Alle übrigen Angehörigen ihrer Organisation hielten sie für zu dumm oder zu wenig wandlungsfähig, um den neuesten Geniestreich des Topmanagements mitzutragen. Indem wir uns solche Topmanager warm hielten und sie in ihren Fantasien bestärkten, sicherten wir uns Beratungsverträge in ganz unglaublichem Umfang. Wenn wir uns an CEOs mit tollen Ideen heranmachten, drehte sich unsere Verkaufsargumentation nur darum, dass sie jede Menge Unterstützung durch Berater benötigen würden, um die gesamte Organisation zum »neuen Glauben« zu bekehren.

Ich habe mehrfach erlebt, wie Topmanager Organisationen in Chaos und Verwirrung stürzten, indem sie Scharen von Beratern herbeiriefen, um ihren Mitarbeitern die neueste Managementmode oder -laune aufzudrücken. Ein besonders umfangreiches und dem Anschein nach katastrophales Projekt initiierte eine amerikanische Ölgesellschaft mit der Investition von über 100 Millionen US-Dollar in ein neues und modernes Computersystem, das jede Menge Probleme verursachte. Das betreffende System wollten damals alle großen Chemie- und Ölunternehmen haben. Unser Kunde war offensichtlich fest entschlossen, sich der Schar der Lemminge anzuschließen und sich mit des Kaisers neuesten Technologie-Kleidern zu schmücken.

Gleichermaßen gaben viele vom BPR-Wahn ergriffene Organisationen zweistellige Millionenbeträge für Managementberater aus – in diesem Fall, um ganze Berge meist nutzloser Prozessanalysen hervorzubringen. Immerhin kann man rückblickend sehen, dass rund 70 Prozent aller BPR-Projekte keine Ergebnisse zeitigten.

»Wie ein Chamäleon-Unternehmen entsteht«[23]

Eine weitere für Beratungsunternehmen höchst einträgliche Phase begann, als viele Behörden sich stärker »kommerziell ausrichten« wollten und eine Art internen Markt zu implementieren versuchten, auf dem sie einander Dienstleistungen verkauften – ein Prozess, der im Allgemeinen nur die explosive Vermehrung von Verwaltungskräften und Erbsenzählern zur Folge hatte. Das vielleicht bekannteste Beispiel dafür, dass ein Managementtrend ganz offensichtlich Erfahrung und gesunden Menschenverstand verdrängen kann, war die Situation, als John Birt der führenden US-Beratungsfirma McKinsey und anderen Beratungsunternehmen zig Millionen Pfund aus der Staatskasse bezahlte, um bei der BBC einen internen Markt zu implementieren.

Durch die Beauftragung von McKinsey wollte man bei der BBC Kosten senken, doch die Bürokratie und die Zahl der Verwaltungskräfte nahmen zu: »Erst letztes Jahr gab die Personalleiterin der BBC, Margaret Salmon, bekannt, dass das Unternehmen sechs Millionen Pfund für Berater ausgegeben habe. Sie fügte jedoch freudig hinzu, dass diese Ausgabe zu Einsparungen von 255 Millionen Pfund geführt habe. Die Zahl der Beschäftigten der BBC ist mittlerweile so niedrig wie nie zuvor – die Betriebskosten jedoch sind sogar weiter gestiegen. Die ›Einsparungen‹ bestanden, wie sich herausstellte, in 140 Millionen Pfund zusätzlichen Personalkosten gegenüber dem Stand von vor vier Jahren.«[24]

Es ist ja nicht unser Geld

Die vielleicht schlimmsten Fälle von Verschwendung durch das Management sind mir in Behörden und Unternehmen der öffentlichen Hand begegnet. Der britische Staat ist seit jeher ein profitabler Arbeitgeber für Berater. Doch von Ende der 1990er Jahre bis heute ist das Geschäft dort förmlich explodiert, weil die Regierung versucht hat, eine amerikanische Managementmentalität einzuführen, um die eigenen Dienstleistungssysteme zu modernisieren.

Einige der größten Consulting- und Computersystem-Implementierungsprojekte mit Etatüberschreitungen in Millionenhöhe wurden von amerikanischen Firmen wie Accenture und EDS und Siemens aus Deutschland für eine britische Regierung durchgeführt, die sich ein wenig übereifrig moderne Konzepte von Effizienz und Automation aneignen wollte.

Deutschland hatte in dieser Beziehung mehr Glück als Großbritannien. Nach dem Skandal um die Vergabe von Beraterauftragen bei der Bundesanstalt für Arbeit hatten die Medien das Thema aufgegriffen und durch eine Reihe von kritischen Berichten dafür gesorgt, dass viele Aufträge gestoppt oder zumindest verzögert wurden. Dies traf besonders die großen Firmen wie McKinsey und Roland Berger, während kleinere weitgehend ungeschoren davonkamen.[25] Nur zur Erinnerung: Allein die Bundesregierung hatte zwischen 1999 und 2003 fast 170 Millionen Euro »für Berater, Gutachten und Expertenkommissionen« ausgegeben, und die entsprechenden Ausgaben des Bundesverteidigungsministeriums beliefen sich im gleichen Zeitraum auf eine halbe Milliarde Euro.[26]

Nach meiner Erfahrung kam es durch das unglaublich schlechte Management, das ich im öffentlichen Sektor gesehen habe, zu enormer Verschwendung und vertanen Chancen. Ein Experte, der an über 100 Beratungs- und IT-Projekten mitgewirkt hat, meinte dazu: »Im öffentlichen Sektor gibt es in der Regel keinen Anreiz dafür, Entscheidungen zu treffen. Belohnt wird man eher dafür, wenn man keine Entscheidung trifft. In den öffentlichen Sektor geht man nicht, weil man ein besonders guter Manager ist.«[27] Ein Journalist beschrieb, wie die Berater und IT-Unternehmen die britischen Staatsdiener umgarnten: »In den 1980er und 1990er Jahren gab es Skandale und Konfrontationen mit Auftragnehmern und Zulieferern, die von explodierenden Kosten und Budget- und Terminüberschreitungen profitierten, die offensichtlich außer Kontrolle geraten waren – etwa die British Library, bei der die ursprünglich veranschlagten Kosten und Termine bis ins Groteske ausuferten.«[28] Bei der Arbeit für Behörden habe ich immer wieder erlebt, wie horrende Summen verschwendet wurden, wenn Computersystementwicklungen vollkommen aus dem Ruder liefen und Berater sich in den Organisationen einnisteten, die gern über »Kundenorientierung« und »Serviceleistung« sprachen, doch in Wirklichkeit jedes Mal Untätigkeit und Risikoscheu an den Tag legten, wenn auch nur die kleinste Veränderung vorgeschlagen wurde. In solchen Situationen konnte man beobachten, wie unsere Berater sich anpassten und ihren Ehrgeiz auf das Niveau herunterfuhren, das dem Ziel des Kunden entsprach – nämlich endlose Sitzungen abzuhalten, doch in Wirklichkeit nichts zu unternehmen. Wenn ich in unserer Firma mit Beratern sprach, die monate- oder sogar jahrelang für Behörden gearbeitet hatten, und sie fragte, ob es nicht frustrierend sei, in so riesigen, unflexiblen Bürokratien zu arbeiten, lachten sie nur und rissen Witze darüber, wie viel sie verdienten, wie wenig sie tatsächlich arbeiteten und wie viel Freizeit sie hatten. Häufig erwähnten sie noch die positiven Auswirkungen auf ihr Familienleben, weil sie jetzt morgens erst spät los müssten und abends früh nach Hause kämen. In vielen Fällen betrachteten es die Berater nach Jahren harter Projektarbeit in echten Unternehmen als wohlverdiente Erholungsphase, in irgendeiner Behörde eine ruhige Kugel zu schieben.

Fähige Manager können auch ohne Berater

Unter dem Strich haben wir für so manches fähige Managementteam durchaus große Dinge geleistet. Doch bei der Betrachtung einer Studie über 80 große Unternehmen, die danach eingestuft wurden, wie viel Shareholder-Value sie geschaffen oder zerstört hatten,[29] finde ich drei oder vier unserer Kunden unter den oberen 40 Unternehmen wieder, viele andere unserer wichtigen Kunden jedoch unter den unteren 40.

Vor kurzem erschien in einer Zeitung eine Gegenüberstellung zweier Chefs großer Einzelhandelsketten, die beide ungefähr gleichzeitig in den Ruhestand gingen. Einer der beiden CEOs hatte es geschafft, den Aktienkurs seines Unternehmens in den letzten zehn Jahren seiner langen Amtszeit zu vervierfachen und die Marktkapitalisierung auf über drei Milliarden Pfund zu steigern. Er wurde beschrieben als »ein Einzelhändler und Unternehmer (...) der bestrebt ist, Unternehmen organisch zu vergrößern (...) der zupackt, wenn sich eine Chance bietet (...) mit einem Auge fürs Detail, der Bereitschaft, Risiken einzugehen, und der Mentalität eines Händlers«.[30]

Der andere CEO hatte den Aktienkurs seines Unternehmen nahezu halbiert und die Marktkapitalisierung von einem ein paar Jahre zuvor verzeichneten Hoch von deutlich über 600 Millionen Pfund auf gerade mal 139 Millionen Pfund gedrückt. Der Journalist hob die Probleme dieses Herrn mit der Entscheidungsfindung hervor und auch seine Tendenz, sich auf die Empfehlungen von Managementberatern zu verlassen: »ein Manager mit einem Hang zu Managementberatern (...) wohlbekannt für seine Fähigkeit, endlos zu zaudern (...) der gern viel Geld für Übernahmen locker macht (...) Unfähigkeit, Entscheidungen zu treffen (...) Neigung, sich mit Beratern zu umgeben«.[31]

Zum Abschluss der Gegenüberstellung der beiden schrieb der Reporter: »Ein weiterer Unterschied zwischen den beiden Titanen ist der Ton, mit dem sie sich von ihren Unternehmen verabschieden. (...) [der Erste] hat gerade noch einen Anstieg der vergleichbaren Umsätze bekannt gegeben. (...) [Letzterer] war gezwungen, das von ihm geschaffene Imperium zu zerschlagen (...) und wird vielleicht noch erleben müssen, wie das Unternehmen ganz verschwindet.«

In einem Kommentar zur Zerschlagung des »beraterabhängigen Imperiums« dieses CEO deutete der Wirtschaftsredakteur der *Times* an, dass McKinsey an seinem offensichtlichen Misserfolg erheblichen Anteil hatte: »(...) doch die Struktur, die die schlauen Köpfe von McKinsey da mit aufgebaut haben, ist so komplex, dass es gut ein Jahr dauern wird, bis daraus ein sauberes, ordentliches (...) Unternehmen hervorgehen kann«.[32]

Nach meiner Erfahrung ist es im Allgemeinen so, dass gute Manager ihre Aufgabe erfüllen und nur selten Berater für ganz konkrete Aufgaben hinzuziehen – während fragwürdige Manager häufig Berater beauftragen. Allzu oft scheinen sie sogar eine Art Abhängigkeit zu entwickeln.

Anmerkungen

1 Rainer Steppan, *Versager im Dreiteiler*, Frankfurt 2003, S. 195 ff.
2 »Accounting in Crisis«, *Business Week Online*, 22. 1. 2002
3 Rainer Steppan, *Versager im Dreiteiler*, Frankfurt 2003, S. 221
4 *Daily Mail*, 30. 1. 2002
5 *The Times*, 27. 1. 2002 (Zahlen von Pension and Investment Research Consultants)
6 *Sunday Times*, 15. 7. 2001
7 *The Times*, 7. 6. 1996
8 Ebd.
9 Ebd.
10 Ebd.
11 Ebd.
12 *Evening Standard*, City Comment, 31. 10. 2001
13 Ebd.
14 Ebd.
15 Ebd.
16 *Times Online*, 5. 4. 2002
17 Ebd.
18 *The Times*, 6. 8. 2002
19 *Metro Business News*, 14. 3. 2002
20 *The Times*, 7. 6. 1996
21 *The Sunday Times*, 17. 3. 2002
22 Ebd.
23 *Punch*, 16.–19. 6. 2001
24 *Daily Mail*, 15. 3. 2002
25 »Mittelgroße Firmen auf Wachstumskurs«, www.consultingstar.com (Nachrichtenteil), 15. 2. 2005
26 www.tagesschau.de, 10. 2. 2005, unter Berufung auf eine Antwort der Bundesregierung auf eine Kleine Anfrage der Unionsfraktion im Bundestag
27 *Business Age*, Juni 1995
28 Anthony Sampson, *Who runs this place?*, London 2004
29 *Sunday Times*, 25. 8. 2002
30 *The Mail on Sunday*, 4. 11. 2001
31 Ebd.
32 Quelle beim Autor erhältlich

Die Quintessenz: Wie man Berater findet, die Wert schaffen

Vielleicht verleiten Sie all die schockierenden Enthüllungen dieses Buches zu der Schlussfolgerung, dass die meisten Berater Schurken und Gauner sind? Das ist ganz gewiss nicht der Fall. Die meisten Berater möchten so viel Wert wie irgend möglich liefern, werden jedoch sehr oft durch die Art und Weise daran gehindert, wie die Branche funktioniert.

Werden Sie zum Beispiel als einer von 30 unerfahrenen Beratern zu einem Kunden geschickt, dann können Sie und Ihre Kollegen sich noch so sehr anstrengen – Sie werden kaum denselben Wert generieren können, den ein paar wirklich erfahrene Experten dem Kunden zu weit niedrigeren Kosten geboten hätten. Es ist schwer, Ihrem Kunden echten Wert zu bieten, wenn Sie von Ihrer Beratungsfirma dazu ausersehen wurden, ein relativ wertloses Projekt für einen Kunden durchzuführen, nur um Ihre Zeit abzurechnen und den Auslastungsgrad der Beratungsfirma hochzuhalten. Selbst als genialer Systemberater werden Sie das Geld Ihres Kunden niemals wirklich wert sein, wenn Sie im Rahmen eines 500-Millionen-Euro-Programms einer Behörde ein neues Computersystem einrichten und diese stattdessen das bestehende System für weniger als 50 Millionen Euro problemlos hätte aufrüsten können.

Und wenn Ihre Beratungsfirma den Kunden überhöhte Rechnungen für Ihre Dienste stellt, fiktive Verwaltungskosten aufschlägt und sich Ihre Reisekosten auf betrügerische Weise erstatten lässt, so ist es nicht Ihre Schuld, wenn Sie Ihren Kunden um viele Tausender teurer kommen als nötig.

Erfolgskriterien

Es ist nicht schwer für einen Kunden, wirklich hochwertige Beratungsleistungen einzukaufen. Doch damit das geschehen kann, müssen die folgenden neun Voraussetzungen erfüllt sein:

1. *Sie haben ein Problem, das Ihre eigenen Leute tatsächlich nicht lösen können.* Wenn Sie daran denken, eine Beratungsfirma mit der Umgestaltung Ihrer Prozesse, der Entwicklung einer neuen Organisationsstruktur oder irgendeiner anderen Aufgabe zu betrauen, müssen Sie sich zunächst fragen, ob es in Ihrer Organisation wirklich niemanden gibt (Sie und Ihr Managementteam eingeschlossen), der diese Aufgabe erfüllen könnte. Gelangen Sie zu dem Schluss, dass von Ihren eigenen Leuten tatsächlich niemand in der Lage ist, die Aufgabe zu übernehmen, sollten Sie sich fragen, wie viel Hilfe Sie von Ihren Beratern wirklich benötigen. Würde es reichen, nur ein oder zwei Experten zu bezahlen, die Ihre eigenen Leute anleiten könnten? Ist das der Fall, sollten Sie verhindern, dass die Beratungsfirma Ihnen eine Horde »Minderleister« ins Haus schickt – erstens, weil das jede Menge überflüssiger Kosten verursacht, und zweitens, weil Ihre Mitarbeiter Veränderungen viel eher akzeptieren werden, wenn sie unter ihrer Mitwirkung herbeigeführt wurden. Auf wenig Gegenliebe stoßen solche Veränderungen dagegen, wenn sie Ihrer Belegschaft von jungen, unerfahrenen Beratern aufgezwungen werden, die längst über alle Berge sind, wenn die Folgen der vorgeschlagenen Veränderungen zu tragen sind.

2. *Sie und Ihr Managementteam haben das Problem korrekt erfasst.* Die nächste Frage, die Sie sich stellen müssen, ist, ob Sie und Ihr Managementteam in irgendeiner Form für die Situation verantwortlich sein könnten, die Sie mithilfe Ihrer Berater verändern wollen. Das ist unter Umständen eine heikle Frage, da Sie hier selbstkritisch Ihre eigenen Fähigkeiten beurteilen müssen. Allerdings haben Organisationen nur selten ein Problem, das nicht wenigstens teilweise mit der Art und Weise zusammenhängt, wie das Unternehmen geleitet wird. Wenn Sie in der Lage sind, ehrlich und objektiv einzuschätzen, welche Rolle Sie selbst bei der Herbeiführung einer Situation gespielt haben, in der Sie

nun Ihrer Ansicht nach die Hilfe von Beratern benötigen, steigt die Wahrscheinlichkeit, dass Sie die richtige Beratungsleistung einkaufen. Sind Sie und Ihr Managementteam dagegen laufend damit beschäftigt, alles abzustreiten und jeden anderen (außer sich selbst) für die Vorgänge in Ihrem Unternehmen verantwortlich zu machen, stehen die Chancen auf ein erfolgreiches Beratungsprojekt eindeutig um vieles schlechter.

3. Ihre Beratungsfirma will Ihr Problem lösen, nicht nur verkaufen, was sie am besten kann. Bevor Sie eine Beratungsfirma beauftragen, müssen Sie sich darüber im Klaren sein, was diese leisten kann und was nicht. Insbesondere müssen Sie feststellen, ob sie wirklich eine maßgeschneiderte Lösung für Ihren konkreten Fall anbieten will oder nur versucht, Ihnen eine vorgefertigte Standardleistung aufzuschwatzen. Haben Ihre Berater irgendeine Verbindung zu einer IT-System-Beratung oder einem Systemanbieter, dann sollten sämtliche Alarmglocken schrillen. Wahrscheinlich stehen sie unter immensem Druck, Ihnen auch IT-Leistungen zu verkaufen – prüfen Sie, ob Sie diese wirklich brauchen, bevor Sie sich zu einem solchen Auftrag überreden lassen.

4. Ihre Beratungsfirma hat Mitarbeiter, die über die entsprechenden Kompetenzen verfügen, um Ihr Problem zu lösen. Wenn sich eine Beratungsfirma bei Ihnen um ein Projekt bewirbt, spricht nichts dagegen, darauf zu bestehen, die Lebensläufe der Berater einzusehen, die auf Ihr Unternehmen losgelassen werden sollen. Viele Beratungsfirmen lehnen eine solche Bitte ab. In diesem Fall haben Sie aber vermutlich ohnehin kein Unternehmen vor sich, mit dem Sie zusammenarbeiten sollten.

5. Die Berater mit den entsprechenden Kompetenzen stehen auch wirklich für die Arbeit an Ihrem Projekt zur Verfügung. Wenn Ihnen eine Beratungsfirma ihre Dienste anbietet, wird sie Ihnen vermutlich genau jene Experten zu ausführlichen Gesprächen ins Haus schicken, die über für Ihre Situation geeignete Kenntnisse verfügen. Allzu oft machen sich diese Experten aus dem Staub, sobald der Vertrag unterschrieben ist, und bei Ihnen bleibt dann hauptsächlich »Rechnungsfutter«. Bestehen Sie darauf, dass die Beratungsfirma in Ihrem Vertrag genau festlegt, wie viele Tage pro Woche der jeweilige Experte vor Ort an Ihrem Projekt arbeiten wird. Lassen Sie sich keinesfalls mit verbindlichen Versicherungen abspeisen, der Experte stünde jederzeit telefonisch zur Verfügung, um Ihr »Rechnungsfutter« zu unterstützen und die Leute bei Bedarf anzuleiten.

6. *Ihre Beratungsfirma stimmt einem festen Zeitrahmen und einem festen Budget zu.* Lesen Sie den von Ihrer Beratungsfirma unterbreiteten Vertrag sehr genau durch. Prüfen Sie insbesondere, ob das zu berechnende Gesamthonorar ein Festbetrag ist und ob ausdrücklich festgeschrieben ist, wie lange Ihr Projekt dauern wird. Viele Beraterverträge – vor allem solche, die auch IT-System-Leistungen beinhalten – scheinen auf den ersten Blick festgelegte Leistungen zu einem festen Preis innerhalb einer festgelegten Frist anzubieten. Im Kleingedruckten entdecken Sie jedoch häufig so genannte Umgehungsklauseln – Bestimmungen, die es der Beratungsfirma ermöglichen, deutlich mehr zu berechnen und deutlich länger zu brauchen als ursprünglich zugesichert. Gibt es solche Umgehungsklauseln, sollten Sie die Finger davon lassen. Ansonsten schaufeln Sie am Ende vielleicht auf unabsehbare Zeit riesige Mengen Geld in ein unersättliches schwarzes Loch.

7. *Ihre Beratungsfirma ist bereit, einen Teil ihres Honorars auf Basis der erzielten Ergebnisse zu berechnen.* Diese Kröte ist schwer zu schlucken. Es gibt nur wenige Beratungsunternehmen, die es riskieren, einen maßgeblichen Anteil ihres Honorars von den erzielten Ergebnissen abhängig zu machen. Normalerweise haben sie dafür alle möglichen Entschuldigungen – man könne sie nicht für externe Ereignisse auf dem Markt verantwortlich machen, die konjunkturelle Lage könnte sich plötzlich verändern, ein großer Kunde könnte zu einem anderen Anbieter abwandern, ein Konkurrent könnte eine neue, aggressivere Strategie implementieren, die sich auf Ihre Gewinne auswirken könnte, und so weiter und so fort.

Diese Einwände haben natürlich eine gewisse Berechtigung, doch Sie sollten dennoch in der Lage sein, Leistungsmaßstäbe zu finden, die anzeigen, ob die Unternehmensberatung die versprochenen Wunder wirklich vollbracht hat. Weigert sich eine Beratungsfirma, wenigstens

30 Prozent ihres Honorars von ihren Ergebnissen abhängig zu machen, sollten Sie darüber nachdenken, den Auftrag anderweitig zu vergeben. Bei Yahoo und Google finden Sie mehrere Millionen Webseiten von Managementberatern. Trotzdem könnte es Ihnen unter Umständen schwer fallen, einen Berater zu finden, der bereit ist, zu seiner Leistung zu stehen und auf seine Fähigkeit zur Erzielung von Ergebnissen zu setzen.

8. Ihre Beratungsfirma berechnet »angemessene« Honorare und Spesen. Ihre Beratungsfirma wird Ihnen vermutlich gern verschweigen wollen, wie viel ihre Mitarbeiter verdienen. Sie wird versuchen, Ihnen für Ihr Projekt einen Gesamtpreis zu nennen, statt offen zu legen, wie viel Sie der einzelne Berater tatsächlich kostet. Sie dürfen jedoch unterstellen, dass ein Junior Consultant zwischen 45 000 und 70 000 Euro im Jahr verdient, ein erfahrener Consultant zwischen 90 000 und 120 000 Euro im Jahr und ein Projektmanager zwischen 150 000 und 250 000 Euro im Jahr.

Um Ihre durchschnittlichen Kosten pro Person und Arbeitswoche zu ermitteln, können Sie die Gesamtkosten Ihres Projektes durch die Zahl der pro Honorarstufe eingesetzten Berater pro Team und die Dauer teilen. Wenn Ihre Beratungsfirma einem Junior Consultant also etwas mehr als 1 000 Euro pro Woche bezahlt und Ihnen offensichtlich 8 000 Euro pro Woche für seine Zeit in Rechnung stellt, so ist meiner unmaßgeblichen Ansicht nach die Bruttogewinnspanne von 800 Prozent womöglich übertrieben hoch. Ebenso gilt: Wenn die Firma einem erfahrenen Fachmann circa 3 000 Euro pro Woche zahlt und Ihnen 25 000 Euro pro Woche weiterberechnet, könnte man auch hier von einer gewissen Maßlosigkeit sprechen.

9. Sie haben vor der Beauftragung eines IT-Systems alle Möglichkeiten zur Anpassung der vorhandenen Technik ausgelotet. Wenn Ihr IT-System Ihrer Ansicht nach verbessert werden muss, können Sie darauf wetten, dass Ihre IT-Berater Ihnen empfehlen werden, ein ganz neues System einzurichten. Sie werden ins Feld führen, dass Ihre Bedürfnisse einzigartig sind. Um Ihnen also die bestmögliche Lösung zu bieten, müssen sie etwas entwickeln, dass genau auf Ihre Bedürfnisse zugeschnitten ist. Es mag stimmen, dass sich das von ihnen vorgeschlagene System insgesamt von anderen bestehenden Systemen unterscheidet. Wenn Sie das von Ihnen benötigte System jedoch in seine einzelnen Elemente aufspalten, werden Sie vermutlich feststellen, dass es die meisten dieser Elemente in anderen Organisationen bereits gibt. Gewöhnlich kostet es mehr als das Zehnfache, das Risiko einer Neuentwicklung einzugehen, als stattdessen bestehende Technologien, die nachweislich funktionieren, anzupassen, auszubauen und zu vernetzen.

Wer von den Leistungen des eigenen Unternehmens enttäuscht ist, lässt sich nur zu leicht von der Vorstellung verführen, dass ein neues IT-System ihn ins organisatorische Nirwana befördern werde. Das wird es nicht. Lassen Sie sich von Ihrem Systemanbieter nichts erzählen. Sie werden sich viele Millionen und jede Menge organisatorischer Klimmzüge sparen, wenn Sie kreativ darüber nachdenken, wie bestehende Systeme so angepasst werden können, dass sie Ihren Bedürfnissen genügen. Stellen Sie sich stets die folgende Frage: In den Industrieländern leben über 700 Millionen Menschen. Sollte Ihre Organisation wirklich so einzigartig sein, dass es nicht eine andere gibt, die ähnliche IT-System-Anforderungen hat wie Sie?

Was bleibt

Es sollte an sich nicht so schwer sein, werthaltige Beratungsleistungen einzukaufen. Dennoch lassen sich viel zu viele Kunden auf kostspielige Beratungs- und IT-System-Projekte ein, ohne zu prüfen, ob diese vom gesunden Menschenverstand diktierten Voraussetzungen vorliegen. Ist nur eine davon nicht erfüllt, kann es gut sein, dass Sie als teurer Parkplatz für Scharen unerfahrener Berater enden. Bei großen Systemprojekten können das über 500 Berater sein, die Sie 750 000 Euro pro Tag kosten, also fast vier Millionen Euro in der Woche.

Liegt das Problem Ihrer Organisation in Ihrer eigenen Managementkompetenz und glauben Sie dennoch, dass der Einkauf einer angesagten neuen Organisationsstruktur oder eines teuren neuen Computersystems all Ihre Schwierigkeiten beseitigen wird – dann verschwenden Sie Ihre Zeit und das Geld Ihres Unternehmens. Eine Behörde hingegen, die eifrig Steuergelder für einen nie versiegenden Strom von Managementberatungs- und IT-System-Fiaskos ausgibt, kann aller Wahrscheinlichkeit nach nur ein Vermächtnis hinterlassen: abnehmende öffentliche Leistungen, enorm aufgeblähte Verwaltungskosten und unermessliche Reichtümer für die Partner und Direktoren der Beratungsfirmen.

Musikalische Stimmungsmache für Berater*

Wer das Top-Ergebnis will und Höchstleistung verlangt,
braucht dazu auf jeden Fall einen Management-Consultant
Wir kommen von XXX und beraten ungeniert,
bis das letzte Geld des Kunden unser eignes Konto ziert.
Wir verdienen viele Millionen an Auftraggebern ohne Visionen.

Wer Prozesse wandeln will um den großen Wurf zu machen,
kriegt erst mal 'ne hohe Bill dafür, dass wir drüber wachen.
Wir kommen von XXX – sind jung, clever und gefragt.
Wir scheffeln Kohle, Kies und Knete – jede Menge, wie gesagt,
weil die betuchten Kunden schrei'n nach unserem Process Redesign.

Steckt Ihr Projekt schon in »deep shit«, und Sie wissen nicht, wohin?
Dann brauchen Sie einen »Quick Hit« und oben drauf 'nen »Early Win«.
Wir kommen von XXX und bleiben uns stets treu,
versprechen unseren Kunden dabei ohne jede Scheu
Riesenchancen, tolle Sachen, solang' sie Kohle locker machen.

Mit Powerpoint wird präsentiert, mit Handouts und Flipcharts garniert,
bis der Kunde dann pariert und ohne uns nicht operiert.
Wir kommen von XXX und wir schwören Stein und Bein,
dass wir stets die Lösung wissen. Wir schüchtern jeden ein
mit klangvollen Worten, höchst elegant, von uns die »Beratersprache« genannt.

Die Kundenkultur ist im Weg, doch Widerstand wird im Keim erstickt.
Je schlechter es dem Kunden geht, desto besser für uns – wir haben's geblickt!
Wir kommen von XXX und wir haben es voll drauf,
wissen, wie man's anfängt, dass man selbst stets obenauf
ist und bleibt und immer noch gewinnt.
Auf uns, denn der Weihnachtsbonus kommt bestimmt.

**wurde angeblich bei einer Weihnachtsfeier von Beratern der Unternehmensberatung XXX gesungen.*

campus
RÜDIGER JUNGBLUTH
DIE 11 GEHEIMNISSE DES
IKEA-ERFOLGS